JN436907

미생물

모든 것을 연결하는
지구의 주인

미생물

모든 것을 연결하는 지구의 주인

초판 1쇄 발행 2022년 8월 30일

지은이 김규원

펴낸곳 서울대학교출판문화원
주소 08826 서울 관악구 관악로 1
도서주문 02-889-4424, 02-880-7995
홈페이지 www.snupress.com
페이스북 @snupress1947
인스타그램 @snupress
이메일 snubook@snu.ac.kr
출판등록 제15-3호

ISBN 978-89-521-3072-3 93470

ⓒ 김규원, 2022

이 책은 저작권법에 의해서 보호를 받는 저작물이므로
무단 전재와 복제를 금합니다.

미생물

모든 것을 연결하는
지구의 주인

김규원 지음

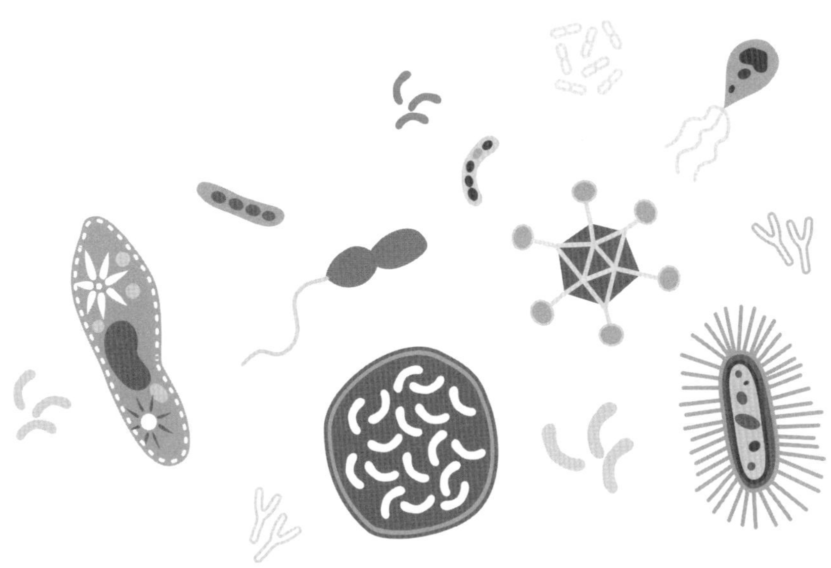

서울대학교출판문화원

머리말

미생물은 크기가 작고 보유한 유전자 수도 적어 개별 미생물의 기능은 매우 한정적이어서 독자적으로 생존하기가 쉽지 않다. 따라서 미생물은 서로 연결되어 상호의존하며 살아가는 능력을 수십 억 년 동안 장구한 시간에 걸쳐 진화시켜왔다. 이 상호연결성이 미생물의 특출한 능력이다. 이런 관점에서 이 책은 미생물과 다른 생명과학 분야를 연결시키고 그 상호연관성을 추구하기 위해 집필한 것이다. 간격이 넓게 벌어진 기존의 생명과학과 의과학 분야를 미생물을 기반으로 하여 상호연결시키면 새로운 분야가 창출되고, 난치성 질병에 대해서도 새로운 해결책이 제시될 수 있을 것이다. 인체 곳곳에 세균뿐만 아니라 고균, 진균, 원생생물, 그리고 바이러스 등, 아직 알려지지 않은 미생물이 엄청나게 존재함을 이제는 분명히 알게 되었다. 따라서 모든 생리 현상과 질병 발생과정에서 미생물의 관여를 접목시킬 필요가 있고, 그렇게 함으로써 새로운 연구 분야뿐만 아니라 미해결 상태의 질병 치료도 가능할 것으로 예상된다. 이는 생명체를 독자적이고 분리된 관점에서 보는 것에서 벗어나 미생물을 매개로 한 상호연결로의 전환을 의미한다.

1969년 미국의 아폴로 11호가 인류역사상 처음으로 달에 착륙하고 그 후 몇 년간 전 세계적으로 우주여행에 대한 열풍이 불었던 시기가 있었다. 1970년대 초반 대학 초년생이었던 필자도 우주여행에 대해 관심이 많았고, 인간이 우주에서 수년에서 수십 년 동안 여행하는 공상영화와 과학잡지 기사를 많이 접하게 되었다. 그때 '그러면 지구상의 미생물과 내 몸에 있는 미생물의 순환은 어떻게 할 것인가' 그리고 '지구의 미생물과 인간이 결별을 해도 살아갈 수 있는가'라는 의문이 들었지만 그 해답을 당시에는 도저히 가늠조차 할 수 없었다. 이렇게 필자도 예전부터 미생물의 중요성을 막연히 알고는 있었지만, 그 후 수십 년 동안 시류에 편승한 연구에 집중하느라 미생물과의 연결성을 까맣게 잊고 있다가 최근에 미생물에 대한 공부를 다시 하면서 이를 절실히 깨우치게 되었다. 만일 다시 연구를 할 수 있다면 미생물을 기반으로 한 연구를 반드시 하고 싶다. 미생물로 상호연결된 이 세계의 실상을 알게 된 이상, 필연적으로 하지 않을 수 없을 것이다. 미생물이 공기같이 보이지 않지만 사실상 지구의 주인으로서 우리의 생존에 필수적이기 때문에 모든 분야에 영향을 미칠 것이다.

이 책을 쓰면서 가장 많이 생각하고 마음껏 사용한 단어가 '상호연결'이다. 그 동안 발표한 논문에서는 이 단어를 사용하기가 쉽지 않았다. 왜냐하면 이 단어를 사용한 논문은 발표하기가 어려웠기 때문에 가급적 드러나지 않도록 해야 했고, 연구의 대상도 상호연결한 것이 아니어야 했다. 왜냐하면 논문이 성립되려면 분리된 단일 연구

대상의 독자성을 강조해야 했고, 그 작용의 분자기전에 초점을 맞추어야 했기 때문이다. 서로 다른 대상 간의 상호연결은 모호하고 비과학적으로 간주되었다. 그러나 이제는 상호연결, 상호의존 관점의 연구가 활짝 열리고 있다. 눈에 보이지 않지만 수많은 미생물 덕택에 미지의 새로운 상호연결성의 세계를 더듬어 갈 수 있게 되었다. 이미 도처에서 우리를 기다리고 있는 미생물과 반갑게 손을 마주 잡으면서.

2022년 7월

관악산 자락에서

김규원

차례

머리말 004

서장

미생물, 모든 것을 연결하는 지구의 주인 011

제1장

미생물의 특징과 종류

 특징 021

1. 크기 021
2. 핵양체와 플라스미드 022

 종류 025

1. 고균 031
2. 세균 039
3. 원생생물 058
4. 진균 070
5. 바이러스 080
6. 바이로이드와 위성체, 그리고 프리온 095

제2장

미생물의 상호작용과 상호연결성

공생의 유형 105

1. 상리공생 105
2. 편리공생 107
3. 편해공생 108
4. 그 외의 상호작용 유형 109

미생물 사이의 공생과 상호연결성 112

1. 지의류 112
2. 생물막 113

미생물과 식물의 공생과 상호연결성 115

1. 뿌리(근권)의 미생물 115
2. 잎과 줄기(엽권)의 미생물 122
3. 식물에서 질병 유발 123

미생물과 육상동물의 공생과 상호연결성 125

미생물과 해양생물의 공생과 상호연결성 129

미생물과 곤충의 공생과 상호연결성 133

미생물과 인간의 상호작용과 상호연결성: 공생과 질병 유발 137

1. 인체 미생물의 종류 137
2. 인체 부위별 미생물 군집 142
3. 인체 미생물의 대사물질 154
4. 인체 미생물에 의한 질병 157

제3장

미생물과 동식물 간의 유전정보 전달과 공진화

 수평적 유전자 전달 187

1. HGT의 기전 188
2. 미생물 사이에서 HGT에 의한 유전정보 전달 190
3. HGT에 의한 항생제 내성유전자의 확산 192
4. 미생물과 진핵생물 사이의 HGT 197
5. 전생명체 개념에서의 HGT 206
6. 인간 암에서의 HGT 208

 진화의 또 다른 주역: 전이인자 213

1. 전이인자(TE)의 종류와 특성 213
2. 식물에서 TE의 작용기전 217
3. TE의 일반적인 기능과 그 작용기전 219
4. 인간 TE의 종류와 그 기능 223
5. 게놈은 하나의 생태계 230

 미생물 사이 또는 미생물과 동식물 사이의 상호작용과 공진화 232

1. 박테리아와 박테리오파지의 공진화 232
2. 박테리아와 식물의 공진화 234
3. 인체 박테리아와 바이러스 간의 상호작용과 공진화 237
4. 바이러스와 숙주 사이의 상호작용과 공진화 241
5. 숙주와 장내 미생물의 상호작용과 공진화 연구모델 243

제4장

새로운 상호연결성의 세계관

인간의 눈에 드러난 미생물 251

미생물은 병원성이라는 인식 253

병원균과 항생제의 공진화 258

현대 과학기술의 본질 263

1. 분리와 독립 263
2. 현대 생명과학: 세포를 중심으로 265

오래된 미생물과의 동행 270

1. 미생물과 진핵세포의 원초적인 공생 271
2. 오래된 공생관계의 손상: 새로운 질병의 출현 273
3. 미생물 기반의 새로운 연구방법론 276

미생물이 구축한 지구생태계 285

1. 미생물: 지구자원 순환의 주역 285
2. 다른 행성으로의 장기간 우주여행과 체류가 가능할까? 292

미생물이 주인인 상호연결성의 세계관 296

찾아보기 304

서장

미생물, 모든 것을 연결하는 지구의 주인

이 지구의 사실상 주인은 눈에 보이지 않는 미생물이다. 미생물은 세균, 고균, 진균, 원생생물, 바이러스 등을 포함한다. 이 미생물이 지구를 장악할 수 있는 가장 큰 특성은 생물과 무생물을 아우르는 상호연결성이다. 미생물은 지구상 모든 생물체와 밀접한 상호작용을 통해 공존을 이룬 거대한 상호연결의 네트워크를 구축했을 뿐만 아니라, 무생물인 지구의 원소와 자원의 원활한 순환 사이클도 주관하여 지구 전체를 관장하고 있다. 이는 다른 생물체들이 도저히 가질 수 없는 특출한 능력이다. 특히 무생물인 탄소, 질소, 산소 등의 지구상 원소들을 순환시키고 이를 생물체들과 연결시킬 수 있는 능력은 미생물만이 가능하다. 이는 미생물의 작은 크기에 기인한 엄청난 개체수와 오랜 시간과 공간의 축적에 의해 획득된 미생물의 무궁무진한 기능 덕택이다.

개별 미생물은 크기도 작고 보유한 유전자 수도 적어서 그 기능이 한정적이지만, 작은 점들이 모여서 거대한 형체를 이루듯이 지구 곳곳에 침투해 들어가서 점점이 연결되어 지구 전체를 생명의 역동적인 네트워크로 둘러싸고 있다. 미생물은 개별적인 작은 점 하나와 같아 독자적으로 생존하기 어려우므로 상호연결되어 살아가는 특별한 생존 능력을 진화시켜왔다. 그 결과 미생물 집단 전체의 유전정보 풀은 엄청나게 광대하여 이에 따른 생존 방식과 대사의 가변성, 그리고 환경의 적응성 등은 동식물과는 비교할 수 없을 정도로 넓게 펼쳐져 있어 지구 전체가 살아 움직이도록 작동하고 있다.

미생물의 엄청난 개체수는 지구상의 다른 생물의 수와 비교해 보면 그림 1과 같이 비할 수 없이 많다는 것을 실감하게 된다. 즉 전 세계 인구는 약 8×10^9(80억)명이고, 야생포유동물보다 많은 가축이 1×10^{10}마리, 식물이 1×10^{13}개체, 어류가 1×10^{15}마리로 전체 동식물의 수는 1×10^{21}개로 추정된다. 이에 비해 미생물인 세균(박테리아)은 1×10^{30}마리, 고균이 1×10^{29}마리, 바이러스가 1×10^{31}마리이므로 미생물 집단의 전체 수는 대략 1×10^{31}마리로 계산된다. 그러므로 전체 동식물을 다 합해도 미생물의 수가 10^{10}배 이상 월등하게 많다(1).*인용 출처 표기는 참고문헌 번호로 대신한다.

미생물이 이런 엄청난 개체수를 가지게 된 것은 미생물의 매우 작은 크기에 기인한다. 미생물의 크기는 일반적으로 우리 몸의 세포보다 수십 배에서 수백 배 이상 작다. 동식물 세포는 지름이 보통 10~50μm인 데 비해 미생물인 대장균은 1.3×4μm 정도이고, 독감바이러스는 0.1μm에 불과하다. 따라서 미생물은 이 지구상 곳곳에 아주 작은 틈새에서도 살아갈 수 있다. 즉 미생물은 생존에 필요한 영양분이나 물질의 양이 극미량이라도 가능하고, 공간적으로도 동식물이 필요로 하는 공간에 비해 아주 미세한 장소에서도 서식이 가능하다. 이런 특성에 의해 이 세상 어느 구석에서도 살 수가 있고, 심지어 사람의 세포 속에서도 생존이 가능하다. 그러므로 이 지구의 거의 모든 곳에, 공기, 토양, 강, 바닷속 어느 곳에나 미생물이 존재한

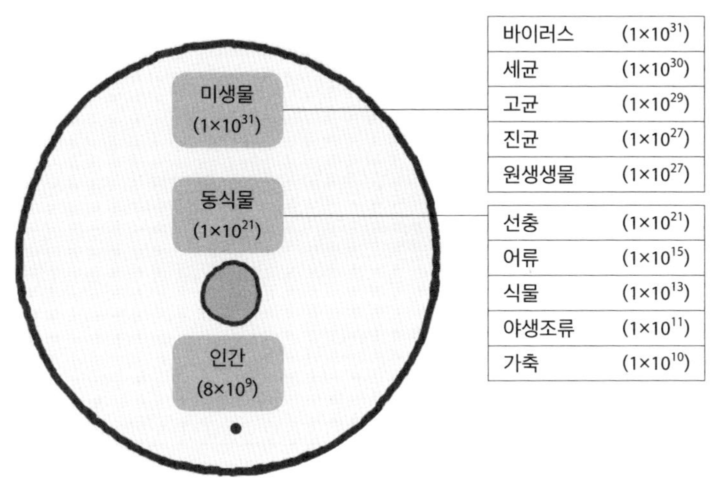

그림 1. 지구상 각종 생물체의 수

다. 이 지구에서 다른 모든 것을 제외하고 남은 미생물만 연결하더라도 지구의 형태는 그대로 유지될 것이다. 사람도 피부에 서식하고 있는 수많은 세균과 진균 같은 미생물을 연결하면 그 모습이 유지될 것이고, 다른 동식물도 마찬가지일 것이다. 이런 관점에서 인간을 포함한 모든 동식물이 보이지 않는 미생물의 품속에서 살고 있다고 해도 과언이 아니다(1).

미생물의 또 다른 강점은 약 45억 년 전 지구의 생성 이후 10억 년이 경과한 35억 년 전에 출현한 지구상 최초의 생명체로서 지구의 오랜 역사와 함께한다. 그 긴 시간 동안 끊임없이 생존하면서 작은 크기와 많은 수에 의해 환경의 변화에 신속하게 적응할 수 있는 능력을 갖추게 되었다. 미생물은 엄청난 수와 짧은 생활주기, 그리고 지구 곳곳의 빈틈없는 서식지, 여기에 더하여 비할 바 없이 긴 오랜 역사에 의해 얻어진 시간과 공간의 축적은 다른 동식물과 비교할 수 없을 정도로 엄청나고 광대하다. 따라서 이런 시공간의 축적과정에서 획득된 미생물의 다양한 기능과 생존 능력은 우리의 사고 범위를 벗어나 있다.

미생물의 영양방식을 살펴보면 광영양성, 화학영양성, 독립영양성, 종속영양성, 기생영양성 등 상상을 초월한 모든 방식으로 살아갈 수 있다. 그리고 그 서식지도 100℃ 이상의 극호열성, 5.5M NaCl 농도의 극호염성, pH 0에 가까운 극산성, 무산소지역, 빛이 없는 고압력의 해저, 또는 산소가 희박한 저압력의 대기 성층권, 그리고 타 생물체의 세포 내부 등, 이 세상의 거의 모든 곳에서 생존이 가능하다. 그뿐만 아니라 영양분 고갈 등 생존에 불리한 조건이 되면 포자를 형성하여 위기를 극복할 수 있는 능력도 갖추고 있다. 그러므로 미생물은 긴 시간 동안 지구 환경의 변화에 따라 같이 진화하면서 지구생태계 곳곳에서 생존에 적합한 능력을 갖춘 생명체로서 지구환경의 변화를 쉽게 수용할 수 있는 무수한 다양성을 보유하게 되었다. 즉 이 지구의 가장 열악한 지점까지 미생물이 침투해 들어가면서 생존할 수 있는 능력을 획득하여, 그 다양한 스펙트럼은 동식물과는 비교할 수 없다.

이러한 미생물의 작은 크기와 그에 따른 엄청난 개체수, 그리고 시공간의 축적을 통해 획득한 능력의 다양성에 의해 미생물 자신들 사이에 무수한 상호작용이 이루어지게 되었다. 그뿐만 아니라 다른 생물체의 내부까지 침투하여 상호작용이 가능하여 생명체 전체를 감싸는 거대한 상호연결망을 구축하게 되었다. 이 상호연결망의 구축 능력이 미생물의 가장 큰 특성이고 현재의 지구생태계를 이룬 근간이 되었다. 그리하여 지구 전체를 살아있게 하고 다른 생물체들과 수많은 지점에서 상호작용하여 공진화를 이루고 있다. 이렇게 미생물은 무수한 다양성을 가지고 상호작용을 통해 동식물 단독으로는 생존할 수 없는 극한의 환경에서도 동식물이 살아갈 수 있도록 하였다. 미생물보다 진화 속도가 느린 동식물에게 공생을 통해 광합성, 질소고정, 화학무기 영양 등의 다양한 기능을 선사하였다. 따라서 미생물과의 동행으로 동식물은 새로운 능력을 획득하였고, 지구상의 척박한 환경이나 변화하는 생태계에 적응하여 살아갈 수 있는 복합적인 역량을 가지게 되었다.

이와 같이 미생물을 기반으로 하여 이루어진 상호연결망은 지구 생태계의 끊임없는 변화의 물결을 모든 생명체에게 전파하여 그 변화에 적절히 대응하여 생존하도록 한다. 여기에 그치지 않고 미생물의 상호작용 연결망은 지구 환경에도 심대한 영향을 미쳐 지구생태계를 변화시키는 주요인으로도 작동하고 있다. 미생물은 수동적으로 지구환경에 적응만 한 것이 아니라 이 상호작용 연결망을 통해 주도적으로 지구생태계를 변화시켜왔다. 대표적으로 미생물이 형성한 광합성과 탄소고정과 같은 원소 순환 시스템에 의해 현재의 지구 대기 상태인 이산화탄소가 적고, 산소가 풍부한 상태를 구축하는 데 절대적으로 기여하였다. 동시에 미생물은 상호연결망을 통해 이런 지구 자원의 순환 사이클에 각종 생명체들이 적절히 연결되어 생존할 수 있도록 하여 지금과 같은 지구의 광대한 생물 생태계가 이루어지게 되었다. 이와 같이 개별 미생물은 미세하고 그 능력도 미약하지만 미생물의 독특한 상호연결의 생존 특성에 의해 무수히 많은 미생물이 지구의 모든 생명체와 자원을 연결시켜 전 지구적인 생명 현상이 나타나게 된 것이다.

그러므로 미생물은 크기가 훨씬 크지만 잠시 동안 있다가 사라지는 동식물이 생존할 수 있도록 도와주고, 또 지구의 환경을 지속적으로 변화시켜 새롭게 구축할 수 있는 강력한 힘과 능력을 가진 존재로서 사실상 이 지구의 주인이다.

1장에서는 지구상에 존재하는 미생물의 종류가 얼마나 다양한지를 넓게 펼쳐 보이도록 한다. 미생물의 종류는 고균archaea, 세균bacteria, 원생생물protist, 진균fungi 그리고 바이러스virus로 크게 나눌 수 있다. 그 외 생물과 무생물의 경계에 있는 바이로이드viroid와 위성체satellite, 그리고 프리온prion도 간략히 언급한다.

2장에서는 이들 미생물의 상호연결성, 특히 인간 및 동식물과의 상호작용, 그중에서도 공생과 질병 유발 관점에서 어떤 연결점들이 구축되어 있는지를 살펴본다. 이러한 공생관계가 얼마나 다양하고 다층적으로 이루어지고 있는지 탐색해 보고 공생과 상반된 질병 유발 관계도 정리하도록 한다. 그렇게 하여 지구상의 생명체들이 미생물을 매개로 하여 거대한 네트워크를 이룬 상호연결의 실상을 드러내 보이도록 한다.

3장에서는 인간 및 동식물과 미생물 간의 상호작용의 내밀한 기전과 그 결과 나타나는 공진화 현상을 유전체 측면에서 규명된 내용을 정리한다. 여기에는 동식물과 미생물 간의 수평적 유전자 전달Horizontal Gene Transfer, HGT과 전이인자Transposable Element, TE 또는 Mobile Element, ME를 통한 유전정보의 전달과 새로운 유전정보의 창출기전이 핵심이므로 이에 대한 최근의 연구 결과를 소개한다. 그리하여 분자 수준에서 미생물을 포함한 모든 생물의 혁신적인 상호작용의 내막을 보여줄 것이다.

4장에서는 지구의 원주민이면서 주인은 미생물이고, 이 미생물을 매개로 하여 모든 생명체들이 연결된 새로운 세계관을 제시할 것이다. 그동안 확고하게 유지된 인간 중심의 세계관, 특히 인간과 나머지 생명체를 분리시킨 관점이 얼마나 편협하고 큰 문제점을 야기하고 있는지를 살펴볼 것이다. 이 인간 중심의 세계관에 기반한 현대 과학기술의 크나큰 오류를 지적하고 이 오류에 의해 야기된 지구 환경오염, 기후변화와 생태계 파괴 등을 바로 잡아야 하는 당위성을 보이고자 한다. 따라서 생명체들이 분리되고 독립되었다는 관점에서 미생물을 기반으로 하여 모든 생명체들이 상호연결되고 상호의존한다는 관점으로의 전환이 시급함을 부각하고자 한다.

참고문헌

1. Bar-On, Y.M., Phillips, R. and Milo, R., The biomass distribution on Earth, *Proc. Natl. Acad. Sci. USA*, 115, 6506-6511(2018).

제1장

미생물의 특징과 종류

특징

1. 크기

인간의 세포 중 백혈구는 직경이 약 12μm이고 일반적인 동식물 세포의 직경은 10~50μm 정도다. 이에 비해 대표적인 미생물로서 대장균*E. coli*은 그 크기가 폭 1.3μm, 길이 2~4μm 정도의 약간 길쭉한 막대 모양의 간균으로 전형적인 세균의 크기를 지니고 있다. 세균 중 크기가 가장 작은 것은 마이코플라스마Mycoplasma속의 세균들로 지름이 0.2μm에 불과하다. 그러나 갈색 쥐돔의 장 속에 사는 화학유기영양 세균인 *Epulopiscium fishelsoni*균은 길이가 600μm, 직경이 80μm가 되는 간균 형태의 거대 세균이고, 가장 큰 세균은 황화학무기영양성의 *Thiomargarita namibiensis*로서 직경이 750μm에 달하는 구형으로 육안으로도 관찰이 가능하다. 이런 세균에 비해 바이러스들은 훨씬 작아서 폭스바이러스는 0.23×0.32μm, 독감바이러스는 0.1μm, 소아마비바이러스는 0.028μm의 크기를 가진다(그림 1)(1,2). 따라서 평균적으로 세균과 바이러스를 포함한 미생물은 동식물 세포에 비해 그 크기가 훨씬 작아 동식물 세포로 이루어진 조직이나 동식물 세포 사이

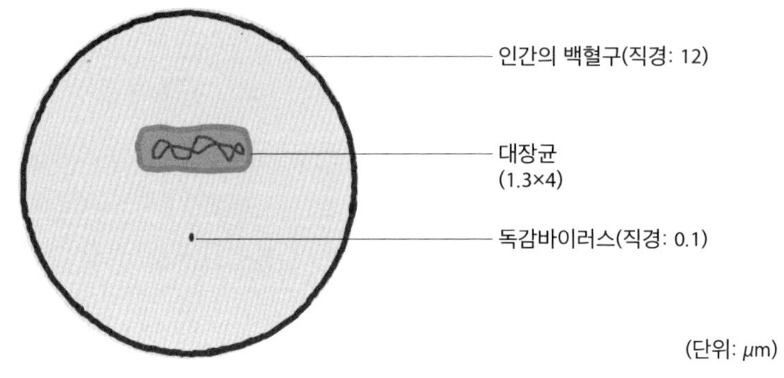

그림 1. 인간세포와 미생물의 크기

의 틈새 공간에서도 서식이 가능하다.

2. 핵양체nucleoid와 플라스미드plasmid

세균의 형태와 구조상의 여러 특성 중 이 책에서 핵심적으로 다룰 유전정보의 교환과 공진화에 관련된 핵양체와 플라스미드를 간략히 살펴보도록 한다.

1) 핵양체

유전정보를 가진 세균과 고균의 염색체는 핵산과 여러 단백질로 이루어진 부정형의 응집된 덩어리 모양을 나타내고, 이것이 진핵세포의 핵에 해당하므로 핵양체라 한다. 대다수 세균 핵양체들의 DNA는 고리 형태이며, 콜레라균과 같은 일부 세균은 하나 이상의 염색체를 가지고 있다. 핵양체의 DNA 전체 길이는 세포의 길이보다 훨씬 길다. 예를 들면 대장균의 염색체 DNA 길이는 약 1,400μm로서 대장균 자신보다 350배 정도 큰 편이다. 따라서 세균의 염색체들은 조직화되고, 특정 단백질과 결합하여 초나선supercoiling 형태로 응축되어 세포 속에 핵양체 형태로 들어가 있다. 그리고 핵양체들은 진핵세포와 달리 막으로 구분되어 있지 않고 세포질의 한 부분으로 존재한다(1,2).

2) 플라스미드

대부분 세균에는 핵양체 외에 플라스미드라고 하는 작은 이중가닥 DNA 분자를 세포질에 가지고 있다. 이 플라스미드들은 그 크기가 대체로 1kb에서 200kb 정도이고 대부분 원형이지만 선형인 경우도 있다. 플라스미드 복제와 염색체의 복제는 각기 독립적으로 일어나지만, 일부 플라스미드는 염색체 안으로 삽입되어 염색체의 일부가 되어 염색체와 같이 복제가 되기도 한다.

플라스미드들은 세포 속에 1~40개 정도의 사본copy으로 존재하며 세포가 분열되면 안정적으로 다음 세대로 전달되지만 딸세포에 균등하게 분배되지 않기 때문에 때로는 세포에서 소실되기도 한다. 플라스미드에는 보통 30개 미만의 적은 수의 유전자가 존재하며, 이 유전자들은 세균이 특정 환경에 놓였을 때, 선택적으로 생존할 수 있는 이점을 제공한다. 이러한 플라스미드들은 한 세포에서 다른 세포로 특정 기능을 가진 DNA를 전달하는 역할을 한다. 그 특정 기능을 가진 DNA에 따라 항생제 저항성 유전자를 가진 R-플라스미드(~50kb), 독소 유전자를 가진 병원성 플라스미드(~200kb), 유기화합물의 분해효소 유전자를 보유한 분해성 플라스미드(~230kb), 다른 박테리아를 죽일 수 있는 박테리오신bacteriocin의 일종인 콜리신colicin 유전자를 가진 Col 플라스미드(9kb), 그리고 세포 접합기능을 가진 F-플라스미드(95~100kb) 등으로 분류된다.

이런 유전자를 가지고 있는 플라스미드들은 세균의 생존에 중요한 역할을 담당한다. 그뿐만 아니라 나중에 설명할 세균 간 유전정보의 전달에서 새로운 유전적 조합을 만들고 전달하는 또 다른 중요한 기능을 가지고 있다. 따라서 플라스미드는 외부환경의 변화를 세균이 수용하는 기전으로 작동하여 변화된 환경에서 생존할 수 있는 기능을 제공함으로써 진화의 동력이 되기도 한다.

종류

지구가 약 45억 년 전에 생성되었을 것으로 추정되고 그 후 10억 년이 경과된 후 단세포 생명체인 미생물이 최초로 지구상에 출현하였다. 그 후 이 미생물은 지구 환경에 적합하게 진화하면서 지구 구석구석 거의 모든 곳에 살게 되었다. 이 미생물들은 과학적으로 그 크기가 대체로 지름 100μm 이하로서 맨눈으로는 보기 힘든 세포성 생물이나 비세포성 생물학적 존재를 일컫는다. 그러나 맨눈으로도 볼 수 있을 정도의 크기를 나타내는 미생물도 있는데 이들은 빵곰팡이처럼 다수의 단세포가 모여 집락을 형성한 경우다(1,2). 미생물은 일반적으로 형태, 생활사, 유전물질의 특성 등에 따라 분류하여 크게 세균bacteria, 고균archaea, 바이러스virus, 그리고 원생생물protist과 진균fungi으로 나뉜다. 이들 중 세포 형태를 가진 세포성 미생물과 다른 세포성 생물체에 침입하여 세포의 복제와 단백질 발현 시스템을 이용하여 생존하고 증식할 수 있는 비세포성 미생물로 구분된다.

세포성 미생물은 대사와 세포분열에 의한 증식을 독자적으로 일으킬 수 있는 세포를 기본 구조로 한 생명체다. 이에 비해 비세포성 미생물은 소수의 유전정보만을 가지고 있으며 세포보다 훨씬 간단

세포성 미생물

고균: 대표적으로 메탄생성고균
세균: 대장균과 같은 장관내세균, 광합성세균, 방선균 등
원생생물: 원생동물, 조류, 점균류 등
진균: 효모, 버섯, 곰팡이 등

비세포성 미생물

바이러스: 단백질과 DNA 또는 RNA로 구성
바이로이드: RNA로 구성
위성체: DNA 또는 RNA로 구성
프리온: 단백질로 구성

한 구조로 이루어져 있고, 독자적으로 증식할 수 없다.

세포성 미생물 중 세균과 고균의 또 다른 특징은 동식물의 세포와 달리 세포 내에 핵과 같은 막으로 분리된 공간을 가지고 있지 않다는 것이다. 따라서 세균과 고균의 구성세포들은 핵이 없는 원핵세포prokaryotic cell로서 동식물 세포인 핵을 가진 진핵세포eukaryotic cell와 구별된다. 그러나 세포성 미생물 중 원생생물과 진균은 진핵세포로 되어 있다.

최근 과학기술의 발전으로 1970년대부터 리보좀 RNArRNA 서열에 대한 비교연구에 의해 세포성 미생물은 세균bacteria 또는 eubacteria, 고균archaea 또는 archaebacteria, 진핵생물eukarya의 세 영역으로 분류하게 되었다(1,2). 따라서 이 책에서 다루는 세포성 미생물은 크게 고균과 세균, 그리고 진핵생물 중 일부(원생생물과 진균)를 포함한다. 이런 미생물들의 집단 내 구성생물의 종류와 분류는 문헌과 교과서에 따라 많은 차이가 있어, 이 책에서는 *Prescott's Microbiology*(9판)(1)에 수록된 내용을 참조하여 기술하였다.

세균은 가장 많이 알려진 미생물군으로서 대부분 단세포 생물이고 원핵세포이면서 세포벽을 가지고 있다. 이 세균은 토양, 물, 공기 등에 많이 존재하며, 고온이나 저온, 낮은 pH, 고염분 상태의 극단적인 환경에서도 생존할 수 있다. 또한 세균은 우리 몸의 피부와 구강, 내부 장기에서 빈틈없이 서식하면서 공생관계를 이루고 있다. 세균은 대체로 병원균으로 인식되어 있는데 이는 인류의 참혹한 전염병의 역사와 관련이 있다. 과거의 대표적인 전염병인 흑사병(또는 페스트)은 페스트균*Yersinia pestis*에 의해 발병하고 1347년 중세 유럽에서 창궐하여 약 7,500만 명을 죽음으로 내몬 무자비한 전염병의 대명사로 사람들의 머릿속에 각인되었다. 그러나 질병을 유발하는 세균은 소수에 불과하고 많은 세균이 인간을 비롯한 이 지구상 생물들이 생존하는 데 없어서는 안 되는 존재이고, 지구생태계의 순환 시스템을 작동시키는 데도 절대적으로 기여하고 있다.

고균은 세균과는 다른 rRNA 염기서열을 가지고 있고, 세포막과 세포벽도 세균과 차이점을 나타낸다. 일반적으로 고균은 메탄생성 고균과 같이 특이한 물질대사를 하거나, 높은 온도와 고농도의 염분과 같은 극단적인 환경에서 살아가는 특징이 있다. 그러나 최근에는 인간뿐만 아니라 동식물에도 여러 종이 서식하는 것으로 보고되어 있다(3).

진핵세포를 가진 미생물 중 원생생물은 대부분 단세포 구조이나 그 크기는 세균이나 고균보다 크다. 이 원생생물에는 원생동물protozoa, 조류algae, 점균류slime mold, 물곰팡이water mold 등이 포함된다(4). 원생동물은 동물처럼 움직일 수 있는 원생생물로서 다른 미생물들을 포식하여 영양분을 섭취한다. 이들은 다양한 환경에서 발견되고 동물의 장에 공생하여 섬유소 같은 난분해성 물질의 소화과정에 참여하기도 하며, 사람이나 동물에게 질병을 일으키기도 한다(4).

조류는 광합성 기능이 있어서 독립영양생활을 하고 남세균과 더불어 지구에 존재하는 산소의 절반 이상을 생산한다. 서식 장소에 따라 담수조류, 해조류로 나눌 수 있으며 대표적으로 규조류, 녹조류, 홍조류, 갈조류 등이 포함되며, 수계水系 먹이사슬의 근간이 되는 중요한 역할을 담당하고 있다.

점균류는 수천~수만 개의 세포가 모여 거대한 덩어리를 이룬 것plasmodial slime mold과 아메바 형태의 단일세포로 살아가다가 특정 화학신호에 의해 하나의 거대 세포 덩어리를 이루는 것cellular slime mold으로 나뉜다. 점균류는 주로 썩은 식물에서 서식하고 진균의 포자, 세균, 효모 등을 포획하여 생존한다.

물곰팡이는 담수의 수면이나 젖은 흙에서 서식하는 수생균류로서 솜 모양으로 발육한다. 썩은 통나무나 짚 같은 것을 먹이로 하고 균사와 편모를 가진 유주자를 만들어 무성생식과 유성생식을 한다.

또 다른 진핵세포를 가진 미생물은 진균으로서 효모와 같은 단세포성 진균에서부터 다세포성의 곰팡이molds, 버섯 등을 포함하는 다양한 미생물 집단을 이루고 있다. 이 중 곰팡이와 버섯은 가느다란 실 모양의 균사hyphae를 만들고 이 균사를 이용하여 주변 서식지로부터 유기화합물인 영양소를 흡수하고 식물의 뿌리에서 균근mycorrhizae을 형성하여 식물과 공생관계를 이룬다. 또한 광합성을 하는 남세균 또는 녹조류와 공생하여 지의류를 형성하기도 한다. 많은 진균은 다양한 물질대사 능력이 있어서 빵, 맥주의 발효, 항생물질 생산 등의 유익한 기능을 가지고 있고, 죽은 생명체나 난분해성의 식물 성분을 분해하여 지구 자원 순환에 기여한다. 일부는 사람에서 무좀, 칸디다증 그리고 식물에서 잎마름병, 깜부기병과 같은 질병을 일으키기도 한다.

이런 세포성 미생물은 생존에 필요한 영양분을 얻는 방식에 따라 크게 세 가지로 나눌 수 있다. 즉 사용하는 에너지원, 탄소원 그리고 전자원에 따라 구분된다. 에너지원으로 빛을 사용하는 경우 광영양성이라 하고, 화학물질을 산화시켜 에너지를 얻는 것은 화학영양성이라 한다. 그리고 세포의 필수 구성성분인 탄소를 얻는 방식에 따라 이산화탄소CO_2를 탄소원으로 사용하면 독립영양성이라 하고, 다른 미생물이 합성한 유기물을 탄소원으로 쓰는 것을 종속영양성이라 한다. 또한 세포대사과정에 필요한 산화환원 반응에 사용하는 전자원이 무기물인 경우는 무기영양성이라 하고, 유기물인 경우는 유기영양성이라 한다.

이런 기준으로 분류하면 대부분의 미생물은 광무기독립영양성, 화학무기독립영양성, 화학유기종속영양성의 세 그룹에 속한다. 즉 광무기독립영양성은 빛을 에너지원으로 하고 무기물을 전자원으로 하여 이산화탄소를 고정시켜 유기물을 만드는 미생물들로서 남세균, 규조류, 자색황세균, 녹색황세균 들이 해당된다. 이산화탄소를 탄소원으로 사용하면서 무기물을 에너지원과 전자원으로 사용하는 화학무기독립영양성 미생물로는 메탄생성고균, 질화세균, 철-산화세균, 그리고 황-산화세균 등이 포함된다. 이런 독립영양성 미생물과는 달리 만들어진 유기물을 탄소원으로 하고, 역시 유기물을 에너지원과 전자원으로 사용하는 미생물들은 화학유기종속영양성이라 하며, 이 그룹에는 대부분의 비광합성세균, 진균, 원생생물과 고균들이 해당된다. 그 외 광합성을 하면서 유기물을 탄소원과 전자원으로 하는 광유기종속영양성 미생물로는 자색비황세균과 녹색비황세균이 있으며, 광합성 없이 유기물을 탄소원으로 하고 무기물을 에너지원과 전자원으로 사용하는 화학무기종속영양성 미생물은 일부 황-산화세균들이 알려져 있다.

세포성 미생물을 쉽게 구분할 수 있는 방법으로는 현미경하에서 세포를 분별 염색하는 그람염색Gram stain법이 많이 사용된다. 이 염색법은 덴마크의 의사 그람Christian Gram이 개발한 방법으로 세균과 고균을 크게 그람양성gram-positive과 그람음성gram-negative으로 분류할 수 있다. 이 방법에 사용하는 염료들은 양전하를 띠는 염기성 염료로서 음전하를 띠는 세포 표면의 성분들과 강하게 결합할 수 있다. 잘 결합되는 염료의 성분에 따라 그람양성균들은 보라색을, 그람음성균들은 분홍색을 나타내어 분별이 가능하다.

비세포성 미생물로는 바이러스를 대표적으로 들 수 있다. 바이러스 중 가장 단순한 것은 몇 가지 단백질과 DNA나 RNA 중 한 종류의 핵산으로만 구성되어 있어서 증식하기 위해서는 반드시 숙주세포에 침입하여 숙주세포의 시스템을 이용해야 한다. 숙주에 침투하는 바이러스는 그 크기가 숙주세포에 비해 아주 작음에도 불구하고, 감염된 후 증식하여 그 능력이 크게 증폭되면 동식물에서 다양한 질병을 일으킨다. 역사적으로 인간에게 큰 해를 끼친 천연두, 독감, 광견병, AIDS 등이 바이러스 질환이고 최근의 코로나바이러스도 여기에 포함된다.

바이러스 외에 바이로이드viroid는 RNA, 그리고 위성체satellite는 DNA 또는 RNA로 구성된 감염체로서 바이로이드는 식물에서, 위성체는 동식물에서 질병을 일으키는 존재로 파악되었다.

마지막으로 프리온prion은 핵산이 없이 단백질로만 이루어진 감염체로서 광우병과 같은 뇌질환을 일으키기도 한다.

이들 바이러스와 바이로이드, 위성체, 프리온은 생물과 무생물의 경계에 위치하면서 현재까지는 인간과 동식물의 질병에 관여하는 몇 종만이 알려져 있는 상황으로 그 정체가 극히 베일에 싸여 있다. 따라서 질병 유발원이 아닌 또 다른 미지의 기능을 가진 이런 존재들이 무수히 있을 것으로 예측되므로 이에 대해서는 앞으로 많은 연구가 필요하다.

인간이 이런 미생물들을 확인하는 전통적인 방법은 분리하여 배양하는 것인데 현재의 기술로 배양되는 미생물은 1~2%에 불과한 것으로 추정된다. 따라서 기존의 배양법으로 나머지 대다수의 미생물을 확인하고 조사하는 것은 불가능에 가깝다. 이의 해결책으로 최근에 배양과정을 거치지 않고 미생물을 확인할 수 있는 새로운 방법으로 특정 샘플 속에 있는 모든 미생물의 유전체를 전부 염기서열분석을 하는 메타게놈염기서열분석법metagenomics sequencing, MGS과 단세포 유전체 염기서열분석법 등이 개발되었다(5). 이런 방법들에 의해 메타유전체학, 비교유전체학, 시스템생물학 등의 연구 분야가 확립됨으로써 개개 미생물의 배양 없이 미생물의 다양성과 군집의 대사과정, 기능적 특성, 진화와 생태계에서의 지위 등을 규명할 수 있게 되었다.

1. 고균Archaea

현재까지 미생물에 관한 연구는 주로 세균, 진균, 그리고 바이러스에 집중되어 고균에 대해서는 그 연구가 초보 단계다. 그 이유는 세균, 진균, 바이러스는 인간의 질병과 관련이 높아 비교적 많은 연구가 진행되었으나 고균은 인간 질병과의 연관성이 알려져 있지 않기 때문이다. 그러나 최근 들어 인간을 비롯한 동식물의 건강과 생존에 고균의 중요성이 보고되면서 부각되고 있는 미생물이다(1,2,3).

고균은 고유의 특징을 지니고 있으나, 진핵생물이나 세균과도 공통점이 있다. 예를 들어 유전자의 복제, 전사, 번역에 관여하는 RNA중합효소와 DNA중합효소의 유전자들은 진핵생물과 유사성이 있고, 대사과정에 관여하는 유전자들과 핵과 세포 내 소기관이 없는 점은 세균과 유사하다. 세균과 마찬가지로 고균도 매우 다양한 집단으로 그 형태와 생리적 특성이 아주 복잡한 양상을 나타낸다. 형태적으로는 구형, 막대형, 나선형, 부정형 등 매우 다양한 모습을 보이고 보통은 단세포지만 다세포로 모여 집합체를 이룬 것도 있다.

그람염색을 하면 양성 또는 음성으로 보이지만, 세균과는 다른 독특한 세포벽을 가지고 있다. 즉 박테리아가 가진 펩티도글리칸 peptidoglycan이나 LPSlipopolysaccharide가 없고, 그 대신 단백질과 유사뮤레인 pseudomurein이나 이질다당류heteropolysaccharide로 구성되어 있다. 또 어떤 고균에는 세포벽이 아예 없고 단일 또는 이중 세포막으로 되어 있는 경우도 있다. 따라서 박테리아의 세포벽에 작용하는 페니실린이나 세팔로스포린과 같은 베타람탁게 항생제들은 고균에 효능을 나타내지 못한다.

증식은 일반적으로 이분법으로 분열하지만, 출아법, 분절법 등 다양한 방식으로 증식한다. 그 생리적 특성도 산소가 있거나 없어도 생존이 가능하고 영양방식도 독립영양에서 종속영양, 화학영양, 광영양 등으로 매우 다양하며, 호냉성, 호중온성 및 100℃ 이상의 극호열성인 경우도 있다. 따라서 고균은 다양한 서식지에서 생존이 가능하고, 특히 극한의 환경에서도 살아갈 수 있는 능력이 있다. 즉 고균은 온도나 pH가 매우 높거나 낮은 곳, 염분이 농축된 곳, 산소가 전혀 없는 곳에서도 생장한다. 그래서 저온(약 4℃)이고 빛이 거의 없는 해저에서도 살 수 있도록 진화되었다. 또한 동물의 소화관에서도 서식하면서 공생관계를 이루고 있다. 그러나 최근의 연구에 따르면 위에서 언급한 악조건뿐만 아니라 정상적인 환경에서도 다수의 고균이 발견되었고, 특히 사람을 비롯한 동식물과 원생생물에도 서식하는 것이 밝혀졌다(3).

따라서 고균은 지구의 곳곳에 서식하고 있으며, 세균보다 더 열악한 곳까지 그 범위를 확대하여 지구 전체를 두꺼운 생명체의 층으로 둘러싸고 있다. 마치 대기와 같이 지구를 빈틈없이 덮고 있고 생명체의 거대한 기반을 이루어 지구가 살아 있도록 한다. 이런 현상은 다른 미생물인 세균이나 진균, 바이러스에도 공통적으로 나타나는 경이로운 모습으로서 그 속에서 다양한 미생물 사이에 무수한 상호작용이 일어나고 있다.

1) 고균의 세포구조(1,2,3)

고균의 형태는 세균처럼 다양하나, 그중 구균$_{cocci}$과 간균$_{rod}$이 가장 일반적으로 관찰된다. 주로 단일세포로 존재하지만 구균 중 일부는 세포가 모여 덩어리를 형성하고, 간균 중 일부는 사슬을 형성하기도 한다. 그 외 곡선 또는 나선 모양, 가지 친 모양, 사각형 등 다양한 형태의 고균도 발견되었다.

고균의 크기는 대체로 대장균과 비슷하여 구균인 경우 직경이 1~3μm 정도이고, 간균은 일반적으로 폭 1~2μm, 길이 1~5μm다. 그러나 다른 고균에 부착하여 살아가는 기생고균인 *Nanoarchaeum equitans*는 직경이 0.4μm에 불과하고, 해양에 서식하는 *Nitrosopumilus* *maritimus*는 직경이 0.2μm로 가장 작은 생물에 속한다. 이에 비해 기다란 섬유를 형성하는 고균은 길이가 200μm에 달하는 것도 있어서 크기도 다양한 스펙트럼을 나타낸다.

고균은 세포질 바깥에 세포막이 있고, 이 막의 바깥에 다양한 구성성분으로 이루어진 세포벽으로 둘러싸여 있다. 세포막은 지질 성분의 결합방식이 세균과는 다른 특징을 나타낸다. 즉 세균은 세포막이 지방산과 글리세롤이 에스테르 결합으로 연결된 반면, 고균은 이소프레노이드 탄화수소와 글리세롤이 에테르 결합으로 세포막을 이루고 있다. 세포벽도 펩티도글리칸으로 이루어진 세균과 달리 독특한 성분과 구조로 되어 있다. 고균의 세포벽은 당단백질이나 단백질로 된 S층과 고균의 종류에 따라 이 S층 바깥에 단백질 껍질을 더 가지거나 메타노콘드로이틴 다당층을 가지고 있는 것도 있다. 그리고 S층 아래에 펩티도글리칸 유사분자로 이루어진 층이 있는 것도 있으며, S층이 없어 유사뮤레인으로 구성된 다당층이 세포막 바깥에 있거나, S층 없이 세포막으로만 구성된 것도 있다.

많은 고균이 선모$_{\text{pilus}}$와 편모$_{\text{flagellum}}$를 가지고 있고, 선모는 세포부착에 관여하고 편모는 회전에 의해 세포를 이동시킨다. 고균의 리보솜 RNA는 세균과 같은 16S, 23S와 5S rRNA가 있으나 특이하게 세균에는 없는 진핵세포 리보솜과 유사한 5.8S rRNA를 가지고 있다. 리보솜을 구성하는 단백질 중 일부는 진핵생물과 같은 것이 있어서 리보솜의 구성이 진핵생물과 유사한 반면, 세균과는 다른 차이를 나타낸다. 염색체와 단백질로 이루어진 고균의 핵양체는 핵이 없고 원형의 이중가닥 DNA로 이루어져서 세균과 유사하지만, 히스톤 단백질에 의해 뉴클레오솜을 형성하는 점은 진핵세포와 유사성을 보인다. 그리고 고균의 DNA중합효소와 RNA중합효소는 진핵생물과 유사하다. 그러나 고균은 세균과 유사하게 작은 크기의 플라스미드를 가지고 있다. 이러한 여러 가지 특성에 의해 고균은 세균과 진핵생물의 특징을 다 가진 융합생물로 간주된다.

2) 고균의 종류

고균은 생리적 특성에 의해 크게 메탄생성고균methanogen, 극호염성 고균*Haloarchaea*, 황산염-환원 극호열성 고균, 극호열성 황대사 고균 등으로 나눌 수 있다(1,2). 계통 발생학적으로는 유리고균문*Euryarchaeota*, 크렌고균문*Crenarchaeota*, 타움고균문*Thaumarchaeota*, 나노고균문*Nanoarchaeota*, 코르고균문*Korarchaeota* 등 5가지 문이 알려져 있다(그림 2)(1,2). 이 중 나노고균문과 코르고균문은 단지 한 종만 알려져 있어서 여기서는 좀 더 연구가 진행된 다른 세 문에 대해서 정리하도록 한다.

(1) 유리고균문

유리고균은 다양한 대사능력을 가지고 있어서 생태학상 유리한 위치를 점할 수 있으며, 메탄생성고균, 극호염성 고균, 황산염-환원 극호열성 고균이 여기에 속한다. 메탄생성고균은 산소가 없는 조건에서 메탄생성과정을 통해 에너지를 얻는다. 이 메탄생성은 CO_2/H_2, 포름산, 아세트산, 메탄올 등을 기질로 하여 메탄(CH_4)을 생성하고 이 과정에서 ATP를 얻게 된다. 이 메탄생성고균은 *Methanobacteriales*, *Methanococcales*, *Methanosarcinales*, *Methanomicrobiales* 등의 5목으로 분류되고, 동식물과 인간에 서식하여 공생관계를 이루면서 지구상에서 생성되는 메탄의 주원인이 된다. 식물에서는 대표적으로 벼와 공생해 대량의 메탄을 대기중으로 배출시킨다. 동물에는 소, 염소 등 반추동물의 위에서 상리공생관

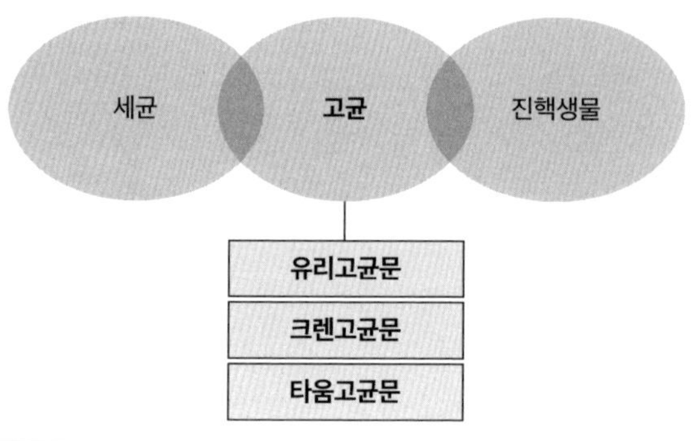

그림 2. 고균의 종류

계를 맺으며 그 외 돼지, 닭, 개미 그리고 인간에도 서식하여 메탄을 생성한다. 특히 반추동물은 지구 대기중 메탄의 10~20%를 생산하여 지구온난화의 원인 중 하나로 간주되고 있다(3,6).

그리고 이 유리고균문에 속하는 극호염성 고균은 NaCl의 농도가 적어도 1.5M이 유지되어야 살 수 있어서 염전, 사해, 암염, 소금으로 절인 발효식품 등에 서식하고 5.5M NaCl의 고염도 환경에서도 생존할 수 있다. 이런 극호염성 고균으로 *Halobacterium*과 *Halococcus* 등이 대표적으로 알려져 있다. *Halobacterium*은 엽록소 없이 고균로돕신으로 광합성을 하여 ATP를 생성한다. 이 고균들은 붉은색의 카로티노이드 색소를 가져 자외선으로부터 자신을 보호하며 구형, 막대형 등 다양한 형태를 나타낸다.

황산염-환원 극호열성 고균은 해저의 고온열수구에서 분리된 *Archaeoglobus*가 알려져 있으며 83℃의 고온에서도 잘 자란다. 이 *Archaeoglobus*는 젖산, 포도당 등의 유기화합물을 산화하면서 황산염을 황화수소(H_2S)로 환원시킨다. 그 외에 이 유리고균문에 속하는 *Thermoplasma*는 산성이면서 뜨거운 석탄 폐기물더미(pH 2, 55℃의 조건)에서 자라는 호열성 고균이고, 같은 계열의 *Picrophilus*균은 pH가 0에 가까운 더 극단적인 조건(pH ~0.06, 60℃)에서도 생존할 수 있는 극호산성 고균이다.

(2) 크렌고균문

크렌고균은 대체로 호열성 또는 극호열성균으로서 113℃에도 생존할 수 있다(3). 이 크렌고균의 많은 종류가 황의존성이고 다양한 형태를 가지고 있는 극호열성 황대사 고균이다. 크렌고균으로는 *Sulfolobus*속과 *Thermoproteus*속이 대표적으로 연구되어 있다. *Sulfolobus*는 황이 풍부한 산성의 고온지역(pH 2~3, 80℃의 조건)에서 서식하여 H_2S, FeS 등을 산화하는 호기적 화학무기영양성이지만 화학유기영양성으로도 생장이 가능하다. 이에 비해 *Thermoproteus*는 절대혐기성이며 S^0와 H_2를 이용한 화학무기영양성으로 생장하지만 전분, 포도당 등 복합탄소화합물을 이용한 화학유기영양성으로도 살아갈 수 있다. 이 크렌고균들은 황이 풍부하고 뜨거운 지열이 있는 화산 토양이나 유황온천, 심해열수구 등에서 서식한다.

(3) 타움고균문

타움고균은 새롭게 분류된 고균 종류로서 *Nitrosopumilales* 등의 3목이 포함된다. 대표적인 *Nitrosopumilus maritimus*는 해수에 서식하고 산소가 있는 조건에서 암모니아(NH_3)를 아질산염(NO_2^-)으로 산화하여 화학무기영양성으로 생장한다. 따라서 이 타움고균은 암모니아를 산화시키는 질산화 기능에 의해 질소순환에 관여한다. 서식지로는 토양과 해양에 널리 분포하고 심해 퇴적물, 하구퇴적지, 온천지역 그리고 인간의 피부에서도 발견되었다(3,6).

이와 같이 고균은 극한의 조건에서 주로 발견되었지만 근래에 와서 해양과 같은 일반적인 지구생태계에도 널리 퍼져 대량으로 서식하고 있음이 보고되었다. 고균과 인간과의 관련성은 약 40년 전 분리된 인간의 위장관에 서식하는 메탄생성고균이 비교적 잘 알려진 상태다(3,6). 메탄생성고균의 발견 이후 점차 인간에 서식하는 고균들이 인간의 건강 유지에 중요하다는 사실이 알려졌는데 피부의 정상생리와 노화에 깊숙이 관련되어 있고, 면역계에도 관여하여 염증반응도 유발하는 것으로 보고되었다(6). 즉 호흡기와 잇몸에서 부비동염, 치주염 등의 발생과 관련이 있을 것으로 예상되고, 장에서는 메탄가스 생성을 일으켜 심한 변비를 일으킨다는 사실도 알려졌다(6). 그러나 인간 질병 발생의 직접적인 원인이라는 명확한 증거는 아직 없다. 따라서 인간에 서식하는 고균을 인간 고균군집human archaeome이라고 이름 붙이고 이에 대한 본격적인 연구가 진행되고 있어 세균에 비해 연구가 매우 빈약한 고균들의 종류와 그 기능에 많은 정보와 지식이 얻어질 전망이다. 고균은 인간뿐만 아니라 식물에도 정상생리 작용에 관여하고 인간과 마찬가지로 동물의 피부와 위장관에도 서식하여 동식물과의 상호작용이 예상된다. 특히 동식물에 서식하고 있는 다양한 세균과 유전자 교환이 이루어져서 상호 긴밀한 영향을 주고받을 것으로 추측된다(6). 즉 고균과 세균은 엄청난 수와 폭넓은 서식지에 의해 곳곳에서 서로 만나면서 유전정보의 교환이 이루어져서 변화하는 지구환경에 공동으로 대응하면서 생존할 것으로 예상된다. 동시에 지구환경의 변화를 이끄는 주체자로서의 역할도 발휘할 것으로 보인다.

2. 세균Bacteria

1) 세균의 분류

현재까지 가장 많이 알려진 미생물 그룹인 세균군은 수직체계로 배열된 분류체계에서 차례로 문Phylum, 강Class, 목Order, 과Family, 속Genus, 종Species으로 나누어지고, 일부는 아종subspecies으로 분류되기도 한다. 이런 방법으로 분류된 특정 세균의 명명은 린네C. von Linné의 이명법에 따라 이루어지고, 이탤릭체로 된 두 부분으로 되어 있다. 첫 부분은 속명이고 두 번째 부분은 종명이다. 예를 들면 대장균은 *Escherichia coli*이고 페스트균은 *Yersinia pestis*라고 명명되어 있다(1,2).

2) 세균의 분류 방법

세균의 분류는 크게 고전적인 방법과 최근에 발전한 분자생물학적 방법, 두 가지가 있으며 현재는 이 두 방법을 다 사용한다.

(1) 고전적인 방법

고전적인 방법에는 형태적, 생리 및 대사적, 생화학적, 생태적 특성들이 사용된다. 형태적 특성에는 세포의 모양과 크기, 운동성, 내생포자의 형태 등이 포함된다. 생리적 특성과 대사적 특성도 세균의 분류에 유용하게 사용되는데, 여기에 속하는 특성들로는 탄소 및 질소원, 에너지원, 생장온도, 적정 pH, 산소 및 염분요구량, 발효산물, 2차 대사산물 등이 적용된다. 생화학적 특성은 세포벽의 구성성분 그리고 세포막의 지방산 조성이 포함되고, 구체적으로 지방산 길이와 포화 정도, 사슬의 가지, 수산기 등의 특이적 차이들이 분류에 사용된다. 그 외 생태적 특성으로는 세균의 생활사, 타 생물과의 공생관계, 특정 숙주에 대한 병원성, 그리고 온도나 삼투압과 같은 서식지의 조건들이 포함된다.

(2) 분자생물학적인 방법

이 방법에는 세균 유전체가 가지고 있는 핵산의 염기조성이 적용되며, 구체적으로는 (G+C) 함량이 사용된다. 동식물의 (G+C) 함량은 30~50%인 데 비해 세균과 고균 등의 미생물에서는 25~80%까지 확대되어 그 폭이 더 넓다. 이 (G+C) 함량은 세균에 따라 달라지지만 특정 종이나 속 안에서는 함량이 일정하여 분류의 기준으로 사용이 가능하다. 예를 들어 *Streptococcus*균은 33~44%이고, *Streptomyces*균은 69~73% 범위에 속한다.

(G+C) 함량 분석법 외에도 두 유전체 사이의 유사성을 조사할 수 있는 DNA-DNA 혼성화법DNA-DNA hybridization, DDH, rRNA의 서열분석법, 유전체 지문법genomic fingerprinting 등이 있다.

DDH법은 DNA염기서열의 상동성에 의해 이중가닥 DNA가 형성되는데 온도가 낮을수록 상동성이 높은 DNA가닥끼리만 혼성가닥을 이룰 수 있다는 점을 이용한 것이다.

rRNA의 서열분석법에는 세균 리보솜의 16S rRNA의 염기서열이 사용되는데 이 부위는 단백질 합성에 필요하므로 세균의 생존에 필수적이어서 수평적 유전자 전달이나 돌연변이가 일어나지 않는 부분이 포함되어 있다. 따라서 rRNA 염기서열에는 비교적 변화가 일어난 부분도 있고 매우 안정된 부분도 동시에 있기 때문에 가까운 유연관계에 속한 세균들을 조사할 때는 변화가 있는 부분을 사용하고, 유연관계가 먼 세균을 분석할 때는 안정된 부분을 이용하여 분류에 사용할 수 있다.

유전체 지문법은 염기서열분석 없이 제한효소를 이용하여 절단된 단편의 패턴으로 분류하는 방법이다. 그중 제한효소 절편길이 다형성restriction fragment length polymorphism, RFLP법은 특정 유전자 부위를 PCR로 증폭한 후 제한효소로 절단한 다음 그 절편을 분석하는 방법이다. 또 다른 방법은 리보타이핑ribotyping으로 PCR 증폭 없이 세균의 유전체 전체를 제한효소로 절단한 후 생성된 16S와 23S rRNA 유전자 단편들의 패턴을 분석하는 것으로 세균을 신속하게 동정할 수 있다.

그 외의 방법으로는 세균의 종은 빠르게 진화하므로 rRNA 유전자보다 빠르게 변화하는 유전자를 대상으로 동시에 서열분석하여 분류에 사용한다. 이 방법은 유전자 5~7종을 한꺼번에 서열분석하여 비교하는 것으로 다중부위서열분석법multilocus sequence analysis, MLSA이라고 한다. 이 방법은 세균 간의 유연관계와 세균 종의 동정 연구에 사용될 수 있다.

그리고 단일염기 다형성single nucleotide polymorphism, SNP법도 있다. 이 방법은 16S rRNA 분석이나 MLSA와 달리 유전체의 특수한 유전자나 유전자 사이 부위, 또는 인트론과 같은 비암호화 서열 등 염기서열이 비교적 보존된 여러 부위에서 단일 뉴클레오티드의 변이를 조사하는 것이다. 이런 보존된 부위의 염기서열 변화는 연관성 분석을 통해 세균들의 진화상의 경로를 추적할 수 있다.

3) 세균의 종류(그림 3)

세균의 종류는 16S rRNA 서열분석법이 도입되기 전인 1980년대에는 12문phyla이 알려졌으나 현재는 이 분석법에 의해 80개 이상의 문이 보고되었다. 이 중 프로테오박테리아*Proteobacteria*문, 후벽균*Firmicutes*문, 방선균*Actinobacteria*문, 의간균*Bacteroidetes*문의 4개 문이 대표적이고 여기에

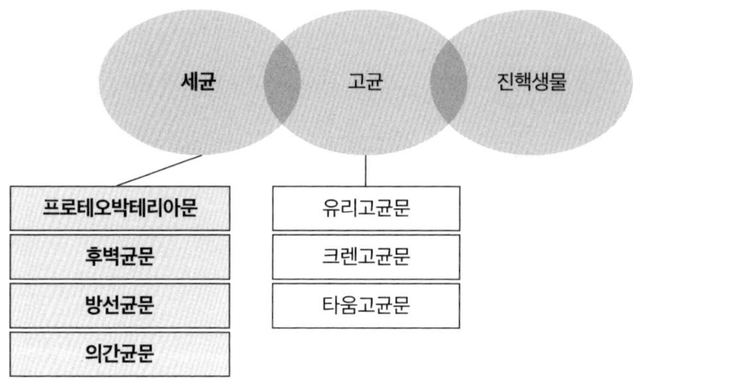

그림 3. 세균의 종류

대다수의 세균이 속한다(1,2). 이 중 후벽균과 방선균은 그람양성 세균이고 프로테오박테리아와 의간균은 그람음성세균이다. 편의상 의간균은 다른 그람음성세균들을 포함하여 그람음성세균 그룹으로 설명하였다.

(1) 프로테오박테리아*Proteobacteria*문

이 그룹에는 병원균과 영양순환에 중요한 세균들이 포함되고 200개 이상의 속과 3,000개 이상의 종으로 구성된 가장 큰 세균 집단이다. 16S rRNA 서열분석법에 의해 다시 α, β, γ, δ, ε의 5가지 강으로 나누어진다. 이 문에 속하는 균들은 그람음성이고 광영양성을 위시하여 거의 모든 대사경로가 포함되는 대사의 다양성을 가지고 있다. 혐기성, 호기성 등 산소이용도, 수소농도 적응성, 그리고 생태적 측면에서도 폭넓은 스펙트럼을 나타낸다. 형태학적으로도 구균, 간균, 나선균, 사상균 등 다양한 세포 모양을 가지고 있다. 그러나 이 프로테오박테리아문의 서로 다른 강에 속한 세균이라 하더라도 광영양, 메틸

영양, 질산화 기능 등을 공통적으로 나타내기도 하여 프로테오박테리아 사이에 활발한 유전정보의 교환이 일어남을 추측할 수 있다.

① α-프로테오박테리아강

α-프로테오박테리아강은 프로테오박테리아문 중에서 γ-프로테오박테리아강 다음으로 두 번째로 큰 집단으로 *Rhizobiales*, *Rhodobacterales*, *Rickettsiales* 등 10개의 목으로 구성된다.

이 중 *Rhizobiales*목이 α-프로테오박테리아강에서 가장 큰 집단이고 뿌리혹박테리아*Rhizobium*와 화학무기영양성의 질산화세균*Nitrobacter* 그리고 식물병원균*Agrobacteria* 등을 포함하고 있다. 식물에 기생하는 *Rhizobium*균은 콩과식물에서 뿌리혹을 형성하여 대기중의 질소를 암모니아로 환원하는 질소고정 기능을 가지고 있다. 또 *Nitrobacter*균은 아질산염NO_2^-을 질산염NO_3^-으로 산화하는 질산화세균이다. 따라서 이들 균은 지구의 질소순환에 중요한 역할을 담당한다. 그리고 *Agrobacterium*은 식물에 종양을 일으키는 식물병원균이다.

이 강에는 자색비황세균purple non-sulfur bacteria도 포함되고 이 균은 산소를 발생하지 않는 광합성으로 생장하며 검붉은 색을 띤다. 그러나 산소를 이용한 화학종속영양기전으로도 생존 가능하여 다양한 유기물을 탄소원으로 사용할 수 있는 생리적 유연성을 가지고 있다. 대표적으로 *Rhodospirillum rubrum*과 *Rhodopseudomonas palustris* 등이 있다. 그리고 메탄을 산화하여 유기물을 합성하는 메탄영양세균methanotrophs 중 일부가 이 강에 속하고, 호기성 조건에서 메탄을 포름알데하이드formaldehyde로 산화할 수 있다. 여기에 *Methylocystaceace*과의 균들이 포함되고 토양, 물속, 그리고 동물의 소화기에서 서식한다. 그 외 리케치아*Rickettsia*는 세포 내 기생세균으로서 동물의 적혈구,

대식세포 등에서 자라며 발진티푸스 같은 질병을 일으키기도 한다. 이 균들은 숙주세포의 다양한 영양물질과 조효소, ATP 등을 자신의 세포 안으로 흡수시켜 살아간다.

② β-프로테오박테리아강

여기에는 광범위한 대사적 특성과 생태학적인 다양성을 가진 *Burkholderia*균이 있으며, 이 균들은 산소요구성인 것도 있고 일부는 질산염을 사용하여 혐기적으로도 생장할 수 있고, N_2를 고정할 수도 있으며 다양한 유기화합물을 분해하여 유기물질의 재순환 기능을 가진 것도 있다. 이 세균들은 토양에 서식하지만 식물이나 동물, 그리고 사람에게서 질병을 일으키는 기회성 병원균이기도 하다. 대표적으로 *Burkholderia cepacia*가 있으며 양파무름병을 일으키거나 인간에게도 면역력이 약화된 환자에게 폐렴을 유발하는 기회성 병원균이다. 그리고 *Nitrosomonas*, *Nitrosospira*와 같은 암모니아를 산화시키는 세균과 *Ralstonia*와 같은 수소산화세균도 이 그룹에 포함된다. 또한 황, 황화수소, 티오황산염을 산화하여 에너지를 얻는 *Thiobacillus* 같은 무색황세균도 여기에 속한다. 이 강의 일원인 *Neisseria*균은 운동성이 없고 산소를 필요로 하는 그람음성구균으로서 사람의 점막에서 뇌수막염이나 임질과 같은 질병을 일으킨다.

③ γ-프로테오박테리아강

이 종류의 균들은 프로테오박테리아 중 가장 큰 집단을 이루며, 이 중 자색황세균purple sulfur bacteria은 산소를 발생하지 않는 광합성세균으로 황화수소를 황으로 전환시키고 이산화탄소를 고정시킨다. 이 세균들은 황화수소가 풍부하고 빛이 있으며 혐기성 환경인 호수의 밑바닥이나 온천 지대에서 주로 서식한다. 이 자색황세균은 *Chromatiaceae*와 *Ectothiorhodospiraceae* 두 과로 나뉜다. 자색황세균 외에 황화수소를 산화하여 에너지를 얻는 황산화세균인 긴 사상체나 모상체 형태의 *Beggiatoa*균과 *Leucothrix*균도 이 γ-프로테오박테리아강에 속한다. 이들은 각각 화학무기영양세균과 화학유기영양세균의 일종이다. 그리고 해양에 서식하는 *Thiomargarita*균은 크기가 가장 큰 미생물로서 이 강의 일원이며 세포 내 질산염을 보관하는 소낭을 가지고 있다. 대표적인 *Thiomargarita namibiensis*는 직경이 0.75mm에 달하는 경우도 있어 육안으로도 관찰이 가능하다.

이 γ-프로테오박테리아강에는 사람에 감염되어 질병을 일으키는 균이 여러 종 있다. 예를 들면 사람의 장관내세균으로 *Vibrionaceae*, *Enterobacteriaceae*, *Pasteurellaceae* 균들이 있으며, 이들은 조건부 산소비요구성의 그람음성간균이다. 비브리오균은 주로 해양환경에 서식하는 수계 세균이고 일부는 중요한 병원균으로서 대표적으로 *Vibrio cholerae*는 콜레라를 일으키고, *V. parahaemolyticus*는 해산물에 오염되면 위장염을, *V. vulnificus*는 치사율이 높은 비브리오 패혈증을 발생시킨다. 또 다른 장관내세균인 *Enterobacteriaceae*과의 균들은 그람음성세균이고 주모성 편모를 갖거나 비운동성이다. 이 중 대장균*Escherichia*, *Salmonella*, *Shigella*, *Proteus* 균들은 젖산, 아세트산, 숙신산, 포름산 그리고 에탄올을 생성하고, *Enterobacter*, *Serratia*, *Erwinia*와 *Klebsiella* 균들은 부탄다이올 발효를 일으켜 부탄다이올과 에탄올을 만든다. 이 *Enterobacteriaceae*과에 속하는 세균들은 매우 흔하고 널리 분포되어 있으며 종종 질병을 일으키기도 하므로 많이 연구되어 있다. 이 중 대장균은 사람이나 온혈동물의 대장에 서식하며 일부는 위장염이나 요로감염을 일으킨다. 대장균과 유전적으로 유사한 *Salmonella*와 *Shigella*는 직접 질병을 일으키는 병원균이다. *Salmonella*균은 장티푸스와 위장염을, *Shigella*는 세균성설사를 야기한다. *Klebsiella*균은 폐렴을 일으키고 *Erwinia*균은 식물에서 마름병과 같은 질병을 일으키는 원인균이다. 그리고 *Pseudomonas*균은 약간 구부러진 형태의 산소요구성 그람음성간균으로서 극성편모에 의해 운동성이 있으며, 음식을 상하게 하고, 이 그룹 중 녹농균*Pseudomonas aeruginosa*은 동식물뿐만 아니라 인체에 질병을 일으키는 병원균이다.

④ δ-프로테오박테리아강

여기에 속하는 *Desulfovibrio*균은 그람음성이고 호흡에 필요한 전자수용체로 산소를 이용하지 않고, 황원소와 산화된 황화합물을 사용한다. 이 균은 황산염환원세균으로 황화수소를 생성하고 이 황화수소는 다양한 화학무기영양세균들에 사용되므로 생태계의 황 순환에 중요한 역할을 한다. 이와는 달리 *Bdellovibrio*균은 호흡에 산소를 이용하고 극성편모를 가지고 있으며 다른 그람음성세균에 기생하여 그 세균을 용균하여 생존한다. 그리고 점액세균*Myxobacteria*도 산소를 필요로 하는 그람음성세균으로 토양에서 서식하며 편모가 없어 활주운동으로 이동하며 점액성의 물질을 분비한다. 이 점액세균은 영양분이 고갈되면 자실체를 형성하고 포자로 분화하여 생존하고 영양분이 다시 공급되면 발아하는 생활사를 가진다. 이 생활사는 진핵생물인 점균류*slime mold*와 유사하다.

⑤ ε-프로테오박테리아강

ε-프로테오박테리아강은 5그룹의 프로테오박테리아강 중에서 가장 작은 집단이다. 이 강의 균들은 대부분 산성의 위점막, 심해의 열수

구, 황온천수와 같은 산성이나 고온의 극한 환경에서 서식한다. 대표적으로 *Campylobacter*균과 *Helicobacter*균이 알려져 있고, 저농도 산소 환경에서 생존하며 운동성이 있고 나선이나 비브리오 형태를 가진 그람음성간균이다. 이 중 *Campylobacter faetus*는 사람에게 패혈증이나 장염을 일으키는 병원성균이다. *C. jejuni*는 사람에 감염되면 급성장염과 설사를 일으킨다. 그리고 *Helicobacter pylori*는 위상피세포에서 서식하고 편모로 이동하며 위염과 소화기궤양을 일으키는 병원성을 가지고 있다. 심해에 서식하는 *Nautiliaceae*균도 이 강에 속하며 해저의 열수구에서 화학무기영양으로 살아간다.

(2) 후벽균*Firmicutes*문

그람양성의 균들은 여러 문의 세균들이 포함되어 그 종류가 많지만 그중 후벽균*Firmicutes*문과 방선균*Actinobacteria*문이 대표적이다. 방선균은 (G+C) 함량이 60~78%로 높은 데 비해 후벽균은 (G+C) 함량이 22~55%로 대체로 낮은 특징을 나타내며 내생포자를 가지고 토양, 식물 뿌리, 담수, 해수, 그리고 동물 등에 광범위하게 분포되어 있다. 이 후벽균문은 크게 *Bacilli*강과 *Clostridia*강 두 종류로 나뉜다.

① *Bacilli* 강

*Bacilli*강의 *Bacillus*균은 산소요구성 또는 조건부 산소요구성이며 화학종속영양 그람양성간균이다. 이 균은 내생포자를 형성하고 이 내생포자의 형성 위치와 형태에 따라 구분되며 세포표면 전체에 배열된 주모성 편모에 의해 운동성을 나타낸다. 대표적으로 고초균*Bacillus subtilis*이 있고 비병원성으로 내생포자를 형성하여 자실체와 같은 다세포성 구조를 만든다. 이 균은 그람양성세균의 연구모델로 많이 알

려져 있으며, 콩의 발효에 사용되어 메주와 낫토의 생산에 기여하고 그라미시딘gramicidin과 폴리믹신polymyxin 같은 항생제를 생성하기도 한다. 반면 *B. anthracis*는 탄저병, *B. cereus*는 세균성식중독을 일으키는 병원균이다. 그리고 이 강에 속하는 *Thermoactinomyces*는 45~60℃에서 자라는 그람양성 호열성균으로서 균사체와 내생포자를 형성하며 고온의 건초더미나 퇴비가 주서식지다. 또한 포도상구균*Staphylococcus*은 불규칙적인 포도송이 모양을 형성하고 운동성이 없는 그람양성 구균이다. 이 균은 산소호흡을 하며 일부는 발효를 일으키기도 한다. 이 중 황색포도상구균*Staphylococcus aureus*은 사람의 피부, 구강, 호흡기 및 장내에 서식하는 기회성 병원균으로 종기, 폐렴, 골수염, 독성쇼크증후군 등 다양한 질병을 일으킨다. 이 황색포도상구균은 유제품과 통조림 부패에 의한 식중독의 원인균이기도 하다. 특히 메티실린 내성 황색포도상구균Methicillin-resistant *Staphylococcus aureus*, MRSA과 반코마이신 내성 황색포도상구균Vancomycin-resistant *Staphylococcus aureus*, VRSA은 가장 위험한 항생제 내성 병원균이다. 이 균들은 수평적 유전자 전달이 쉽게 일어날 수 있어서 다른 세균으로부터 다양한 항생제 내성유전자를 획득하여 강력한 항생제 내성을 가지게 되었다. 이 황색포도상구균의 독성은 응집효소를 분비하여 혈장을 응고시키는 작용, 또는 용혈소hemolysin에 의해 적혈구 같은 혈구세포의 세포막에 구멍을 만들어 세포를 터트리는 작용에 의해 나타난다.

*Lactobacillus*균은 통상 유산균 또는 젖산균으로 불리고 포자를 형성하지 않는 그람양성간균이고 젖산 발효를 일으켜 김치 같은 발효식품과 치즈, 요구르트 등의 낙농제품의 가공에 유용하게 사용된다. 이 균은 pH 4.5~6.4의 약산성에서 잘 자라고, 유제품과 맥주, 과일 등에서 발견되고 인체에서는 질에 서식하는 정상세균종이다. 또

한 *Leuconostoc*균도 그람양성간균이고 이형젖산 발효를 일으켜 식물성 식품의 발효와 와인, 버터, 치즈 등의 생산에 사용된다. 이 유산균들은 대부분 인체에 무해하지만 일부 균들은 병원성을 나타내기도 한다.

연쇄상구균*Streptococcus*, 장구균*Enterococcus*, 젖산구균*Lactococcus* 들은 조건부 산소비요구성인 그람양성구균으로서 한 쌍씩 또는 연쇄상으로 배열된 상태로 존재한다. 이 연쇄상구균에는 후두염, 급성 사구체신염과 같은 질병을 일으키는 화농성 연쇄상구균*Streptococcus pyogenes*과 폐렴, 중이염을 일으키는 폐렴구균*S. pneumoniae* 그리고 충치의 원인균인 *S. mutans* 등이 있다. 장구균으로는 *Enterococcus faecalis*균이 사람과 동물의 장내 고유균으로 서식하면서 비뇨기감염과 심내막염을 일으키기도 한다. 젖산구균에는 *Lactococcus lactis*균이 알려져 있고 이 균은 우유를 엉키게 하고 향미를 증진시키기 때문에 치즈의 생산에 사용된다.

한편 *Listeria monocytogenes*균도 포자를 형성하지 않는 그람양성간균으로서 포도당을 젖산으로 발효한다. 이 균은 부패물질에 주로 서식하여 식품을 통해 감염되며, 사람에게 수막염, 패혈증, 자궁내 감염 등의 리스테리아증listeriosis을 일으킨다.

② *Clostridia*강

*Clostridia*강의 균들은 산소비요구성 그람양성세균으로 내생포자를 형성하며 발효성 대사를 한다. 특히 *Clostridium botulinum*균은 음식의 부패와 가스괴저, 보툴리누스 중독을 일으키고 신경독소인 보톡스를 분비하여 신경마비를 일으킨다. 그리고 *C. tetani*균은 파상풍과 같은 질병을 야기하고 *C. difficile*은 장염을 유발한다. 이 강에 속

하는 헬리오박테리아Heliobacteria는 주로 토양에 서식하고 그람양성세균 중 유일하게 광합성을 하여 세포막에서 세균엽록소를 이용한 산소 비발생 광합성을 일으키지만 이산화탄소를 고정할 수 없어 다른 유기물을 탄소원으로 살아가는 광종속영양성을 가진다. 헬리오박테리아 그룹에는 *Heliobacterium*, *Heliophilum*, *Heliorestis*, *Heliomonas*와 *Heliobacillus*의 5속이 포함된다.

(3) 방선균Actinobacteria문

방선균도 그람양성세균이고 (G+C) 함량이 대체로 60~78% 범위에 있어 앞의 후벽균보다 (G+C) 함량이 높은 특징을 나타낸다.

이름에 나타나듯이 방선균은 구균이나 간균의 형태가 아닌 실과 같은 모양의 균사hyphae라는 긴 세포를 형성한다. 이 균사는 사상성 진균류filamentous fungi의 것과 유사하나, 굵기가 진균류보다 가늘어 쉽게 구분된다. 균사는 격벽에 의해 여러 개의 핵양체를 가진 20μm 이상의 긴 세포를 만들어 그물 형태를 형성하고, 배지에서 키우면 배지 안으로 퍼져나가 조밀한 기질균사체를 만들고 배지 위로도 뻗어나가서 공중균사체를 만들기도 한다. 나중에 공중균사는 포자를 형성하는데 포자는 영양분이 고갈되어 생존에 불리한 조건이나 미생물 간의 화학적 신호에 의해 생성된다. 이 방선균류는 *Actinomycetales*목과 *Bifidobacteriales*목으로 나누어지고 토양과 담수 및 해수, 그리고 동식물에도 널리 서식한다. 방선균들은 사람에게 유용한 항생제, 항암제, 구충제, 면역억제제 등의 대사산물을 생산한다. 그 대사산물은 10,000종 이상이 알려져 있으며, 페니실린 외 대부분의 항생제가 이 방선균에서 분리되었다.

① *Actinomycetales*목

여기에는 다시 여러 개의 아목으로 분류되는데 가장 대표적이고 인간에게 중요한 아목은 *Streptomycineae* 아목이다.

***Streptomycineae* 아목**: 이 아목에는 스트렙토마이세스*Streptomyces*균이 잘 알려져 있고 500종 이상이 보고되어 있으며 산업적으로 유용한 균이다. 이 균은 영양성 균사를 만들고 분화하여 다세포 형태의 치밀한 기질균사체를 형성한다. 영양이 부족하거나 세포 간 신호에 의해 공중균사를 형성하며, 이 공중균사는 영양성 균사체 내의 섬유를 섭취하여 영양을 얻으면서 항생제나 2차 대사산물을 생성한다. 이 균들은 대부분 토양에서 서식하여 축축한 땅의 냄새를 이루는 지오스민geosmin 같은 방향성 물질을 생산하고 펙틴, 리그닌, 키틴과 같은 난분해성 물질을 분해하기도 한다. 1943년 미국의 왁스만Selman Waksman이 *Streptomyces griseus*에서 항생제인 스트렙토마이신을 발견하였고, 그후 대대적인 연구에 의해 스트렙토마이세스균들로부터 10,000여 종의 생리활성물질을 발견하여 이로부터 많은 종류의 약물이 개발되었다. 그중 대표적인 약물과 그 약물을 생산하는 스트렙토마이세스 균주를 살펴보면 항생제로는 반코마이신*S. orientalis*, 카나마이신*S. kanamyceticus*, 테트라사이클린*S. rimosus*, 클로람페니콜*S. venezuelae* 등이 있고, 항암제로는 독소루비신*S. peucetius*, 블레오마이신*S. verticillus* 등이 있으며, 항진균제인 암포테리신*S. nodosus*과 니스타틴*S. noursei*, 그리고 면역억제제인 라파마이신*S. hygroscopicus* 등 다수의 약들이 개발되어 인류의 건강 증진에 크게 기여하였다.

이 스트렙토마이세스균들은 대부분 비병원성이지만 일부는 식물이나 동물에서 질병을 일으킨다. 예를 들면 *S. scabies*는 감자에서 감자더뎅이병potato scab을 유발하고, *S. somaliensis*는 사람의 발 피하조직에 감염되어 종기와 루공을 형성하며 심하면 뼈를 상하게 하는 방선균종actinomycetoma을 일으킨다.

Streptomycineae 아목 외의 다음과 같은 아목들도 이 목에 포함된다.

***Actinomycineae* 아목**: 여기에는 *Actinomyces*, *Actinobaculum* 균들이 속하고, 대부분 포자를 형성하지 않는 그람양성간균이다. 이 중 *Actinomyces*균은 가지를 가진 가느다란 사상체의 형태를 하고 있는 간균으로서 사람이나 온혈동물의 점막, 특히 구강에 정상적으로 서식한다. 그러나 상처를 통해 감염되면 얼굴, 폐 부위에 만성화농성 질병인 방선균증actinomycosis을 일으킨다.

***Corynebacterineae* 아목**: 이 아목에는 *Corynebacterium*, *Mycobacterium*, *Nocardia* 속이 있고 공통적으로 긴 사슬의 지방산인 마이콜산mycolic acid을 생산한다. *Corynebacterium*균은 막대 모양의 그람양성 간균이고, 글루탐산, 리신 등 아미노산을 생산하는 *Corynebacterium glutamicum*은 산업적으로 유용한 균이다. 이와는 달리 식물과 동물에서 병원균으로 작용하는 균들도 있어서 *C. diphtheriae*는 사람에서 급성호흡기 질환인 디프테리아를 일으킨다. 그리고 *Mycobacterium*균은 그람양성간균으로 사상체를 형성하고, 마이콜산으로 구성된 두꺼운 세포벽을 가지고 있다. 이 세포벽에 의해 균의 사멸이 어려워서 치료가 용이하지 않다. 이 마이코박테리아는 병원균으로서 *Mycobacterium bovis*는 반추동물과 영장류에서 결핵을 일으키고, *M. tuberculosis*는 사람에서 결핵을 유발한다. 그리고 *M. leprae*는 나병

(한센병)을 일으킨다. 이 아목의 일종인 *Nocardia*균은 기질균사체와 공중균사체를 형성하고 토양과 수중에 널리 퍼져 있다. 이 균 중 일부는 기회성 병원균으로서 AIDS 환자와 같이 저항력이 약화된 사람의 폐에 감염이 되면 폐렴과 유사하게 고열과 기침 등의 증상을 나타내는 노카르디아증nocardiosis을 일으킨다.

***Propionibacterineae* 아목**: 여기에 속하는 균들은 운동성이 없고 포자를 형성하지 않는 그람양성간균으로 혐기성이다. 젖산과 당을 발효하여 아세트산과 프로피온산을 생성하고 동물의 피부와 소화관에서 자라며 유제품에서 발효를 일으켜 치즈의 특징적인 냄새를 유발한다. 이 그룹 중 *Propionibacterium acnes*는 피부, 결막, 인두부에 상주하고 체취와 여드름의 원인균이다.

***Frankineae* 아목**: 여기에 속하는 *Frankia*균들은 특징적으로 여러 개의 방을 가진 포자낭을 형성하고 오리나무와 같은 비콩과 식물의 뿌리와 공생관계를 이루어 뿌리혹을 형성하고 공기중의 질소를 고정한다. 대표적으로 *Frankia alni*, *Frankia asymbiotica* 등이 알려져 있다. 이 질소고정과정은 α-프로테오박테리아에 속하는 *Rhizobium*균의 질소고정과정과 유사하여 몰리브덴과 코발트를 필요로 하나 질소고정에 관련된 유전자는 완전히 달라서 *Rhizobium*균의 nod 유전자 대신 nif, hup, shc 유전자들이 관여한다.

그 외 *Micrococcineae* 아목과 *Streptosporangineae* 아목, 그리고 항생제의 일종인 겐타마이신을 생산하는 *Micromonosporineae* 아목이 있다.

② *Bifidobacteriales*목

이 목에는 *Bifidobacteriaceae*의 1개 과가 있고 여기에 속하는 *Bifidobacterium*균은 사람의 주요한 장내 미생물로서 굽은 모양에서 막대 모양 등 다양한 형태를 가진 혐기성의 그람양성간균이다. 이 균은 대장 내에서 산소 없이 탄수화물을 활발히 발효하여 아세트산과 젖산을 생성하여 방선균 중 유일한 유산균이다. 특히 *Bifidobacterium bifidus*균은 모유를 통해 신생아의 장에 정착하는 균으로 면역력을 증진시키고 유해균의 성장을 억제하여 신생아를 보호하는 중요한 역할을 한다. 최근 이 *Bifidobacterium*의 유익성이 보고되면서 프로바이오틱스용 요구르트와 유산균 제제 등 건강식품으로 개발되고 있다.

(4) 의간균문과 그외 그람음성세균 그룹

앞에서 설명한 프로테오박테리아를 제외한 그람음성세균은 다음과 같이 크게 5개 그룹으로 나눌 수 있고 고균과 유연관계인 것들도 있다.

① 의간균문(박테로이데테스, *Bacteroidetes*)

그람음성간균으로써 화학종속영양생물이고 활주운동을 하며 육지와 해양의 다양한 환경에서 생존하고 하수처리장에서도 흔히 발견된다. 이 균들은 셀룰로오스, 키틴과 같은 거대분자를 분해하는 기능이 있다. 또한 척추동물과 반추동물의 구강이나 장에서 서식하여 이들 동물의 내강과 소화계에서 후벽균과 더불어 가장 많고 중요한 공생미생물로서 식물성식품을 발효하여 유기산을 생산한다. 이 중 *Bacteroides*속은 포유동물 장내 미생물 중 가장 많이 존재하는 정상적인 상주 세균으로 이 균의 분포가 체내 에너지 대사 및 비만과 관련이 있다고 알려졌다. 특히 단백질과 다당류를 분해하여 숙주동물에 영양분으로 공급하는 역할을 한다. 대표적으로 *Bacteroides fragilis*와 *Bacteroides thetaiotaomicron*이 있다. 그리고 장염과 당뇨병과도 연관이 있다는 연구 결과가 있으며 담즙산의 대사에도 관여한다. 그 외 *Porphyromonas*속은 혐기성 그람음성균으로 인간과 동물의 구강과 대장에 서식한다. 이 속의 세균 중 *P. gingivalis*는 치아 주변 상피세포를 침범하여 치주염을 일으키기도 한다. 치주염 외에도 일부 종은 사람에서 폐와 혈액감염, 어류에서 접촉성 부식병columnaris과 같은 질병을 일으키는 기회감염 병원균으로도 작용한다.

② 광합성세균

광합성세균은 앞에서 설명한 그람양성 후벽균문의 헬리오박테리아가 산소비발생 광합성을 일으키고, 그람음성세균으로는 산소발생광합성을 하는 남세균*Cyanobacteria*과 산소비발생광합성균인 자색세균purple bacteria과 녹색세균green bacteria이 있다. 자색과 녹색세균은 물을 전자공여체로 이용하지 않아서 산소를 발생하지 않고 독특한 세균 엽록소를 가지고 있어서 수심이 깊고 산소가 없는 대신 황화수소가 풍부하고 빛이 있는 수중에서 광합성을 할 수 있다. 자색세균은 α-프로테오박테리아강의 자색비황세균purple non-sulfur bacteria과 γ-프로테오박테리아강의 자색황세균purple sulfur bacteria으로 나뉜다. 그리고 녹색세균은 *Chlorobiota*문에 속하는 녹색황세균green sulfur bacteria과 *Chloroflexota*문의 녹색비황세균green non-sulfur bacteria으로 분류된다.

특히 남세균은 물을 분해하여 얻은 ATP와 NADPH를 이용하여 유기물을 생성하고 산소를 방출하여 그 기전이 진핵생물과 유사하다. 남세균은 다양한 크기와 형태를 띠고 있으며 *Chroococcales*와 *Pleurocapsales*는 단세포성이고, *Oscillatoriales*, *Nostocales*, *Stigonematales*의 세 그룹은 실 모양의 사상형 남세균이다. 이 남세균은 미세조류, 녹색식물과 더불어 지구대기에 산소를 공급하는 중요한 역할을 담당하고 진균과 상리공생하여 지의류를 형성한다. 남세균의 광합성에 의해 생성된 유기물은 지구상의 종속영양생물에 에너지원으로 사용되고 방출된 산소는 모든 호기성생물의 호흡에 필수적으로 이용된다. 또한 남세균은 광합성에 의해 생성된 ATP를 이용하여 대기중의 이산화탄소를 고정하여 유기물을 합성하므로 이 탄소고정작용을 통해 지구상의 탄소순환에도 크게 기여한다. 그뿐만 아니라 일부 남세균은 대기중의 질소를 암모니아로 전환하는 질소고정 기능도 있어서 지구의 질소순환에도 중요한 역할을 담당한다. 따라서 남세균은 지구상 생물체의 생존과 자원의 순환과정에서 없어서는 안 되는 핵심 미생물 그룹이다. 남세균은 과거 남조류라고 하여 식물로 분류되기도 했지만 핵이 없는 그람음성균으로 엽록체와 미토콘드리아와 같은 세포소기관이 없고 그 대신 광합성을 할 수 있는 여러 층의 틸라코이드막 구조를 가지고 있다. 이 틸라코이드 구조 안에 광합성 색소인 엽록소와 피코빌린phycobilin 색소를 가지고 있어 짙은 청록색을 띤다. 남세균 중 스피룰리나*Spirulina*는 필수 비타민을 생성하여 식품으로 사용되기도 한다.

③ 호열성 그람음성간균

세균 집단에서 가장 오래전에 나타난 것으로 예상되고 여기에 속하는 아퀴피케*Aquificae*균은 화학무기영양세균이고 테르모토게*Thermotogae*균은 혐기성 화학유기영양세균이다. 이 세균들은 80℃ 이상의 고온에서도 생장하므로 육상의 온천지대나 해양의 열수환경에서 서식한다. 이 호열성 세균들이 보유하고 있는 내열성 효소들은 고온에서도 작용하므로 인공감미료 생산과 같은 여러 생물 산업 분야에서 활용되고 있다. 테르모토게 그룹에 속하는 *Thermotoga maritima*균은 90℃에서도 생존할 수 있는 극호열성 세균으로서 원형의 1.8Mb의 유전체를 가지고 있으며 유전체의 약 24%가 고균 유전자와 유사하여 세균과 고균 사이에 수평적 유전자 전달이 활발하게 일어나서 극호열성 능력을 획득한 것으로 추정된다.

④ 스피로헤타균

가늘고 긴 나선형의 그람음성균으로서 외피와 세포막 사이에 있는 편모에 의해 움직인다. 그 종류는 매우 다양하여 진흙, 담수, 동물의 구강 등 다양한 서식지에서 자란다. 일부 종은 다른 생물과 공생관계를 이루기도 하고 *Treponema pallidum*은 사람에 기생하여 매독을 일으키고, *Leptospira*는 사람과 동물에서 발열과 두통, 오한, 근육통, 출혈, 간부전과 신부전 등 다양한 증상의 렙토스피라증leptospirosis을 유발한다.

⑤ 클라미디아균

펩티도글리칸이 없는 그람음성균이고, 비운동성이며 구형으로 세포 내 기생미생물이다. 따라서 숙주세포의 세포질 내부에서 생장과 번식하는 특징이 있다. 이 중 *Chlamydia trachomatis*균은 결막염, 성매개성 질환인 요도염, 성병성 림프육아종 등을 일으키는 병원성 미생물이다.

위의 분류에 속하지 않는 세균으로 마이코플라스마*Mycoplasma*가 있다. 이 마이코플라스마는 편모와 세포벽이 없고 그람양성반응을 나타내며 테네리쿠테스*Tenericutes*문으로 분류되었지만 최근의 16S rRNA 서열분석 결과 후벽균문에 속하는 것으로 나타나서 아직 명확하게 분류되지 않고 있다. 이 마이코플라스마는 그 크기가 0.2~0.3μm로 매우 작고 유전체도 1Mb 미만에 불과해 400~500개 정도의 유전자만을 보유하여 생장에 필요한 핵산, 지방산을 숙주에 의존한다. 동식물, 하수, 사람의 구강 등 자연계에 널리 분포되어 있으며, 가축에서 폐렴을 일으키고 사람에서도 기회성 병원균으로 작용하여 생식기에서 질염, 자궁경부염 등 염증질환과 남성불임, 폐렴 등의 다양한 질병을 일으킨다.

이러한 원핵세포 미생물 외에 진핵세포를 가진 미생물은 다음과 같이 크게 원생생물과 곰팡이류인 진균으로 구분된다.

3. 원생생물Protist

1) 원생생물의 특성

원생생물은 진핵세포를 가진 단세포성 진핵생물로서 많은 종과 생태적 다양성을 가지고 있고 같은 진핵생물인 동식물보다 훨씬 많아서 진균과 더불어 사실상 진핵생물의 대부분을 차지한다. 대부분의 원생생물은 생존에 습기를 필요로 하여 담수나 해양에서 수중생활을 하며 육상원생생물은 썩어가는 유기물이나 토양에서 생장한다. 영양분을 얻는 방식도 매우 다양하여 화학종속영양성 원생생물은 분해효소를 분비하여 주위의 죽은 생물체의 유기물을 분해하여 영양물질을 얻는다. 이에 비해 동물영양성 원생생물은 식세포작용에 의해 먹이 입자를 섭취하고 광독립영양 원생생물은 산소를 이용한 광합성에 의해 영양분을 얻는다. 그리고 유기물과 광합성을 조합하는 혼합영양성 원생생물도 있다(1,2).

이 원생생물군에는 일반적으로 잘 알려진 원생동물protozoa과 조류algae가 포함된다. 원생동물은 화학종속영양 또는 동물영양방식으로 생존하며, 조류는 식물처럼 세포벽을 가지며 광합성을 한다.

2) 원생생물의 세포 형태와 생식

원생생물의 형태는 다수가 단세포 형태이고, 필라멘트나 덩어리 형태의 다세포인 경우도 있으나 동식물처럼 고도로 분화된 조직을 이루고 있지는 않다. 전반적으로 식물이나 동물 세포와 유사한 모양을 가지고 있어서 세포막과 같은 막으로 세포가 둘러싸여 있다. 그 내부의 세포질에는 여러 개의 액포가 있어서 삼투조절을 담당하거나 먹이를 포식하는 기능을 한다. 먹이는 포식성 액포를 통해 소화가 되면 액포의 막에서 떨어져나와 세포질 전체에 영양물질을 공급하게 되고, 소화되지 않는 내용물은 세포막을 통해 배출된다. 유기물질을 에너지원으로 사용하는 화학종속영양성인 경우는 미토콘드리아가 있고, 광합성 원생생물에는 엽록체가 있다. 그러나 산소비요구성 원생생물은 미토콘드리아가 없으므로 세포 내 세포소기관의 존재 여부도 원생생물의 특성에 따라 일정하지 않고 다양한 스펙트럼을 보인다.

원생생물의 생식은 대부분 무성생식과 유성생식 두 단계를 거친다. 무성생식은 핵과 세포질 분열이 일어나서 두 개의 동일한 세포로 나누어지는 이분법이고, 유성생식은 생식세포gamete의 형성을 거쳐 반수체 생식세포 간의 융합이 일어난다. 이러한 생식과정은 복잡하고 다양한 양상을 나타낸다(1,2). 원생생물은 생활사의 특정 단계에서 섬모cilium나 편모flagellum를 가져 이동과 먹이 섭취에 사용한다. 많은 원생생물은 영양 고갈, 건조, 혹한, 낮은 산소량과 같은 생존에 불리한 조건이 되거나, 기생성 원생생물인 경우 다른 숙주로 이동할 때 피낭을 형성한다. 이런 조건이 해소되면 탈피낭과정을 거쳐 원생생물이 피낭에서 다시 빠져나온다. 따라서 원생생물은 세포 형태나 세포구조 그리고 생활사도 필요에 따라 여러 형태의 변화를 창출하므로 세균과 같은 원핵세포와 유사하게 폭넓은 가변성을 가지고 있다.

3) 원생생물의 종류

원생생물은 일반적으로 이동방식에 따라 편모충류flagellates, 섬모충류cilliates, 아메바충류amoebae, 포자충류sporozoa로 분류된다. 이 중 편모충류와 섬모충류는 전통적으로 원생동물이라고 한다. 그러나 원생생물의 다양한 특성 때문에 아직까지 원생생물의 분류는 다소 혼란스럽고 체계가 통일되어 있지 않다. 최근 좀 더 체계적인 시도로 국제원생생물학회에서 제시한 분류 방법이 있으며 이는 전통적인 분류체계와는 달리 다음과 같이 6종류의 군으로 나누어진다(그림 4)(1,4).

(1) 아메바*Amoebozoa*군

아메바류amoeboid는 둥근 모양의 엽상위족lobopodia, 가늘고 긴 사상위족filopodia 또는 그물 형태의 망상위족reticulopodia과 같이 다양한 위족pseudopodia을 가져 아메바성 운동을 하고 먹이 포획에 사용한다. 이들은 세균, 조류, 섬모충류, 그리고 일부 무척추동물까지 식균작용으로 섭취를 한다. 아메바들은 독립적으로, 또는 기생하여 살아가며 몇 종

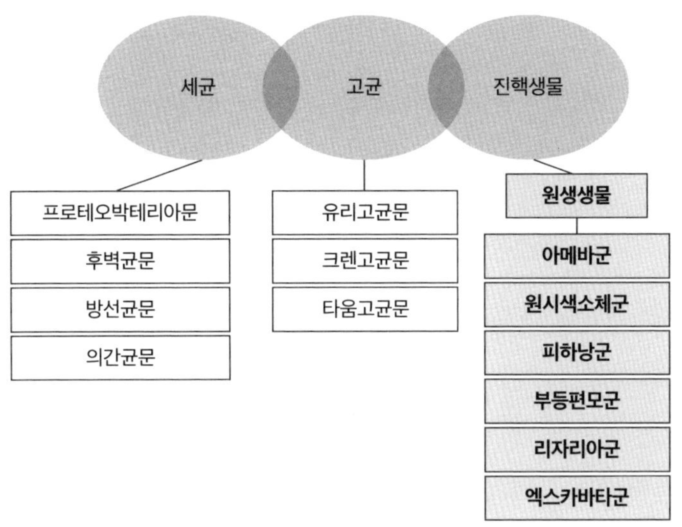

그림 4. 원생생물의 종류

의 아메바는 인간이나 동물에 감염되면 병원균으로 작용하기도 한다. 여기에는 다음과 같은 그룹이 있다.

먼저 점균류slime mold는 식물, 동물, 진균으로 분류되기도 할 정도로 그 형태와 행동 특성이 독특하다. 이 점균류는 변형체 점균류plasmodial slime mold 또는 *Myxogastria*와 세포성 점균류cellular slime mold로 나뉜다. 이들은 주로 토양에 서식하고 썩은 식물성분이나 세균을 식세포작용으로 섭취한다.

변형체 점균류는 세포질 분열 없이 유사분열이 반복되어 한 세포 안에 여러 개의 핵으로 구성된 다핵체가 존재하는 독특한 생활주기를 가진다. 즉 변형체 점균류의 아메바 세포는 편모성 세포와 융합하여 접합자가 된 후 성숙한 다핵성 변형체를 거쳐 포자낭을 형성한다. 그런 다음 감수분열을 거쳐 이 포자낭에서 포자가 방출된 후

발아과정에 의해 다시 아메바 세포와 2개의 편모를 가진 편모성 세포가 생성된다. 이 아메바 세포와 편모성 세포는 다시 융합하는 사이클을 반복하게 된다. 이렇게 하여 수천~수만 개의 세포들이 모여 거대한 세포 덩어리를 이루게 된다. 대표적으로 *Physarum polycephalum*이 있고 진균의 포자나 세균 등을 포식하여 생장한다.

한편 세포성 점균류는 아메바성 세포로서 단일세포 형태로 다른 세포나 효모를 포식하여 생존한다. 그러나 영양분의 고갈과 같은 생존에 불리한 조건이 되면 특정 화학신호에 의해 단일세포들이 모여 하나의 큰 세포 덩어리를 형성하고, 각 세포들은 포자주머니, 포자, 줄기 등으로 분화가 일어나는 복잡한 생활주기를 가진다. 여기에 속하는 *Dictyostelium discoideum*종은 먹이가 고갈되면 수천 개의 아메바가 뭉쳐져서 다세포의 아메바 덩어리를 형성하고, 점차 자실체를 만든 후 빛과 온도가 적합한 곳으로 이동한다. 이 자실체 꼭대기에 있는 세포들은 포자로 분화된 다음, 포자는 발아가 되어 영양성 아메바가 되어 무성생식주기를 다시 시작한다. 그리고 *Dictyostelium* 세포 중 일부는 복잡한 행동 패턴을 나타내어 원시 면역세포와 유사하게 분화되어 돌아다니면서 해로운 세균을 처리하여 여러 세포로 구성된 자신을 방어하는 흥미로운 양상을 보인다. 이런 특성에 의해 이 *D. discoideum*은 세포 간 상호작용에 의한 다세포성 생물의 발달과 분화의 중요한 연구모델로 사용되고 있다.

*Tubulinea*강의 아메바류는 대표적으로 *Amoeba proteus*가 알려져 있으며 대체로 막대 형태이고 원통형 위족을 가지고 있다. 물웅덩이, 호수, 빙하 등의 습기가 있는 거의 모든 환경에서 서식할 수 있으며 배기구와 냉각기에 형성되어 있는 생물막을 먹이로 살아가는 것도 있고, 무척추동물, 어류, 포유동물과 공생하거나 기생하여 생존

하기도 하여 그 서식지가 매우 다양하다.

그리고 *Entamoeba*속의 아메바류는 미토콘드리아가 없고 그 대신 미토솜을 가지고 있으며 동물의 구강이나 장에 기생한다. 이들 중 이질 아메바*Entamoeba histolytica*는 장에 감염되면 장 세균을 먹고 장 상피세포를 분해하여 아메바성 이질을 일으키고, 혈관을 통해 간, 피부로 이동하면 아메바성 간농양, 피부 아메바증을 야기시킨다.

(2) 원시색소체*Archaeplastida*군

원시색소체군은 진화과정 중 남세균이 내부공생하여 만들어진 광합성색소체를 가지고 있으며 선녹색을 띠고 있어 일반적으로 녹조류*chlorophytes*, green algae라고 알려져 있다. 이 녹조류는 9,000~12,000여 종이 보고되어 있으며 담수와 해수, 토양 또는 다른 생물의 내부에서 산다. 또한 진균과 공생하여 지의류를 형성하기도 한다. 녹조류는 카로티노이드와 엽록소를 갖고 있어 광합성을 하고 셀룰로오스로 구성된 세포벽을 가지고 있다. 이런 특성으로 인해 식물의 전구체로 추정되기도 한다. 녹조류는 광합성을 하므로 지구의 탄소순환과 대기 중 산소의 공급에 중요한 역할을 하고 있다. 형태는 단세포에서 군체성, 막 또는 튜브 모양 등 매우 다양하다. 이들은 수계 환경에서 주로 서식하고 과다하게 증식하면 녹조 현상을 일으키기도 하지만, 미생물과 동물의 먹이가 되며 식품첨가물로 사용되기도 한다. 녹조류 중 해양에 서식하는 파래ulva, 청각류codium, 클로렐라chlorella는 식품으로 이용된다. 그리고 *Ostreococcus tauri*는 녹조류 중 부유성 단세포 해양 플랑크톤으로서 크기가 0.8×1μm에 불과하여 진핵생물 중 가장 작으며 대부분의 세균과 고균보다도 작다. 따라서 매우 압축된 유전체를 가지고 있으며 탄소순환에 중요한 역할을 한다. 단세포성 녹조류인 클라미도모나스Chlamydomonas종은 2개의 편모를 세포 전방에 갖고 있어 물속에서 빠른 속도로 이동하며, 유주포자zoospore를 만드는 무성생식과 세포분열에 의해 생성된 배우자 세포들이 융합하여 이배체의 접합자를 형성하는 유성생식을 하는 생활사를 가진다. 비광합성 녹조류인 *Prototheca wickerhamii*는 사람과 동물에 감염되면 피하병변 또는 전신성 병변을 야기하는 프로토테카증protothecosis이라는 질병을 일으킨다.

(3) 피하낭*Alveolata*군

피하낭군은 세포막 아래에 삼투조절에 관여하는 피하낭alveolus을 가지고 있으며 와편모조류*Dinoflagellata*, 섬모충류*Ciliophora* 또는 *Ciliates*, 정단복합체충류*Apicomplexa*가 포함된다.

① 와편모조류

와편모조류는 2개의 편모를 가져 쌍편모조류라고도 하며 매우 흔한 해양 플랑크톤으로 이 편모들에 의해 앞으로 휘저어 나가면서 도는 이동성을 가지고 자유생활을 한다. 그리고 인광을 나타내고, 광독립영양, 종속영양, 혼합영양 등 복잡한 영양방식을 가지고 있다. 와편모조류 중 *Alexandrium*은 대합 및 조개류에 기생하여 색시톡신saxitoxin이라는 신경독소를 생산하여 마비성 패류 중독을 일으킨다. 그리고 *Symbiodinium*은 광합성을 하고 산호, 해파리, 말미잘의 내부에 상리공생으로 생장하는 와편모조류로서 특히 광선이 잘 공급되는 열대지방의 얕은 해안에서 산호와 상리공생하여 산호초를 형성함으로써 어류, 연체동물, 극피동물 등 다양한 해양생물이 서식할 수 있는 생태계를 구축한다. 이런 와편모조류와 산호와의 상호작용은 육상의 식물 뿌리에서 이루어지는 균근이나 뿌리혹과 같이 미생물과 동식물 간에 일어나는 대표적인 상리공생관계의 하나로 알려져 있다. 그 외 와편모조류 중 *Gonyaulax spinifera*종은 붉은색의 카로티노이드 색소를 가지고 있고 크게 번식을 하면 독성물질을 생성하여 유해한 적조현상을 일으키기도 한다.

② 섬모충류

섬모충류는 약 8,000종이 보고되어 있고 화학종속영양생물이며 크기는 10μm~4mm 범위로 다양하다. 이들은 해수와 담수, 그리고 습지에서 서식하며 표면에 다발로 형성된 섬모cilia를 이용하여 운동과 먹이섭취를 한다. 이 섬모는 세포 표면에 세로나 나선형으로 배열되어 파동 모양으로 움직여 수영하면서 회전할 수 있고, 세포의 구강 주위에 수류를 발생시켜 먹이를 섭취하는 기능을 가지고 있다. 대표적인 짚신벌레*Paramecium caudatum*는 방추형의 단세포이고 전체적으로 짚신 형태다. 몸 전체에 섬모가 촘촘히 나 있고 수축포와 식포를 가지고 있다. 이런 섬모충류는 촉수나 독성피낭toxicyst과 같은 독성 침으로 먹이를 잡기도 하고, 나팔벌레*Stentor coeruleus*와 같은 원뿔형섬모충류는 기저층에 자신을 부착하고 나팔 모양으로 몸을 늘려 세균, 조류, 다른 원생동물 등을 포식하기도 한다. 일반적으로 섬모충류는 구강홈으로 먹이를 획득한 다음, 식포와 라이소솜에 의해 소화하고 노폐물은 세포항문을 통해 세포 밖으로 배출한다. 대부분의 섬모충류는 자유생활을 하지만 *Paramecium*은 다른 세균을 잡아먹고, 자신은 더 큰 섬모충류에 먹히기도 한다. 그리고 *Entodinium*과 *Diplodinium* 같은 섬모충류는 소의 반추위에서 공생하고 *Balantidium coli*는 가축의 장에서 기생하고 포낭을 형성하며 사람에게 감염되면 장염을 일으킬 수 있다.

③ 정단복합체충류

정단복합체충류는 첨복포자충류라고도 하며 단세포이고 동물의 내부 기생생물로서 미세소관 등의 세포소기관들이 독특하게 배열된 정단복합체apical complex를 세포의 한쪽 끝에 가지고 있다. 이 정단복합체에서 효소와 칼슘을 방출하여 숙주세포 내로 침투할 수 있는 기능을 가지고 있다. 이렇게 세포 내부기생이 되면 숙주의 면역체계를 회피할 수 있다. 이 정단복합체충류는 진화과정에서 남세균이 내부공생하여 이루어진 정단색소체apicoplast라는 생존에 필수적인 색소체를 가지고 있지만 이것은 광합성을 하지 않고 지방산, 이소프레노이드의 생합성에 관여할 것으로 보인다. 정단복합체충류 중 *Plasmodium falciparum*은 말라리아 원충의 일종으로서 사람의 간과 적혈구에 감염되면 말라리아를 일으키는데 매년 수억 명이 발병하고 100만~300만 명이 사망한다. 이 외에도 많은 종이 병원성을 가지고 있어 *Eimeria tenella*는 닭에서 급성 출혈성 맹장염cecal coccidiosis을 일으킨다.

(4) 부등편모*Stramenopila*군

부등편모류는 이형편모류*Heterokonts*라고도 하고 광합성 원생생물인 규조류*Diatoms*와 화학유기영양 원생생물인 난균류*Oomycetes*가 포함된다. 이들은 생활주기 중 특정 시기에 공통적으로 2개의 다른 모양의 편모로 이루어진 이형편모를 가진다.

① 규조류

규조류는 크기가 대부분 20~100μm이고, 엽록소와 갈색색소를 가지고 있어 황갈색을 띠고, 광합성을 하며 해양과 담수 등 모든 수계 환경에서 부유성으로 서식한다. 대부분의 규조류는 광독립영양생물이지만 일부는 화학유기영양생물이기도 하다. 해양의 규조류 플랑크톤은 광합성과정을 통해 지구의 연간 산소 생산량의 20~50%를 담당하고, 바다에서 생산되는 유기탄소의 절반 정도를 생성하여 지구의 탄소고정과 탄소순환에 중요한 역할을 한다. 그리고 규조각frustule이라고 하는 독특한 세포벽을 가지고 있다. 이 규조각은 결정화된 규소로 만들어지고 종마다 특징적인 미세한 무늬를 형성하여 규조류를 동정하는 데 사용된다. 규조각은 견고하여 퇴적물에 진핵세포 화석으로 남아 있고 토양에서는 규조토가 되어 토양의 주요 성분이 된다.

② 난균류

난균류는 알 모양의 균류로서 일반적으로 물곰팡이water molds라고도 한다. 이들은 포자를 생성하고 균사를 형성하는 등 진균과 매우 유사한 행동을 한다. 그러나 진균과 달리 세포벽은 진균의 키틴 대신 셀룰로오스를 함유하고 진균의 반수성 핵 대신 배수성 핵을 가진 차이점을 나타낸다. 이 난균류는 주로 죽은 담수 조류나 동물의 사체 위에 솜털 덩어리로 자라는 부생생물이고, 물고기의 아가미와 육상식물에 기생하는 난균류도 있다. 난균류 중 많은 종이 식물의 병원체로 작용하여 포도흰가루병, 감자마름병을 일으키는 것도 있다. 과거 1840년대 중반 아일랜드에 대기근을 초래한 감자마름병의 원인균은 난균류에 속하는 *Phytophthora infestans*이다. 그리고 *P. ramorum*은 식물에서 참나무급사병을 일으키고 *Albugo candida*는 농작물에 흰녹병을 유발한다.

(5) 리자리아*Rhizaria*군

이 그룹의 원생생물은 실 모양의 가는 사상위족*filopodia*을 가지고 있어서 뿌리라는 의미의 'rhizo'라는 명칭을 가지게 되었다. 대표적으로 방산충류와 유공충류가 있다.

① 방산충류*Radiolaria*

방산충류는 구멍이 많은 아산화규소인 실리카로 구성된 다양한 형태의 내부골격을 가지고 있어서, 저밀도 유동액을 저장하거나 물에 뜰 수 있는 방사성의 대칭구조를 형성한다. 독특한 정이십면체의 구조를 가진 *Circogonia icosahedra*가 이 그룹에 속한다. 이 방산충류는 바늘과 같은 사상위족을 이용하여 다른 원생생물이나 세균, 그리고 작은 무척추동물까지 포착하여 세포 내로 흡입한 다음 섭취한다. 물 표면에 부유하는 방산충류는 광합성을 하는 조류와 공생하여 조류의 탄소동화를 도와주고 조류로부터는 영양분을 제공받는다.

② 유공충류*Foraminifera*

유공충류는 석회질인 탄산칼슘 성분의 단단한 껍질로 되어 있으며 그 크기가 1mm에서 20cm까지 매우 다양하고 표피에는 여러 개의 구멍을 가지고 있다. 그물 모양의 망상위족을 가지고 있고 이 망상위족의 말단에 점성물질을 분비하는 소낭이 있어서 이것으로 규조류 같은 플랑크톤이나 박테리아 등을 잡아먹는다. 이 유공충들은 광합성을 하는 규조류를 섭취, 소화한 후 색소체를 분리하여 자신의 세포질에 일정 기간 유지하는 절취색소체 형태로 광합성이 가능하여 이로부터 영양분을 얻기도 한다. 유공충류 중 일부는 해수면에 부유하는 플랑크톤이지만 대부분의 유공충은 해저 바닥의 퇴적층에

서식하고 있다. 따라서 유공충은 해저에서 화석으로 퇴적되어 석회암과 대리석, 해안의 모래사장 등이 되었고, 흰색의 분필로도 사용되고 있다. 이 유공충의 생활주기는 크기가 작은 종은 이분법 또는 다중분열로 무성생식하지만, 크기가 큰 종은 유성과 무성 생식을 다 가지고 있다.

(6) 엑스카바타*Excavata*군

엑스카바타는 가장 원시적인 원생생물로서 독립생활을 하거나 기생성이고 편모와 먹이를 섭취할 수 있는 세포구cytostome를 가지고 있다. 대표적으로 유글레나*Euglenid*가 알려져 있다. 이 유글레나는 유글레나류*Euglenozoa* 또는 유글레나식물문*Euglenophyta*으로 분류되기도 한다. 일반적으로 담수에서 서식하고 몇 종은 해양에서 생장하고 화학영양성과 광영양성을 가진다. *Euglena proxima* 등 약 450종을 포함하는 유글레나는 통상 연두벌레라 하고 길쭉한 모양으로 세포벽이 없으며 엽록소를 가지고 있어 광합성을 할 수 있고, 입이 있어 식세포작용을 하고 편모에 의해 운동성도 있으므로 식물과 동물의 특성을 다 가지고 있다. 이 유글레나류에 속하는 트리파노소마*Trypanosoma*속은 식물과 동물의 기생충으로 잘 알려져 있는데, 그중 *Trypanosoma cruzi*는 심근염이나 뇌수막염 등 중추 또는 말초 신경계의 이상을 일으키는 샤가스병Chagas' disease을 유발한다. 그리고 *T. brucei*는 아프리카 체체파리의 기생충으로 사람에게 전파되면 아프리카수면병과 같은 치명적인 질병을 일으킨다. 리슈마니아*Leishmania*는 사람의 피부점막이나 내장에 감염되어 피부궤양, 발열, 빈혈 등의 리슈마니아증leishmaniasis을 일으킨다.

그리고 *Giardia intestinalis*는 340여 년 전 레이우엔훅A. Leeuwenhoek

이 자신의 설사변에서 발견한 것으로 현재도 유행성 수인성설사병의 원인균이다. *G. intestinalis*는 편모를 가지고 있고 숙주의 장세포에 감염될 때 포낭을 형성하여 부착을 하고 숙주 장세포에 들어가면 탈포낭이 된다.

그 외에 편모를 가지고 동물의 내부공생생물로서 먹이를 삼키는 식세포작용으로 영양분을 섭취하는 *Parabasalia*도 이 군에 포함된다. 이 중 여정편모충 또는 트리코님프*Trichonympha*는 목재를 먹고 사는 흰개미와 목재바퀴벌레의 소화관 안에 서식하는 상리공생생물로서 목재조각을 분해할 수 있는 셀룰라아제 효소를 가지고 있다. 또한 여정편모충은 그 자신의 세포 내에 혼합산발효기능을 가진 세균이 공생하고 있다. 그리고 트리코모나드*Trichomonads*는 무성생식으로 번식하고 미토콘드리아가 없고 그 대신 수소 발생체를 가지고 있다. 이 원생생물은 여러 척추동물의 소화관, 생식기관, 그리고 호흡기관에 공생관계로 서식한다. 그러나 *Trichomonas vaginalis*는 사람의 비뇨생식관에서 성병의 일종인 트리코모나스 질염을 일으키고 임산부에는 조산의 원인이 되기도 한다.

4. 진균Fungi

일반적으로 진균은 균류 또는 곰팡이라고도 하며 진핵생물로서 포자를 가지며, 영양물질을 흡수하고, 엽록소가 없으며 무성 및 유성생식을 한다. 진균은 곰팡이molds, 버섯mushrooms, 효모yeasts 등을 포함하여 현재 약 10만 종이 발견되었으나 실제는 훨씬 많을 것으로 추정되며 크게 6개 문으로 나뉜다(1,2).

1) 진균의 특성

주로 담수나 바다에 서식하는 원생생물과 달리 진균은 호기성 육상 생물로서 극지방에서 열대지역까지 전 지구상에 분포한다. 크게 단세포형의 효모 모양 진균과 실 모양의 균사hyphae를 형성하는 것으로 구분된다. 이 균사는 진균의 대표적인 특징으로서 세포분열 없이 유사분열을 하여 한 세포 내에 여러 개의 핵을 가진 다핵세포를 형성하고, 이 균사를 신장시켜 균사체mycelium라고 하는 다발을 이룬다.

진균의 또 다른 특징은 분해효소를 분비하여 죽은 유기물을 분해하여 영양분을 얻는 기생생물로서 다당류나 단백질과 같은 복잡한 유기물질을 간단한 단량체와 무기분자로 분해한다. 즉 이들은 외부로 소화효소를 분비하여 분해된 분자를 흡수하는 흡습영양을 한다. 이렇게 하여 사체를 탄소, 질소, 인 등의 구성성분으로 분해하여 다시 다른 생명체가 사용하게 됨으로써 지구상 자원의 순환에 크게 기여한다. 또한 식물의 리그닌과 같은 난분해성 성분도 분해하여 식물 자원의 재순환에도 관여한다. 그리고 진균은 매우 단단한 장력을 가진 키틴을 세포벽 성분으로 가지고 있고, 세포막에는 진균 고유의 에르고스테롤ergosterol이 있다.

진균 중 효모는 빵, 와인, 맥주, 치즈, 간장과 같은 발효식품의 제조과정에 없어서는 안 되는 존재다. 그뿐만 아니라 진균은 시트르산과 같은 여러 종의 유기산과 코티손, 그리고 면역억제제인 사이클로스포린과 같은 약제 및 페니실린을 포함한 항생제의 생산에 관여하여 인간에게 매우 유익한 미생물이다. 또한 단세포성 효모인 *Saccharomyces cerevisiae*는 가장 널리 알려진 진핵세포로서 생명과학 분야에서 대표적인 연구모델로 사용되어 진핵생물의 특성을 규명하고 대장균과 같은 원핵세포와의 차이점을 연구하는 데 크게 활용되었다.

타 생물체와의 관계에서는 5,000종 이상의 진균이 식물병원균이고 인간에게도 많은 질병의 원인균이 되기도 하지만, 식물 뿌리에서는 진균이 뿌리와 협동하여 균근mycorrhizae이라는 공생체를 형성하여 서로 도움을 주는 상리공생관계를 이루고 있다. 이 균근 공생체에서 진균은 토양으로부터 인산, 미네랄 등을 식물이 얻도록 도와주고 식물은 진균에게 당과 같은 영양분을 제공한다.

2) 진균의 형태와 구조

진균세포는 세포벽으로 둘러싸여 있고, 세포벽은 소량의 단백질, 지질과 함께 N-아세틸글루코사민의 중합체인 키틴chitin으로 구성되어 있는데 키틴 대신 만난mannan, 갈락토산galactosan으로 구성된 진균도 있다.

진균은 단세포 또는 여러 세포가 연결된 균사 형태의 구조를 가지고 있다. 대표적인 단세포성 진균으로는 효모가 있다. 이 효모는 1개의 핵을 가지고 있고 출아법에 의한 무성생식과 포자 형성을 거친 유성생식을 한다. 효모세포에는 다른 진핵생물과 같은 세포소기관을 가지고 있어서 진핵세포의 특징을 보유하고 있으며 편모는 없고 구형이나 달걀 형태를 하고 있다.

다세포성의 진균은 균사를 형성한다. 균사구조의 진균으로는 일반적으로 잘 알려진 곰팡이가 있으며, 길고 분지가 된 실 모양의 섬유상 세포로 구성된 균사를 가지고 있다. 이 균사는 밀집된 덩어리 모양의 균사체를 형성하고 격벽septum을 가지고 있으나 어떤 진균은 격벽이 없는 균사를 형성하여 세포질에 여러 개의 핵을 가진 다핵체 균사를 만들기도 한다. 이 균사는 바깥쪽에 세포벽이 있고 안쪽은 내강으로, 세포질막으로 둘러싸인 세포질과 세포소기관이 있으며,

섬유상 구조의 긴 형태와 넓은 표면적을 가져 영양물질의 흡수를 증가시킬 수 있다.

3) 진균의 생식

대부분의 진균은 무성생식과 유성생식에 의해 생장한다. 무성생식은 체세포 분열이 일어나고 세포의 중앙부분에 세포벽이 생겨 2개의 딸세포로 나뉜다. 그리고 효모에서는 출아budding가 일어나 딸세포를 형성하기도 한다. 유성생식은 반수체인 배우자gamete나 균사 사이에 유성융합을 하기도 하고, 어떤 경우는 세포질융합과 반수체 핵융합이 같이 일어나서 이배체(2N)인 접합자zygote를 형성하기도 한다. 그런 다음 감수분열에 의해 다시 반수체기로 들어가서 생활사 사이클이 계속된다. 반수체기에서 무성생식이, 이배체기에서 유성생식이 각각 일어난다.

포자는 무성과 유성 생식과정 둘 다에서 생성된다. 무성생식과정의 포자는 균사가 분절될 때 생기는 분절포자와 균사의 끝이나 측면에서 만들어지는 분생포자가 있으며, 이 포자들은 공기 중에 널리 퍼지게 되어 종을 확산하는 역할을 한다. 유성생식에서도 추위, 건조, 열 등 불리한 조건에서 생존할 수 있는 자낭포자, 담자포자, 접합포자 등을 생성한다. 이와 같이 무성생식과정의 포자는 진균의 전파에 큰 역할을 하고 유성생식과정의 포자는 생존에 불리한 조건과 환경 스트레스를 극복하며 생존할 수 있게 한다.

4) 진균의 종류

진균은 크게 6개의 문으로 나뉜다(그림 5)(1,2).

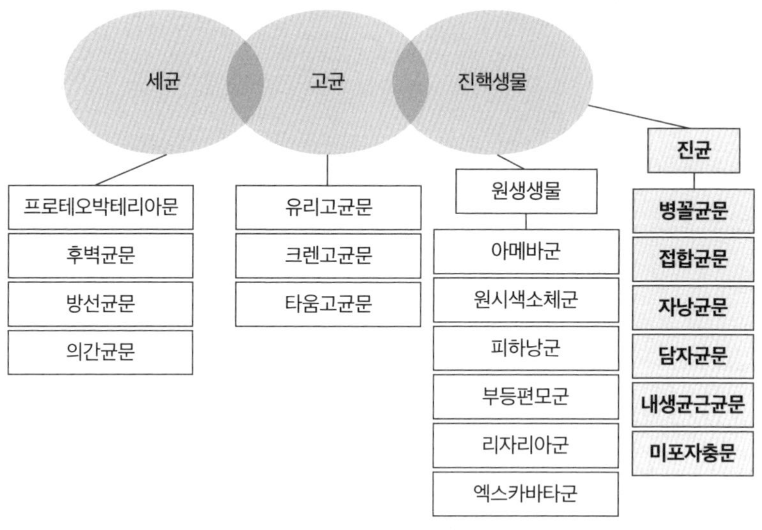

그림 5. 진균의 종류

(1) 병꼴균문*Chytridiomycota*

병꼴균류*chytrid*는 약 5억 년 전에 출현하여 가장 오래되고 가장 간단한 진균으로 자유생활형은 부생영양성saprotrophic으로 민물이나 진흙 등에서 동식물의 유기물에 서식하고, 기생형은 수생식물과 곤충 및 동물에 기생한다. 대표적으로 *Neocallimastix*종은 반추동물의 위에 공생관계로 서식하여 당을 산, 알코올 등으로 발효하고 셀룰로오스 같은 난분해성의 식물 성분을 분해하는 기능이 있다. 일부 병꼴균류는 식물에 질병을 일으키기도 하고 *Batrachochytrium dendrobatidis*는 개구리와 양서류에 병꼴균증chytridiomycosis이라는 심각한 피부병을 일으켜 대규모 폐사가 일어나면 양서류의 급속한 개체 감소를 야기시키기도 한다. 이 병꼴균류는 운동성 편모를 가진 유주포자zoospore를 만들고 무성 및 유성 생식을 모두 다 가지며, 무성생식과정에서 체세포

분열을 통해 유주포자를 공기 중에 방출한다.

(2) 접합균문*Zygomycota*

접합균류*zygomycetes*는 육상에서 죽은 동식물이나 상한 음식의 부패를 통해 영양분을 획득하고, 일부는 곤충의 소화기관과 동식물에 기생한다. 이런 특성에 의해 각종 유기물을 분해하여 자원순환과 생태계 유지에 중요한 역할을 한다. 접합균류는 균사 끝에 있는 포자낭에서 무성포자가 방출되는 무성생식과 접합포자zygospore가 만들어지는 유성생식의 생활사를 가지고 있다. 이 접합균류의 특징인 접합포자는 두꺼운 벽이 있어 생장하기 어려운 환경에서 휴지기 상태로 생존할 수 있다.

이 문에 속하는 *Rhizopus*속은 대체로 무성생식을 하지만, 불리한 조건에서는 유성생식을 한다. 이 유성생식에서는 다른 교배형의 배우자낭이 융합하여 2개의 핵을 가진 접합포자낭zygosporangium을 만들어 휴면상태로 불리한 조건을 극복한다. 여기에 속하는 *Rhizopus stolonifer*는 검은빵곰팡이라고도 하며 습기가 있고 탄수화물이 많은 빵, 과일, 채소의 표면에 자라며, 가근rhizoid이라는 균사를 만들어 영양분을 흡수한다. 그리고 딸기, 멜론 등 과일에 감염되면 손상을 일으키고 면역력이 저하된 사람에게는 기회감염 병원균으로 작용한다. 이 접합균류는 콩을 사용한 식품의 제조와 마취제, 피임제 등의 의약품 생산에 널리 이용되고, 그중 *Rhizopus japonicus*는 술 제조용으로 사용된다. 그리고 접합균류에 속하는 털곰팡이속*Mucor*의 *Mucor racemosus*는 산업용 효소와 발효식품 산업에 활용되고 빵이나 고기의 부패에도 관여한다.

(3) 자낭균문*Ascomycota*

자낭균류*ascomycetes*는 특징적인 생식구조인 주머니 모양의 자낭ascus을 가지고 있고 자낭포자ascospore를 형성한다. 이 자낭균류는 담수, 해양, 그리고 육상에서 서식하고 리그닌, 셀룰로오스, 콜라겐과 같은 난분해성의 유기화합물을 분해하여 지구상 물질순환과정에서 중요한 역할을 담당하고 있다. 광합성을 하는 녹조류 또는 남세균과 상리공생하여 자낭지의류*Ascolichen*를 형성하기도 하고, 식물 뿌리와 공생하여 외생균근을 만들어 다른 미생물 또는 식물과 협동하여 다양한 상리공생체를 구성한다. 이 자낭균류에는 효모와 같은 단세포 형태와 누룩곰팡이와 같이 사상 형태를 가진 것들이 있다.

효모로는 잘 알려진 맥주효모와 빵효모가 있으며 이들은 대표적인 자낭균류다. 효모는 통성호기성이고 당이 풍부한 서식지에서 잘 자란다. 특히 빵효모인 *Saccharomyces cerevisiae*는 출아효모로서 진핵세포의 대표 모델로 가장 많이 연구되어 있다. 이 *S. cerevisiae*는 반수체와 이배체 사이를 번갈아가는 생활사를 보인다. 영양분이 충분할 때는 반수체와 이배체 세포는 각각 체세포 분열을 하여 증식하고, 출아과정을 거쳐 딸세포는 모세포로부터 떨어져나온다. 영양분이 고갈되면 감수분열을 통해 4개의 반수체 세포를 만들고 자낭 속에서 휴지기를 갖는다. 다시 영양분이 생기면 페로몬에 의해 2개의 교배형 반수체 세포(a형과 α형)가 융합하여 이배체 세포를 만든다.

이러한 자낭균류에는 효모 외에 누룩곰팡이, 맥각균*Claviceps purpurea*, 실내곰팡이*Stachybotrys*가 포함된다. 누룩곰팡이종의 *Aspergillus fumigatus*는 주변환경에서 흔히 발견되고 알레르기 반응을 일으켜 천식과 부비동염sinusitis의 원인이 되기도 한다. 그리고 *Aspergillus oryzae*는 간장과 술 등 발효식품에 유용하게 사용되고 있다. 맥각균은 보리, 호밀과 풀에 기생하여 맥각병ergot을 일으키고, 이 맥각균이 유독성 맥각ergot 알칼로이드를 생성하므로 감염된 곡물을 섭취하면 괴저와 환각, 신경발작, 유산, 경련을 동반한 맥각중독증ergotism을 나타낸다. 그리고 음식을 상하게 하는 붉은색 빵곰팡이*Neurospora crassa*, 갈색, 녹청색 곰팡이류, 식물의 병원균인 흰가루곰팡이와 밤나무마름병 곰팡이, 식용버섯 등도 자낭균류에 포함된다. 이 중 *N. crassa*는 효모와 같이 분자생물학 연구에 크게 활용되었고, 송로버섯*Tuber aestivum*의 자낭포자는 풍미가 뛰어나서 고가의 식품재료로 사용된다. 그리고 누룩곰팡이나 *Penicillium* 같은 자낭균류는 공기에 의해 전파되는 분생포자를 형성한다. 이 *Penicillium* 종에서 최초의 항생제인 페니실린이 발견되었다.

인간과 동물에서 병을 일으키는 진균 병원체의 대부분은 이 자낭균류로서 칸디다*Candida* 같은 기회감염 병원균과 아플라톡신aflatoxin을 생성하는 누룩곰팡이가 여기에 속한다. 칸디다균 중 대표적인 *Candida albicans*는 위장관, 피부, 질의 정상 상주균이지만 면역력이 저하되면 피부나 생식기에서 통증을 동반하는 칸디다증candidasis이라는 감염질환을 일으킨다. 그리고 아플라톡신은 밀, 땅콩, 옥수수와 호두 같은 작물에 누룩곰팡이가 감염되어 생성되는 독소로서 간암 발생의 원인이 되기도 한다. 그 외 *Microsporum*균은 백선과 같은 피부병을 일으키고 *Magnaporthe oryzae*는 벼도열병을 발생시킨다.

(4) 담자균문*Basidiomycota*

담자균류*basidiomycetes*는 진균의 약 35%를 차지할 정도로 큰 집단을 이루고 대부분 식물의 잔해인 셀룰로오스와 리그닌을 분해하여 생존하는 부생생물이다. 담자균류는 유성생식과정 중 균사의 끝에서 곤봉 모양의 담자기basidium라는 특징적인 구조를 형성한다. 이 담자기에서 2개 이상의 담자포자basidiospore가 만들어지고 여러 개의 담자기가 모여서 자실체를 형성하므로 한 자실체에는 수백만 개의 담자포자가 포함된다. 이 담자포자들은 바람에 의해 이동하고, 적당한 조건에서 발아하여 다시 생활사를 지속한다. 이 담자균류가 형성하는 커다란 자실체가 버섯으로서 양송이버섯 등 여러 종류는 식용으로 사용되나, 독소나 환각제인 알칼로이드를 생성하는 광대버섯*Amanita phalloides, A. muscaria*과 같은 유독성 버섯도 있다. 일부 담자균류는 자낭균류와 유사하게 광합성을 하는 조류 또는 남세균과 공생하여 담자지의류*Basidiolichen*를 형성한다. 그리고 식물의 뿌리와 협동하여 외생균근을 형성하여 식물이 무기물을 섭취하도록 하고 자신은 식물로부터 탄수화물을 얻는 상리공생관계를 이루기도 한다.

담자균류 중 *Cryptococcus neoformans*는 사람과 동물의 폐와 중추신경계에 감염되어 특히 면역력이 저하된 AIDS 환자나 암환자에서 크립토코쿠스증cryptococcosis이라는 호흡기와 피부, 뇌 등의 전신에 증상이 나타나는 감염질환을 일으킨다. 그리고 녹병균*Pucciniomycotina*과 깜부기병균*Ustilago*은 식물에서 각각 녹병과 깜부기병을 일으키는 병원성 진균으로 농업에 큰 피해를 주기도 한다.

(5) 내생균근균문*Glomeromycota*

내생균근균류*glomeromycetes*는 *Glomerales*목 등 4개의 목으로 구성되어 있고 대부분의 육상 관다발식물과 연합하여 내생균근을 만드는 공생성 진균으로서 식물의 생태계에서 중요한 역할을 한다. 균근mycorrhiza은 뿌리의 표면적을 넓혀 영양분 흡수능력을 증대시키고 상호연결망을 형성하여 영양원을 공유한다. 즉 식물은 진균에 탄수화물 등의 영양분을 제공하고, 진균은 식물을 스트레스로부터 보호하고, 토양 속 미네랄과 물, 그리고 영양물질을 식물에 전달해주는 서로 이익이 되는 상리공생관계다. 균근의 종류는 진균과 식물 뿌리 사이에 형성된 미세구조에 따라 외생균근ectomycorrhizae과 내생균근endomycorrhizae으로 나누어진다. 외생균근은 진균의 균사가 식물 뿌리세포의 외부를 감싸는 구조이고, 내생균근은 대부분 수지상균근으로서 균사가 식물의 뿌리 세포벽을 관통하여 세포막을 밀면서 균사가 분지되어 균사 표면적이 넓어진 수지상체arbuscule 구조를 만든다. 외생균근은 진균 중 담자균류와 일부 자낭균류에 의해 형성된다. 이에 비해 내생균근균류는 내생균근인 수지상균근을 형성하여 영양물질의 획득과 수송뿐만 아니라 식물 종자의 생산을 촉진하고, 해충 및 선충류의 감염을 억제하여 질병과 가뭄 같은 스트레스에 식물이 내성을 가지도록 한다.

(6) 미포자충문*Microsporidia*

이 진균은 크기가 2~5μm로 매우 작아 동물과 다른 원생생물의 내부기생성 생물로서 미토콘드리아 대신 미토솜mitosome을 가지고 있다. 숙주감염은 포자상태로 숙주로 이동하고 극성관pola tube이라는 특이한 세포기관으로 감염을 일으킨다. 이 극성관은 압축된 상태에서 힘차게 분출하여 숙주의 세포막에 구멍을 뚫어 숙주세포 속으로 미포자충이 침입할 수 있게 한다. 이 그룹의 진균으로는 *Encephalitozoon cuniculi*가 있고, 이 진균에는 미토콘드리아를 비롯한 세포소기관들이 상실되어 있으며, 그 유전체는 대장균보다 작은 2,000개 정도의 유전자를 포함하고 있다. 따라서 이 *Encephalitozoon*은 숙주에 많은 것을 의존하는 기생체로 살아간다. 이 미포자충류는 곤충, 어류, 동물, 사람의 세포 내에서 기생하여 설사, 폐렴, 신장염을 일으키는 병원성을 가지고 있으며, 특히 AIDS 환자와 같이 면역력이 약해지면 심각한 병을 일으킨다.

5. 바이러스Virus

바이러스는 비세포성 미생물로서 숙주세포 밖에서는 스스로 증식하지 못하고 숙주세포 속으로 들어가서 숙주세포의 도움을 받아 증식할 수 있다. 따라서 대부분의 바이러스는 식물, 동물, 세균, 원생생물과 진균류를 감염시킨다. 세균을 감염시키는 바이러스를 박테리오파지bacteriophage 또는 파지phage라 하고, 식물에 감염되는 바이러스는 식물바이러스plant virus, 동물인 경우는 숙주에 따라 돼지바이러스, 조류바이러스 등으로 불린다(1,2,7).

바이러스의 기본구조는 뉴클레오캡시드nucleocapsid로서 DNA 또는 RNA 중 한 종의 핵산과 캡시드capsid 단백질로 구성되어 있다. 이 캡시드는 바이러스 핵산의 외부를 둘러싸서 보호하고 숙주세포 사이에 바이러스 핵산이 전달되는 것을 돕는 역할을 한다. 바이러스는 다시 뉴클레오캡시드를 둘러싸는 이중 지질막인 피막envelope이 있거나 없는 것으로 구분된다. 즉 피막 바이러스enveloped virus와 비피막 바이러스nonenveloped virus 또는 naked virus로 나누어진다. 이렇게 핵산과 단백질 또는 지질막으로 구성된 하나의 완전한 바이러스 입자를 비리온virion이라고 한다. 이 비리온 입자의 크기는 지름이 약 10~400nm로서 대부분 전자현미경으로 볼 수 있지만 가장 큰 바이러스는 광학현미경으로도 관찰이 가능하다. 바이러스의 구성성분인 핵산으로 이루어진 유전체와 이를 둘러싸는 단백질로 된 캡시드, 이렇게 형성된 뉴클레오캡시드를 다시 둘러싸는 피막의 특성을 살펴보면 다음과 같다.

1) 바이러스의 구성성분

(1) 바이러스의 유전체(1,2,7)

바이러스가 침입하는 숙주세포의 유전체는 이중가닥 DNA인 반면, 여기에 침입하는 바이러스는 네 가지 형태의 유전체를 가진다. 즉 단일가닥 DNA$_{ss\ DNA}$, 이중가닥 DNA$_{ds\ DNA}$, 단일가닥 RNA$_{ss\ RNA}$, 그리고 이중가닥 RNA$_{ds\ RNA}$다. 동물바이러스는 이 네 형태가 다 존재하고, 식물바이러스는 대부분 단일가닥 RNA 형태이며, 세균바이러스인 박테리오파지는 대부분 이중가닥 DNA 형태다. DNA바이러스는 그 크기가 3.3kb(해파드나바이러스)에서 375kb(폭스바이러스)까지 다양하고 대부분 이중가닥 DNA로 구성되어 있으나 φX174와 M13바이러스인 경우는 단일가닥 DNA로 되어 있다. RNA바이러스는 그 크기가 7kb(피코나바이러스)에서 30kb(코로나바이러스)의 범위이고 단일가닥 RNA가 많고, 이중가닥 RNA는 레트로바이러스*Retrovirus*가 있으나 그 수가 적은 편이다. 잘 알려진 코로나바이러스, 사스바이러스, 메르스바이러스, 인플루엔자바이러스, 소아마비바이러스, 광견병바이러스, 홍역바이러스, 사람면역결핍바이러스*Human immunodeficiency virus*, HIV, 그리고 담배모자이크바이러스*Tobacco mosaic virus*, TMV 등의 병원성 바이러스들은 단일가닥 RNA바이러스다. 또한 인플루엔자바이러스나 오르토믹소바이러스*Orthomyxovirus*처럼 몇 개의 분절된 RNA를 가진 바이러스도 있다.

바이러스 유전체의 크기는 다양하여 가장 작은 것은 약 2000뉴클레오티드로 단지 2개의 유전자만 가지고 있다. 이에 비해 거대바이러스인 미미바이러스*Mimivirus*와 2010년에 발견된 메가바이러스*Megavirus*인 경우는 약 1.2×10^6개의 염기를 가지고 있어서 세균과 비슷한 크기의 유전체를 가지고 있다.

(2) 캡시드

캡시드는 단백질로 이루어진 바이러스의 껍질로서 외부환경으로부터 바이러스의 핵산을 보호하는 기능과 핵산을 숙주세포에 침투시키는 역할을 한다. 그리고 바이러스 입자 안에는 캡시드 외에 바이러스 형태 유지 단백질과 바이러스 핵산 합성 효소들이 포함되어 있다. 이 캡시드는 그 형태에 따라 나선형 캡시드, 정이십면체형 캡시드, 융합형 캡시드로 나뉜다.

나선형 캡시드는 속이 빈 튜브 모양인데 대표적으로 담배모자이크바이러스가 이에 속한다. 이 바이러스는 한 종류의 캡소미어capsomere가 나선형으로 자가조립되어 긴 튜브 모양이며 캡시드 안에는 RNA 유전체가 역시 나선형으로 감겨 있다. 인플루엔자바이러스인 경우는 얇고 탄력 있는 나선형 캡시드가 서로 다른 8개의 분절된 RNA와 결합하여 뉴클레오캡시드를 형성하고 이를 피막이 둘러싸고 있다. 정이십면체형 캡시드는 오량체와 육량체로 구성된 규칙적인 정이십면체 형태로서 전체적으로 구형을 이루고 인체유두종바이러스*Human papilloma virus*, HPV와 아데노바이러스*Adenovirus*가 있다. 대부분의 바이러스가 나선형 또는 정이십면체 캡시드로 되어 있지만, 폭스바이러스*Poxvirus*와 같이 크기가 큰 바이러스들은 일정한 대칭성이 없는 융합형 캡시드를 이루고 있다. 폭스바이러스의 일종인 백시니아바이러스*Vaccinia virus*는 190kb의 이중나선 DNA가 단백질과 결합하여 오목한 원판 형태의 중심막 안에 위치하며 이 중심막 바깥을 다시 피막이 둘러싸고 있는 구조를 하고 있다. 그 외 RNA바이러스 중 약 30kb의 큰 게놈을 가진 코로나바이러스와 사람면역결핍바이러스 같은 레트로바이러스도 이 융합형 그룹에 속한다.

그리고 크기가 큰 박테리오파지는 바이러스의 대표적인 형태로 널리 알려진 매우 정교한 구조를 가지고 있다. 대장균에 감염되는 T4 파지는 머리부분은 정이십면체와 비슷하고, 꼬리는 나선형과 유사한 구조다. 정이십면체 머리는 그 안에 파지 DNA 유전체를 가지고 있으며, 꼬리부분은 머리와 연결된 부분과 가운데가 빈 중심관과 기저판, 그리고 흡착에 사용되는 꼬리핀과 꼬리섬유 등으로 이루어져서 매우 정교하고 복잡한 구조를 가지고 있다. 마치 달에 착륙하는 달 탐사선과 비슷하게 대장균의 표면에 부착된다.

(3) 피막

많은 동식물 바이러스들은 피막 또는 외피라는 외막층으로 둘러싸여 있다. 피막바이러스로는 폭스바이러스 등의 DNA바이러스와 코로나바이러스와 인플루엔자바이러스, 그리고 레트로바이러스 등 여러 RNA바이러스가 알려져 있다. 한편 비피막바이러스는 아데노바이러스 같은 DNA바이러스와 리오바이러스*Reovirus* 등의 RNA바이러스가 있다. 이 피막은 동물바이러스인 경우 바이러스가 감염한 숙주세포의 세포막에서 유래한다. 즉 피막의 지질과 당질은 바이러스가 숙주에서 바깥으로 나올 때 숙주세포막으로부터 얻어진 것이고, 단백질 성분은 바이러스 유전자로부터 만들어져서 스파이크spike라는 피막 표면 밖으로 튀어나와 있는 구조를 형성한다. 이 스파이크는 당단백질로서 바이러스가 숙주세포 표면에 부착하여 침입할 때 중요한 역할을 하고, 숙주 선택에 관련되어 바이러스의 고유성을 나타내므로 바이러스마다 스파이크 형태가 다르게 되어 있다. 예를 들면 인플루엔자바이러스인 경우 적혈구응집소hemagglutinin 스파이크가 있어서 바이러스가 적혈구 세포막과 결합하면 적혈구응집hemagglutination 현상을 일으키게 된다.

이러한 캡시드와 피막에 의해 완성된 비리온 내부에는 숙주세포로의 감염과 증식과정에 필요하나 숙주세포에는 없는 효소를 자체적으로 가지고 있기도 한다. 즉 숙주세포 침투에 필요한 라이소자임lysozyme 유사 효소를 가진 박테리오파지가 있고, 인플루엔자바이러스는 뉴라미니다아제neuraminidase를 피막에 가지고 있어 숙주세포에서 비리온이 방출될 때 사용된다. 그리고 RNA바이러스들은 RNA 중합효소를 보유하여 바이러스 RNA 복제와 mRNA 합성이 일어나도록 하고, 레트로바이러스는 역전사효소를 가지고 있어 바이러스 RNA로부터 DNA를 합성한다.

2) 바이러스의 증식

바이러스가 증식하기 위해서는 숙주세포의 도움이 필요하기 때문에 바이러스의 증식은 숙주에 부착(또는 흡착, attachment)하는 것으로 시작한다. 그다음은 숙주세포 내로 진입penetration 또는 entry하는 것으로 뉴클레오캡시드 또는 바이러스 핵산이 숙주 안으로 들어가서, 바이러스 유전자가 발현된다. 이 과정에서 숙주의 유전자 발현기구를 이용하여 바이러스 유전체를 증식시키고 바이러스 단백질을 합성synthesis한다. 그런 다음, 껍질 단백질coat protein이 바이러스 유전체와 자가조립에 의해 새로운 뉴클레오캡시드를 만들게 된다assembly. 이런 과정을 거쳐 다 만들어진 바이러스 입자는 숙주로부터 방출release이 된다. 이렇게 방출된 바이러스 입자는 구조적 변화를 거쳐 완전한 비리온으로 성숙maturation하게 된다(1,2,7).

바이러스가 숙주세포에 부착되는 것은 바이러스 표면의 리간드 역할을 하는 단백질과 숙주세포의 특정 수용체 간에 특이적 상호결합에 의해 일어난다. 이런 수용체들은 세포의 주요 기능을 담당하는 막단백질 또는 지질다당체로서 매우 다양하며 바이러스의 숙주 선호도와 밀접한 관련이 있다. 즉 수용체 특이성에 의해 박테리오파지는 특정 세균을, 동물바이러스는 특정 동물만을 감염시킨다. 이 특성에 의해 바이러스가 숙주의 특정 조직만을 감염시키기도 한다. 그러나 특정 수용체가 여러 생물체에 존재하는 경우, 그 수용체에 결합하는 바이러스는 하나 이상의 숙주를 감염시킬 수 있다. 또한 바이러스 리간드에 변이가 일어날 경우에도 여러 숙주에 감염된다. 예를 들면 광견병바이러스, 조류독감바이러스, 코로나바이러스 등은 사람과 동물 등 여러 숙주를 감염시켜 인수공통 전염병을 일으키기도 한다.

숙주의 세포막에 부착된 바이러스는 세포막을 통과하여 세포질로 들어가는데 박테리오파지는 캡시드를 세포 밖에 남겨두고 핵산만 세포질 내로 주입되는 반면, 진핵세포 바이러스는 뉴클레오캡시드 전체가 세포질 막을 통과하여 세포질 내로 들어가거나 피막이 있는 경우 세포 내로 흡입되어 세포질의 엔도솜과 융합이 되면 피막이 제거되고 캡시드가 세포질로 방출된다.

바이러스 핵산의 합성은 바이러스의 유전체 특성에 따라 유전자 발현과 유전체의 복제가 각각 다른 기전을 나타낸다. 이중가닥 DNA 바이러스 중 일부는 숙주세포의 생합성 기구에 의존하여 바이러스 DNA의 복제와 mRNA, 단백질 합성을 일으킬 수 있다. 그러나 RNA 바이러스는 mRNA 합성단계에 필요한 효소들을 바이러스 입자 안에 가지고 있어야 한다. 그리고 바이러스의 단백질 합성은 전적으로 숙주세포의 도움으로 일어난다. 이렇게 만들어진 바이러스의 유전체와 단백질들은 캡시드 합성과 바이러스의 조립 및 방출에 사용된다.

박테리오파지 T4인 경우는 기저판, 꼬리섬유, 머리 부위를 각각 독립적으로 조립한 다음 전체 파지 입자를 완성시킨다. 이런 바이러스의 조립은 대부분 숙주세포의 세포질에서 일어나지만 동식물 바이러스 중 일부는 핵이나 세포막에서 조립되기도 하여 다양한 양상을 나타낸다.

이렇게 조립된 바이러스들은 많은 경우 숙주세포를 용해시켜 방출된다. 이런 용균과정 외에도 피막바이러스는 출아 기전에 의해 숙주세포로부터 방출된다. 이렇게 바이러스 입자가 방출될 때 동물세포바이러스의 피막은 숙주세포의 세포막으로부터 유래된다.

또다른 방출경로로는 바이러스 입자가 인접한 세포의 세포막을 통과하여 한 숙주세포에서 다른 숙주세포로 직접 이동하는 경우도 있다. 이런 경우는 세포 외부환경으로 바이러스가 방출되지 않으므로 바이러스가 숙주의 면역체계를 쉽게 회피할 수 있다. 여기에는 피막바이러스인 C형간염바이러스, 백시니아바이러스, 허피스바이러스 등이 포함된다.

3) 박테리오파지의 생활사

다단계 과정을 거쳐 증식하는 바이러스 중 상세히 연구가 된 박테리오파지는 용균성 사이클lytic cycle과 용원성 사이클lysogenic cycle의 두 가지 사이클로 증식한다. 이 중 T4 파지와 같은 독성파지virulent phage는 세균 숙주에 들어가 증식한 후 숙주세포를 용해시켜 방출된다. 이에 비해 박테리오파지 람다phage λ와 같은 용원성 파지는 용원성과 용균성의 두 가지 사이클을 가지고 있다. 용원성 주기에서 파지의 핵산은 숙주세균의 염색체에 삽입되며 이런 상태의 파지를 프로파지prophage라 하고 프로파지를 가진 세균을 용원균lysogen 또는 lysogenic bacteria이라고 한다. 이 용원균은 자신의 유전체를 복제할 때 프로파지도 같이 복제하여 자손세포에 상속시켜 프로파지가 용균성으로 전환될 때까지 장기간 용원성 상태를 유지할 수 있다. 용균성으로의 유도는 숙주세포의 영양 상태나 성장조건에 변화가 생기거나 자외선 조사를 받았을 경우에 일어난다.

파지가 숙주에 감염된 후 용원성 상태가 되면 어떤 경우는 숙주세균이 병원성을 획득하게 된다. 예를 들면 파지베타phage β에 감염된 코리네박테리움 디프테리아*Corynebacterium diphtheriae*균은 파지베타 유전체가 가지고 있는 디프테리아 독소 유전자를 디프테리아균이 계속 보유하면서 독소를 발현시켜 디프테리아 증상이 유발된다. 즉 파지베타에 감염된 디프테리아 용원균이 디프테리아 증상을 발생시킨다. 이와 유사하게 콜레라 독소를 가진 파지 CTXφ에 감염된 *Vibrio cholerae*균에 의한 콜레라와 보툴리늄 독소를 가진 클로스트리디움 파지*Clostridial phage*에 감염된 *Clostridium botulinum*균에 의한 보툴리즘botulism 등이 알려져 있다.

파지가 이런 용원성 사이클을 가진 이유는 세균이 영양물질이 부족하여 휴지기에 들어갔을 때도 생존이 가능하다는 이점이 있다. 이에 비해 용균성의 독성 파지들은 세균의 휴지기에 의해 더 이상 증식할 수 없게 되면 생존을 지속할 수 없게 된다. 용원성 사이클을 가진 또 다른 이유는 숙주세포보다 바이러스 숫자가 많을 경우 용원성에 의해 숙주세포가 생존하면서 바이러스도 같이 생존할 수 있다는 이점에 기인한다.

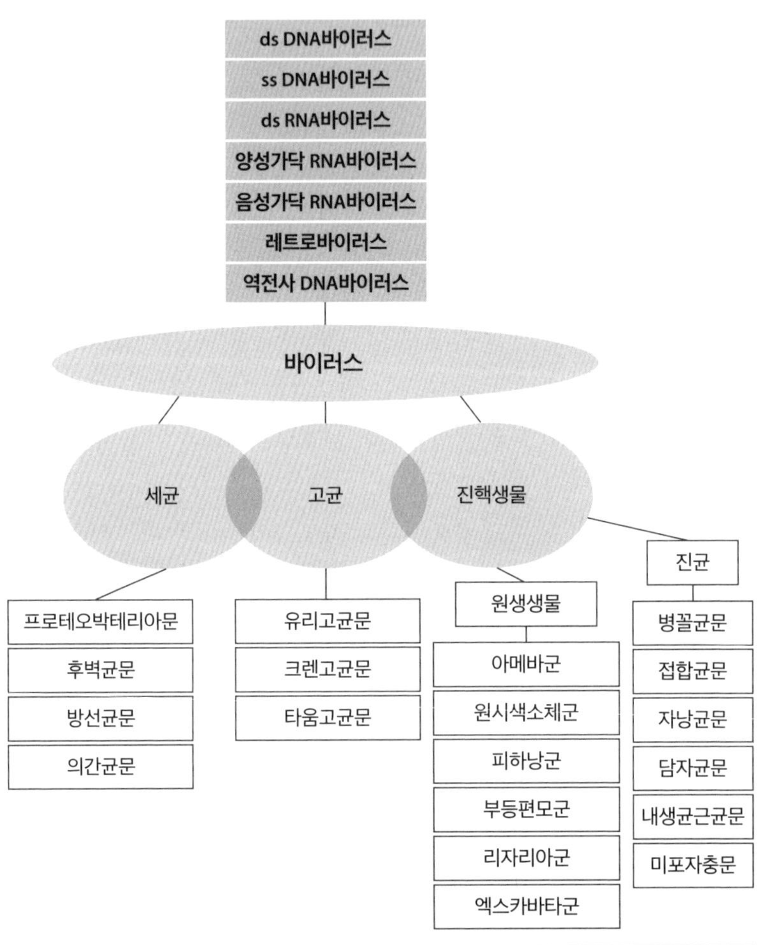

그림 6. 바이러스의 종류

4) 바이러스의 분류와 종류(그림 6)

바이러스의 분류는 알려진 정보의 부족으로 세균이나 진핵미생물의 분류체계에 비하면 훨씬 불완전하다. 그리고 현재도 새로운 바이러스들이 계속 발견되고 있어서 그 종류와 분류도 지속적으로 확대될 전망이다. 1971년 국제바이러스분류위원회International Committee on Taxonomy of Viruses, ICTV가 최초의 ICTV바이러스 분류체계를 발표하였고, 그 후 지속적으로 확장된 분류체계 보고서를 발간하고 있다. 분류의 기준으로는 핵산의 종류(DNA 또는 RNA), 단일가닥single strand, ss 또는 이중가닥double strand, ds 여부, 단일가닥 RNA인 경우는 RNA가 양성 또는 음성인지의 여부, 유전체의 형태(선형, 원형 등), 유전체의 길이, 피막 유무, 캡시드의 대칭성과 구조 등이 사용된다. 단일가닥 RNAss RNA바이러스인 경우는 자신의 mRNA와 동일한 염기서열 RNA 유전체를 가진 바이러스를 양성가닥positive-strand RNA 또는 (+)가닥plus-strand RNA바이러스라 하고, 바이러스 mRNA와 상보적인 서열의 유전체를 가진 바이러스를 음성가닥negative-strand RNA 또는 (-)가닥minus-strand RNA바이러스라 한다(1,2,7). 이 ICTV 분류체계는 동식물이나 다른 미생물과 달리 문phylum, 강class은 없고 목order-과family-아과sub family-속genus-종species으로 구성된다. 이 ICTV 체계에 의해 2011년 6목, 87과, 19아과, 349속, 2,285종의 바이러스들이 분류되었다. 가장 상위의 바이러스 목의 명칭은 비랄-virale이고, 과명은 비리대-viridae이며, 아과명은 비리내-virinae, 속명과 종명은 바이러스-virus로 명명된다. 일반적인 바이러스의 분류는 저명한 바이러스 학자이자, 1975년 노벨상 수상자인 데이비드 볼티모어David Baltimore가 ICTV 분류체계를 보완하여 제안한 방법을 주로 사용한다. 이 분류법은 바이러스의 유전체와 생성되는 mRNA의 상관관계에 따라 다음과 같이 7가지 그룹으로 분류한다.

(1) 이중가닥 DNAds DNA바이러스

이중가닥 DNA바이러스는 바이러스 그룹 중 가장 큰 집단을 형성한다. 이 그룹에 속하는 바이러스 중 유전자 크기가 작은 폴리오마

바이러스*Polyomavirus* 같은 경우는 DNA중합효소를 숙주에 의존하는 반면, 유전자 크기가 큰 허피스바이러스*Herpesvirus*는 DNA 복제와 전사에 필요한 단백질을 스스로 합성할 수 있다. 최근에 발견된 거대바이러스인 미미바이러스, 메가바이러스들은 자신의 유전체에 DNA 복제와 전사뿐만 아니라 번역 관련 단백질의 유전자도 가지고 있어 숙주세포에 훨씬 덜 의존적이다. *Megavirus chilensis*인 경우 유전체의 크기는 약 1,260kb이고 1,120개의 유전자를 가지고 있다. 그리고 천연두, 우두바이러스 같은 폭스바이러스도 큰 바이러스 그룹이고 그중 백시니아바이러스는 유전체가 약 190kb이고 250개의 유전자를 보유하고 있으며 백신 생산에 활용되고 있다. 또한 아데노바이러스*Adenovirus*도 선형의 이중가닥 DNA를 가지고 있고, DNA의 양쪽 가닥이 다 DNA 복제의 주형으로 사용되는 특이한 복제기전을 가지고 있다.

허피스바이러스는 단순포진, 생식기 허피스, 수두, 단핵구 감염증과 같은 질환을 일으키고, 신경세포 내부에 오랜 기간 잠복해 있다가 다시 활성화하여 증식성 감염을 일으킬 수 있다. 이 허피스바이러스의 일종인 거대세포바이러스*Cytomegalovirus*, CMV는 많은 사람에게 감염되어 있으나 건강한 경우에는 뚜렷한 증세를 나타내지 않다가 면역력이 저하되면 폐렴 같은 심각한 질병을 일으킬 수 있다.

고균의 바이러스는 열수환경에 서식하는 크렌고균 중에서 단일가닥 양성 RNA바이러스가 발견되었지만 대부분은 이중가닥 DNA 바이러스다. 이 고균바이러스들은 대부분 피막을 가지고 있고 용원성 또는 용균성 주기를 가진다. 대표적으로 알려진 고균바이러스로는 초고온성 크렌고균인 *Sulfolobus*와 *Acidianus*, 그리고 *Pyrococcus* 균에 감염하는 방추형 바이러스들이 있다.

한편 이중가닥 DNA 박테리오파지로는 T4와 람다파지가 있다. 이 중 T4파지는 독성 박테리오파지로서 숙주인 대장균에 용균성 감염을 일으킨다. 그리고 람다파지는 비독성파지로서 용원성 주기로 생장하지만 유도반응에 의해 용균성 주기로 전환되면 숙주세포를 용해시킬 수 있다.

(2) 단일가닥 DNA_{ss DNA}바이러스

이 그룹에는 서코바이러스*Circovirus*와 파보바이러스*Parvovirus*가 있고 이들의 단일가닥 DNA는 3′말단에 있는 역반복서열에 의해 머리핀 구조를 형성하고 회전-머리핀rolling-hairpin DNA 복제기전에 의해 이중가닥 DNA로 전환된 다음 RNA와 단백질의 합성이 일어난다. 이런 과정은 숙주세포의 시스템을 이용해야 가능하다. 이 중 파보바이러스는 가장 간단한 단일가닥 DNA바이러스로서 3종의 단백질을 합성함에도 불구하고 사람에서 전염성 홍반, 관절증후군 등 다양한 질병을 일으킨다. 한편 서코바이러스는 피막이 없는 이십면체바이러스이고 원형의 유전체를 가지고 있으며 조류와 돼지에 감염된다.

박테리오파지로는 ϕX174파지, 그리고 M13과 fd 파지가 있다. ϕX174파지는 5.4kb의 뉴클레오티드로 구성된 원형의 유전체를 가지고 있고, 세균의 DNA중합효소에 의해 이중가닥 DNA가 만들어진다. 이 이중가닥 DNA로부터 mRAN 합성과 단일가닥 DNA 복제가 일어나서 단백질을 합성하고, 유전체도 증식시켜 파지 입자를 만들게 된다. 그리고 M13와 fd 파지는 피막을 가진 길고 가는 필라멘트형 바이러스로서 대장균에 감염된다. 이들의 유전체는 회전바퀴형 복제rolling-circle replication 기전으로 복제를 하고 숙주세포의 용균을 유발하지 않으면서 분비되듯이 숙주세포로부터 방출된다.

(3) 이중가닥 RNA$_{dsRNA}$바이러스

이중가닥 RNA바이러스의 이중가닥 RNA는 바로 mRNA로 사용할 수 없기 때문에 이 이중가닥 RNA로부터 mRNA를 합성해야 하는데 숙주세포에는 RNA로부터 mRNA를 합성할 수 있는 효소가 없기 때문에 바이러스 내에 RNA의존 RNA중합효소를 가지고 있다. 이 효소는 RNA중합효소 기능에 의해 mRNA를 합성할 뿐 아니라, 복제할 때도 사용이 되어 이중가닥 RNA를 합성하므로 복제효소$_{replicase}$ 기능도 가진 이중기능 효소다. 이 이중가닥 RNA바이러스들은 동물, 식물, 진균 그리고 세균을 감염한다. 이 중 로타바이러스$_{Rotavirus}$는 유아에게 설사를 일으키는 병원성 바이러스로서 유전체는 분절형으로 10~12개의 선형 이중가닥 RNA 절편으로 이루어져 있다.

여기에 속하는 파지로는 ϕ6박테리오파지가 있으며, 이 ϕ6파지는 피막을 특징적으로 가지고 있고 이 피막에 의해 숙주세포의 세포막과 융합하여 흡입과 유사한 방식으로 숙주세포 내부로 침입한다.

(4) 양성가닥 RNA바이러스

이 그룹의 바이러스 유전체는 mRNA로 바로 사용할 수 있어 단백질 합성이 가능하다. 따라서 바이러스의 RNA 가닥으로부터 RNA의존 RNA중합효소가 가장 먼저 만들어진다. 이 효소에 의해 음성가닥 RNA가 만들어지고, 이 음성가닥 RNA는 더 많은 양성가닥 RNA 유전체와 mRNA를 만드는 데 사용된다. 이 양성가닥 RNA 바이러스에는 사람과 동물에 감염되어 질병을 일으키는 바이러스들이 여럿 있다. 대표적으로 소아마비를 일으키는 폴리오바이러스$_{Poliovirus}$가 있고 이 바이러스는 폴리단백질을 만든 후 이 단백질을 잘라서 바이러스 증식에 필요한 단백질로 사용한다. 일반 감기를 일으키는 리노바이러스*Rhinovirus*, 호흡기 질환을 일으키는 코로나바이러스*Coronavirus*, 그리고 간염을 일으키는 A형간염바이러스*Hepatitis A virus* 등도 포함된다. 이 중 코로나바이러스는 유전체가 약 30kb에 달해 RNA바이러스 중 가장 크고 비리온의 표면에 여러 개의 당단백질 돌기가 붙어 있어 왕관 모양을 나타낸다. 그리고 플라비바이러스*Flavivirus*, 토가바이러스*Togavirus*도 이 그룹에 속한다. 식물바이러스로는 대표적으로 담배모자이크바이러스가 있다. 이 담배모자이크바이러스는 피막을 가지고 있고 식물의 상처를 통해 감염한다. 파지로는 약 3.6kb의 작은 RNA를 가진 MS2가 있고 이 MS2는 대장균에 부착하여 감염된다. 그 외 열수 환경에 서식하는 크렌고균에서 양성가닥 RNA바이러스가 발견되었다.

(5) 음성가닥 RNA바이러스

이 바이러스들은 동식물에 감염하는 피막바이러스로서 숙주세포 내로 진입할 때 자체에 RNA의존 RNA중합효소를 가지고 있어서 음성가닥 RNA로부터 mRNA를 합성한다. 그리고 이 음성가닥 RNA는 양성가닥 RNA 중간체를 거쳐 음성가닥 RNA 유전체를 복제하는 데도 사용된다. 이 그룹 바이러스에는 인플루엔자바이러스가 있고, 이 바이러스는 비리온 내에 8개의 절편으로 나누어진 분절된 유전체를 가지고 있어서 한 숙주세포에 2개의 다른 인플루엔자바이러스가 감염될 경우 이 RNA 분절 유전체들이 재배열 또는 재구성되어 새로운 인플루엔자바이러스가 만들어져서 새로운 유형의 인플루엔자가 유행하는 원인이 된다. 이 인플루엔자바이러스는 숙주세포에 감염되면 RNA와 효소단백질 복합체가 핵으로 이동한 후 mRNA를 합성한다. 그런 다음 양성가닥 RNA가 합성되고 이로부터 바이러스의 음성가닥 RNA가 복제된다. 그 후 비리온이 조립되고 출아기전에 의해 세포막으로부터 피막을 얻어서 세포 밖으로 방출된다. 피막 포면에는 숙주세포의 수용체와 특이적으로 결합할 수 있는 단백질들이 존재한다. 그 외 광견병바이러스, 홍역바이러스, 한타바이러스도 이 그룹에 속한다.

(6) 레트로바이러스Retrovirus

레트로바이러스들은 양성가닥 RNA를 가지고 있는데 mRNA로 사용되지 않고 자신이 가지고 있는 역전사효소에 의해 이중가닥 DNA로 전환시킨다. 이 역전사효소는 RNA로부터 DNA를 합성하고 이 RNA/DNA 혼성체에서 RNA 가닥을 분해한 다음, 남아 있는 단일가닥 DNA로부터 이중가닥 DNA를 합성하는 기능이 있다. 그런 다음 이중가닥 DNA는 숙주 DNA 속으로 들어가서 숙주 유전체의 한 부분으로 남을 수 있다. 그리고 발현이 유도되면 이중가닥 DNA는 mRNA를 만들기도 하고, 양성가닥 RNA 유전체를 합성하기 위한 주형이 되기도 한다. 이 mRNA와 양성가닥 RNA 합성은 숙주세포의 DNA 의존 RNA중합효소에 의해 일어난다. 이 종류에는 *Mouse Leukemia Virus*MLV와 같은 간단한 형태의 바이러스와 AIDS를 일으키는 사람면역결핍바이러스가 있다. 이 사람면역결핍바이러스는 피막을 가지고 있으며, 역전사효소와 몇 종의 효소가 바이러스에 내재되어 있다.

(7) 역전사 DNA바이러스Reverse transcribing DNA virus

이 종류의 바이러스는 레트로바이러스와 달리 DNA를 가지고 있고 역전사효소를 자신의 이중가닥 DNA 복제에 사용한다. 대표적으로 간세포에 감염되어 간염을 일으키고, 만성간염과 간경변 단계를 거쳐 간암을 유발할 수 있는 B형간염바이러스Hepatitis B virus, HBV가 있다. 이 HBV의 유전체는 원형의 3.2kb의 크기로서 틈nick이 있는 가닥과 더 큰 갭gap을 가진 상보적인 가닥으로 구성된 부분적 이중가닥 DNA다. 이 이중가닥 DNA로부터 숙주의 RNA중합효소에 의해 mRNA와 양성가닥 RNA가 만들어지고, mRNA로부터 역전사효소가 합성이 된 다음, 이 역전사효소가 양성가닥 RNA로부터 음성가닥 DNA를 만들고 최종적으로 틈이 있는 부분적 이중가닥 DNA 유전체를 합성한다. HBV 외의 헤파드나바이러스Hepadnavirus와 콜리플라워나 순무 같은 식물에 감염되는 콜리플라워모자이크바이러스Cauliflower mosaic virus가 이 그룹에 포함된다.

6. 바이로이드와 위성체, 그리고 프리온(그림 7)

1) 바이로이드Viroid

바이로이드는 단백질이 없이 RNA로만 이루어진 매우 단순한 감염체로서 주로 식물에서 20종 이상의 질병을 유발한다. 이 바이로이드는 끝이 서로 연결되어 닫힌 원형의 단일가닥 RNA로서 길이가 250~400뉴클레오티드인데 단일가닥 내에서 부분적으로 염기쌍을 이루는 구조다. 현재 *Pospiviroidae*과와 *Avsunviroidae*과의 두 종류로 분류되어 있다(표 1, 그림 7)(8,9).

*Pospiviroidae*의 구조는 병원성 부위, 변이 부위 그리고 중앙보존 부위Central Conserved Region, CCR 등으로 구성되어 있다(8). 이에 비해 *Avsunviroidae*는 복잡한 2차 구조를 가지고 있고, 중앙보존 부위가 없는 대신, RNA의 특정 부위를 가역적으로 자르고 붙일 수 있는 망치머리

표 1. 바이로이드의 종류와 특성

종류	형태	중앙보존 부위	망치머리형 리보자임	복제 부위
*Pospiviroidae*과 (또는 Potato spincle tuber viroid, PSTVd)	막대 모양	있음	없음	핵
*Avsunviroidae*과 (Avocado sunblotch viroid, ASBVd)	Y자 형태	없음	있음	엽록체

형 리보자임hammer head ribozyme을 가지고 있다.

바이로이드는 식물에 생긴 상처를 통해 식물세포에 감염되면 세포핵이나 엽록체에 들어가 복제되어 증식한다. 바이로이드의 RNA로부터는 단백질이 생성되지 않기 때문에 스스로 증식할 수 없고 숙주의 RNA중합효소에 의해 증식될 것으로 추정된다. 즉 숙주의 RNA 중합효소에 의해 상보적인 RNA가 합성된 후 이 상보 RNA가 새로운 바이로이드 RNA 합성을 위한 주형이 될 것으로 보인다.

식물에서 병을 일으키는 것은 바이로이드의 왼쪽 말단 부위에 있는 병원성 부위가 관여할 것으로 예상된다. 이 병원성 부위가 간섭 RNAinterfering RNA, RNAi로 작용하여 숙주의 특정 mRNA와 결합하여 특정 단백질의 생성이 억제되거나, 이중가닥 RNA가 형성되면 숙주가 RNA 사일런싱RNA silencing 반응을 일으켜서 이 이중가닥 RNA를 절단시키게 된다. 이런 과정을 통해 숙주의 특정 mRNA의 기능이 차단되어 필요한 단백질이 합성되지 못해 결과적으로 질병을 일으키는 것으로 추정된다. 이 바이로이드는 현재 토마토, 고추, 코코넛, 사과, 포도, 아보카도 등 다양한 식물에서 수십 종이 발견되었다(9). 바이로이드의 기원에 대해서는 바이러스나 트랜스포존에서 유래했다

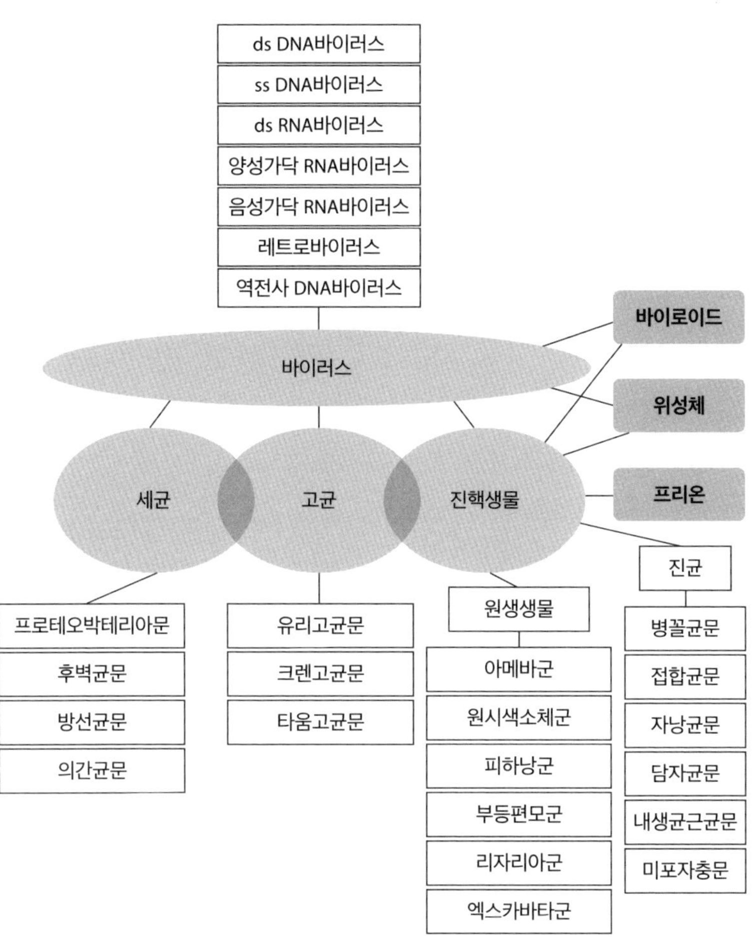

그림 7. 바이로이드와 위성체, 그리고 프리온

는 가설과 최초의 생명체 탄생 과정에서 생성된 원시 RNA가 현재까지 남아 있다는 가설이 있다(8).

2) 간염 델타 바이러스Hepatitis δ virus 또는 D형 간염바이러스, HDV

동물에서도 바이로이드와 유사한 생명체가 발견되어 HDV로 명명되었다(7). 이 HDV는 피막과 약 1,680개의 단일가닥 원형 RNA를 가지고 있어 동물바이러스 중 가장 작으며 그 구조와 특성이 바이로이드와 매우 유사하다(8). 이 HDV RNA는 숙주의 RNA중합효소의 도움으로 핵 안에서 복제가 되고, 숙주의 감염도 독자적으로 일어날 수 없어 도움바이러스로 B형 간염바이러스가 있어야 한다.

3) 위성체Satellite

위성체는 오직 핵산인 DNA 또는 RNA로 구성되어 있다는 점에서 바이로이드와 유사하나, 단백질을 생성할 수 있다는 차이점이 있다. 위성체 중 위성체 바이러스satellite virus는 자신의 캡시드 단백질에 대한 유전자를 가지고 있다. 이 위성체들도 주로 식물에 감염이 되고 단독으로 복제할 수 없고 식물바이러스의 도움으로 증식이 가능하다.

4) 프리온Prion

프리온은 DNA나 RNA 없이 단백질로 구성된 감염성 병원체로서 동물과 사람에게서 퇴행성 신경질환을 일으킨다(10). 이러한 질환으로는 양의 스크래피scrapie, 소에서 광우병이라고 하는 소해면 양뇌병증Bovine Spongiform Encephalopathy, 그리고 사람에서 쿠루Kuru와 크로이츠펠트-야콥병Creutzfeldt-Jakob disease과 같은 뇌신경질환이 있다. 이들 질환은 진행이 되면 사망에 이르는 퇴행성 뇌질환이지만 이에 대한 효과적인 치료법은 아직 확립되어 있지 않다.

이 프리온 중 비교적 연구가 진행된 것은 스크래피를 일으키는 프리온이다. 건강한 동물의 뇌에는 정상적인 프리온 단백질인 PrP^{C}

가 있고, 질병을 일으키는 스크래피 프리온은 PrP^{sc}라고 명명이 되어 있다. 이들의 아미노산 서열은 동일하지만 이 PrP^{sc}는 변형된 2차 구조를 가지고 있다. 이 PrP^{sc}가 동물의 뇌에 들어가면 정상적인 PrP^{c}와 상호작용하여 정상 PrP^{c}가 비정상적인 PrP^{sc}로 전환된다. 정상 프리온은 뉴런 세포막에 존재하므로 이들이 비정상 프리온으로 전환됨으로써 뉴런 세포막의 기능을 방해하여 뉴런 세포의 사멸이 일어나 병이 유발될 것으로 추정하고 있다.

현재 이러한 바이로이드와 위성체, 그리고 프리온들은 질병과 관련하여 극히 일부만 알려져 있고, 그 자세한 정체는 여전히 베일에 가려져 있다.

이 장에서 살펴본 미생물의 종류와 타 생물과의 관계를 개략적으로 나타내보면 앞의 그림 7과 같다. 이 그림은 기존의 분석적인 분류법으로 표시된 도표와 달리 미생물을 포함한 생물들이 별개의 것으로 분리된 것이 아니라는 점을 부각시키고자 한 것이다. 즉 세균, 고균, 진핵생물은 일부 특성을 공유하고 있으며, 이들은 다 바이러스와 상호작용을 하고 있는 관계다. 그리고 바이로이드와 위성체는 바이러스와 밀접하게 연계되어 있으며 진핵생물에 병을 일으키고, 프리온은 진핵생물에 영향을 미친다. 그뿐만 아니라 기존의 미생물 분류체계에서 각종 미생물의 특성을 면밀히 비교, 조사해 보면 많은 미생물이 기존의 분류체계에 잘 부합되지 않거나 다른 종의 미생물 사이에도 여러 특징이 겹치거나 빠진 경우가 다수 있어 분류체계가 명확하지 않다는 사실이 드러난다. 따라서 분류상 과$_{family}$, 속$_{genus}$, 종$_{species}$ 등의 구분이 불명확하고 경계선을 넘나드는 미생물이 여럿 존재한다. 이런 경계선상의 미생물은 앞으로 더 많은 미생물이 발견되면 그 수와 종류가 크게 늘어날 전망이다(11). 그러므로 기존의 분류 체계로는 앞으로 발견될 무수한 미생물을 감당할 수 없을 것으로 보인다.

그리고 이런 미생물들은 단독으로 살아가지 않고 다른 미생물 또는 동식물과 상리공생이나 기생 등 다양한 형태의 연결된 관계를 이루면서 생존하고 있다. 마치 작은 점과 같은 미생물들이 개별적으로 각각 흩어져 있지 않고 다른 생명체와 연결되어 복잡하고 다양한 고리를 이루고 있는 형상이다. 그러므로 미생물들은 선을 그어 구분하듯이 분류하기가 쉽지 않고, 그 특성과 생활사가 서로 중첩되어 있고 상호작용의 흐름 속에 있는 것으로 추측된다. 즉 미생물들은 단독이나 독립적으로 생존하지 않고 타 생명체들과 밀접한 관계 속에서 존재함을 알 수 있다.

따라서 그림 7을 생물 집단 간의 상호관계 측면에서 새롭게 표현해 보면, 그림 8과 같이 나타낼 수 있다. 즉 중앙의 큰 원이 세균 집단이고, 이 세균 집단은 고균과 그 특성을 일부 공유하면서 고균, 진핵생물, 그리고 바이러스와도 밀접한 공생과 상호작용을 한다. 그리고 고균 집단은 세균 및 진핵생물과 일부 공통점을 가지고 있으면서 역시 세균, 진핵생물, 그리고 바이러스와 상호작용관계를 이루고 있다. 또한 진핵생물 집단은 고균과 일부 특성이 유사하면서 세균, 고균, 바이러스 들과 다양한 형태의 공생과 상호작용을 한다. 바이러스 역시 다른 미생물 집단뿐만 아니라 진핵생물과도 무수한 상호관계를 맺고 있다. 따라서 모든 생물 집단이 다른 생물 집단과 그 성질을 공유하거나 다양한 상호작용과 상호연결의 네트워크를 형성하고 있음을 발견할 수 있다.

그러므로 이 장에서 펼쳐보인 다양한 미생물이 결코 분리된 상

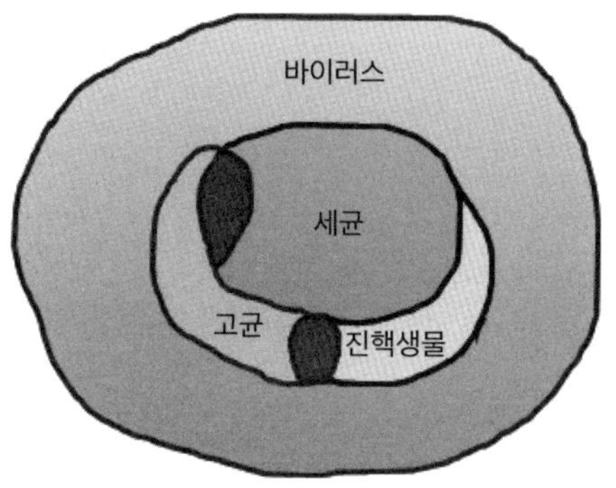

그림 8. 생물 집단 간의 상호작용
진하게 표시된 부분은 고균과 세균 또는 고균과 진핵생물 간에 공통적으로 유사한 특성을 의미한다.

태에서 독자적으로 생존하는 것이 아니라는 사실이 명확하게 드러난다. 미생물은 미생물끼리, 또 인간을 포함한 다른 생물과의 긴밀한 상관관계 속에서 끊임없이 교류하면서 생존하고 있다. 이러한 긴밀한 상관관계는 타 생물과 공생의 형태로 나타나기도 하고 그와는 반대로 질병을 일으키는 관계이기도 하다. 이렇게 복잡한 상호연결과 상호의존, 그리고 상호배척의 관계가 미생물 사이에 일어나고, 더 나아가 진핵생물과도 연결되어 있음을 파악할 수 있다. 여기에 그치지 않고 미생물은 지구상의 자원 순환에도 크게 기여하여 모든 생물체들이 지구상에서 원활하게 생존할 수 있는 터전을 마련해주기도 한다. 따라서 미생물이 주도적으로 매개한 전 지구적인 생물체의 역동적이고 거대한 네트워크에 주목해야 한다. 이런 관점에서 미생물과 다른 생물과의 공생과 질병 유발 등의 상호관계와 미생물이 구축한 자원순환시스템, 그리고 미생물의 상호연결성으로 이루어진 생명체의 네트워크를 다음 장들에서 자세히 살펴보도록 한다.

참고문헌

1. Willey, J.M., Sherwood, L.M. and Woolverton, C.J., *Prescott's Microbiology*, 9th edition, McGraw-Hill Education Holdings(2013).
2. Madigan, M.T., Martinko, J.M., Bender, K.S., Buckley, D.H. and Stahl, D.A., *Brock Biology of Microorganisms*. 14th edition, Pearson Education, Inc.(2015).
3. Borrel, G., Brugère, J.F., Gribaldo, S., Schmitz, R.A. and Moissl-Eichinger, C., The host-associated archaeome. *Nat. Rev. Microbiol.* 18, 622-636(2020).
4. Pawlowski, J., *Protist Evolution and Phylogeny*. In: eLS. John Wiley & Sons, Ltd.: Chichester. DOI:10.1002/978047001 5902. a0001935. pub2(2014).
5. Douglas, G.M. and Langille, M.G.I., Current and promising approaches to identify horizontal gene transfer events in metagenomes. *Genome Biol. Evol.* 11, 2750-2766 (2019).
6. Lurie-Weinberger, M.N. and Gophna, U., Archaea in and on the human body: health implications and future directions. *PLoS Pathog.* 11, e1004833(2015).
7. Shors, T., *Understanding Viruses*, 2nd edition, Jones and Bartlett Learning(2013).
8. Flores, R., Gago-Zachert, S., Serra, P., Sanjuán, R. and Elena, S.F., Viroids: survivors from the RNA world? *Annu. Rev. Microbiol.* 68, 395-414(2014).
9. Adkar-Purushothama, C.R. and Perreault, J.P., Current overview on viroid-host interactions. *Wiley Interdiscip Rev. RNA.* 2, e1570(2020).
10. Scheckel, C. and Aguzzi, A., Prions, prionoids and protein misfolding disorders. *Nat. Rev. Genet.* 19, 405-418(2018).
11. Castelle, C.J. and Banfield, J.F., Major new microbial groups expand diversity and alter our understanding of the tree of life. *Cell* 172, 1181-1197(2018).

제2장

미생물의 상호작용과 상호연결성

미생물의 상호작용과 상호연결성은 미생물 사이에서
일상적으로 빈번하게 일어날 뿐만 아니라,
다른 생물과도 접촉에 의해 다양한 형태로 일어나며
그 양상은 서로에게 이득이 되거나
피해를 줄 수 있고 병을 일으키기도 한다.
대표적인 상호작용은 공생으로서 미생물끼리,
또는 미생물과 다른 생물을
긴밀하게 상호연결하는 특성이 있다.

공생의 유형

미생물은 일반적으로 혼자 살지 않고 미생물끼리 또는 다른 생물체들과 여러 형태의 관계를 맺으면서 생존하도록 진화되어왔다(1). 이렇게 두 생물이 함께 사는 것을 공생symbiosis이라 하고 보통 미생물을 공생자symbiont라 하며 미생물보다 크기가 큰 생물을 숙주host라고 한다. 이런 공생 미생물 중 숙주의 표면에 사는 것을 외부공생자라 하고, 숙주의 내부에 존재하는 것을 내부공생자라 한다. 이와 같은 공생의 유형은 상리공생과 상조공생, 편리공생, 그리고 편해공생이 있다(2).

1. 상리공생mutualism

상리공생은 공생자인 미생물과 숙주가 절대적으로 서로 이익이 되는 관계로서 두 생물 간의 대사는 서로 의존적이어서 각각으로 분리되면 생존이 불가능한 관계다.

미생물과 미생물 사이의 상리공생, 그리고 미생물과 타 생물과의 상리공생은 매우 다양하고 광범위하다. 미생물 자체의 상리공생 관계로는 지의류lichen가 대표적으로 알려져 있고, 미생물과 식물, 곤충, 육상동물, 해양동물, 그리고 인간에 이르기까지 무수한 생물체들과의 상리공생관계에 대해서는 이 장에서 자세히 다루도록 한다.

상리공생과 유사하지만 조금 느슨한 관계가 상조공생synergism이다. 두 생물이 상조공생이라는 것은 서로에게 이득이 되는 관계이지만 상리공생과는 달리 절대적인 관계가 아니고 서로 분리되어도 생명력을 유지할 수 있는 관계를 의미한다(2). 이런 예로는 탄소와 황의 순환을 서로 연결시키는 *Desulfovibrio*종과 *Chromatium*종 사이의 상조공생관계로서 *Chromatium*종은 유기물과 황산염을 제공하고 *Desulfovibrio*종은 이산화탄소와 황화수소를 공급한다. 또한 질소고정 미생물과 셀룰로오스 분해성 미생물 간의 상조공생도 알려져 있는데 질소고정 미생물은 질소를 고정하여 암모늄이온NH_4^+을 제공하고, 셀룰로오스 분해성 미생물은 포도당을 공급한다. 이들 미생물은 분리되어 독자적으로도 생존할 수 있지만, 두 집단이 서로 협력하면 모두 이익을 얻는 관계다.

인간에게 흥미로운 공생관계는 인간 위장관에 있는 미생물 군집microbiota과의 관계다. 인간의 위장관은 미생물들이 안전하게 살아갈 수 있는 서식처를 제공하고, 미생물들은 여러 유용한 대사물질을 제공하며 병원체의 생장을 억제할 뿐만 아니라 인간 면역력의 정상적인 성숙에도 기여한다. 이런 위장관 미생물과의 공생관계는 상리공생 또는 상조공생이 다 포함될 수 있으므로 인간과 인간 위장관 미생물 군집 사이의 공생은 그 관계가 매우 다양하다.

2. 편리공생commensalism

편리공생관계는 숙주는 이롭지도 해롭지도 않은 반면, 공생자는 이익을 얻는 일방적인 관계를 의미한다. 이 관계에서 편리공생자는 숙주의 대사산물 또는 배설물을 이용하거나, 숙주의 내부나 외부에 서식처를 얻기도 한다. 숙주가 동물인 경우, 외부에 해당하는 피부에 서식하는 세균과 숙주와의 관계가 편리공생의 예가 된다. 이런 균들은 숙주로부터 서식처와 영양소를 얻게 되지만 숙주에게는 무해한 경우다. 이런 편리공생자는 숙주의 대사과정에 직접적으로 의존하지 않기 때문에 숙주로부터 분리되어도 생존이 가능하다.

미생물 사이의 편리공생으로는 무색황세균의 일종인 베지아토아*Beggiatoa*균이 황화수소를 에너지로 사용함으로써 황화수소의 독성에 취약한 미생물들은 생존에 이익을 얻게 되는 관계도 여기에 속한다. 그리고 한 미생물의 대사산물을 다른 미생물이 사용하는 것도 그 예가 된다. 즉 질산화작용은 암모늄이온이 두 단계를 거쳐 질산염으로 산화되는 것인데 첫 번째 단계는 아질산균(*Nitrosomonas*, *Nitrosospira*, *Nitrosococcus* 등)이 암모늄이온NH_4^+을 아질산염NO_2^-으로 산화하고, 두 번째 단계에서 질산균*Nitrobacter*들이 아질산염을 질산염NO_3^-으로 산화한다. 이 과정에서 질산균은 아질산균의 대사산물인 아질산염을 에너지원으로 사용하는 편리공생관계다. 그리고 한 종의 미생물 그룹이 다른 미생물의 생장에 적합한 환경을 만드는 것도 편리공생관계다. 예로서 한 미생물 집단에 의해 생물막이 형성되면 또 다른 미생물이 부착하여 생장하는 현상도 편리공생관계다. 이 생물막은 생물 또는 무생물의 다양한 표면에 한 종 또는 여러 종의 미생물이 부착하여 군집을 이룬 형태를 말한다. 따라서 생물막은 미생물들의 다양한 상호작용과 공생이 일어날 수 있는 공간으로서 순차적으로 부착되는 미생물 사이에 편리공생관계가 관찰된다.

3. 편해공생amensalism

편해공생은 두 종 사이에 한쪽은 영향을 받지 않고 다른 한쪽에는 피해를 주는 관계를 일컫는다. 즉 한 미생물이 다른 미생물에 해를 끼치는 것으로 항생제 같은 특정 화합물을 분비하여 이런 상호관계가 일어난다. 대표적으로 *Streptomyces*균들은 항생물질을 생산하여 다른 세균들을 용해시켜 양분으로 섭취한다. 그리고 잘 알려진 독특한 예로서 남아메리카 대륙의 숲속에 서식하는 어타인 개미attine ants의 생활양식에 관련된 방선균류와 기생성 자낭균류인 *Escovopsis* 사이의 편해공생관계가 있다. 어타인 개미는 자신들의 양식으로 진균 중 담자균류에 속하는 *Leucocoprini*를 경작하여 이 진균에게 안전한 서식환경을 제공하고, 그 대신 경작된 진균을 양식으로 섭취하는 상리공생관계다. 그런데 이 진균의 경작지를 기생성 진균인 *Escovopsis*가 손상을 일으키므로 이 기생성 진균의 생장을 억제시킬 수 있는 항진균제를 생산하는 *Pseudonocardia*속의 방선균도 개미 자신의 몸속에 키우고 있어 기생성 진균을 제압한다. 따라서 개미 몸속의 방선균*Pseudonocardia*과 기생성 진균*Escovopsis* 사이는 편해공생관계다.

4. 그 외의 상호작용 유형

이러한 공생관계 외의 미생물 사이, 또는 미생물과 다른 생물 사이의 상호작용 유형은 다음과 같이 나누어볼 수 있다.

1) 포식작용predation

포식작용은 한 미생물이 포식자로 작용하여 다른 미생물을 먹이로 하여 살아가는 현상이다. 이런 포식성 세균은 주로 프로테오박테리아문과 의간균문에 속한다. 대표적으로 δ-프로테오박테리아강의 *Bdellovibrio*는 편모로 먹이세균으로 이동하여 먹이세균의 세포벽과 세포질 사이로 침입하여 영양분을 얻고 증식한 다음 방출한다. 그리고 혐기성 그람음성세균인 *Vampirococcus*는 광합성 자색황세균인 *Chromatium*균의 세포 표면에 부착한 다음 세포질과 연결되는 통로로 분해효소를 분비하여 세포질 성분을 용해하고 흡입하여 먹이로 사용한다. 그 외에도 활주 운동으로 먹이세균 쪽으로 이동하여 먹이를 둘러싸고 분해효소를 방출하여 포식하는 세균들도 있다. 이런 종류로는 δ-프로테오박테리아강의 점액세균인 *Myxococcus xanthus*가 있다. 이러한 미생물의 포식작용은 미생물 개체수의 조절과 영양 순환 사이클의 작동 등 자연 생태계의 기능 유지에 중요한 역할을 한다.

2) 기생parasitism

두 미생물 간의 기생관계는 포식작용과 유사하게 한 개체에는 이득이 되고 상대편 개체에는 해가 되며, 일시적으로 숙주와 기생체parasite가 공존하는 시기가 있다. 이 공존 시기에 기생체가 숙주에서 집락을 형성하기에 충분한 수로 증식할 때 숙주가 면역을 획득하면 기생체는 죽게 되고, 반대로 기생체가 계속 증식하면 숙주는 병에 걸려 죽게 된다. 이런 기생관계의 예는 수계 환경에 서식하는 아메바에 기생하는 막대형 그람음성균인 *Legionella pneumophila*로서 사람에 감염되면 폐의 대식세포에 기생하여 폐렴, 심근염, 부비동염과 같은 레지오넬라증legionellosis을 일으킨다. 그리고 장기적인 기생관계에서는 기생성 세균에서 불필요한 유전체의 퇴화 현상이 나타나서 숙주에서만 생존할 수 있는 경우도 있다. 즉 진딧물의 내부공생균이나 동물의 기생성 세균인 나균*Mycobacterium leprae* 등이 그런 예인데, 특히 나균은 독자적인 생존에 필요한 유전자들이 대거 상실되어 배지에서 인공배양이 되지 않고 실험동물에서만 증식이 가능하다.

3) 경쟁competition관계

경쟁은 서로 다른 미생물들이 동일 자원에 경쟁하여 같은 생태적 위치를 차지하려 하거나, 제한된 자원에 대한 요구가 동일할 경우 일어난다. 따라서 경쟁적인 두 종의 미생물 중 한 종이 서식지를 차지하거나 한정된 영양물질을 사용하여 그 환경에서 우세해지면 그 종의 미생물이 다른 종보다 빨리 생장하여 그 서식지를 점유하게 된다. 이런 예로서 인체의 지배적인 위장관 미생물 군집이나 질의 젖산균 군집이 다른 병원성 미생물의 생장을 억제하는 현상이 좋은 예가 된다.

이와 같이 다양한 상호작용들이 미생물 내에서, 그리고 미생물과 다른 생물 사이에 여러 형태로 중첩적으로 일어나서 미생물을 위시한 모든 생물 사이에 긴밀하고 다층적인 상호연결망이 형성되어 있다. 이 상호연결망이 역동적으로 작동하면서 생물들이 지구상에서 살아갈 수 있는 기반이 되고 있으며 이는 미생물에 의해 가능한 현상이다.

미생물 사이의
공생과 상호연결성

미생물은 긴밀한 상호작용과 공생을 통하여 다양한 기능을 나타내면서 생존하고 진화한다. 이런 미생물들의 대표적인 공생과 상호작용의 예는 지의류lichen와 생물막biofilm이다(3,4).

1. 지의류

지의류는 광합성 미생물인 조류algae 또는 남세균cyanobacteria과 종속영양 미생물인 진균fungi이 구축한 상리공생체다. 관여된 조류는 대부분 녹조류chlorophyta이고 녹조류와 남세균 단독, 또는 녹조류와 남세균이 공존하여 진균과 지의류 공생체를 형성한다. 녹조류로는 *Trebouxia*와 *Trentepohlia*가 대표적이고, 남세균은 *Nostoc*과 *Scytonema*가 잘 알려져 있다. 그리고 진균은 *Ascomycetes*가 대부분을 차지하고 *Basidiomycetes*도 일부 관여되어 있다. 이 공생체는 진균이 균사로 거주공간과 뿌리같이 서식지 표면에 단단히 부착할 수 있는 구조를 만들고, 조류 또는 남세균은 그 안에 자리를 잡고 있는 형태다. 이 공생체에서 조류 또는 남세균은 광합성에 의해 유기영양분을 생산하여 진균에게 공급하고, 진균은 고체 표면에 단단히 부착하여 강우와 바람, 그리고 가뭄으로부터 이런 광합성 미생물을 보호하고 수분과 무기질을 흡수하여 광합성 미생물에 전달한다. 이와 같은 상리공생관계에 의해 단독으로는 살 수 없는 척박한 환경에서도 생존할 수 있는 능력을 획득하게 되었다. 따라서 지의류는 암석, 나무와 뿌리 표면, 토양 표면, 지붕 표면 등 다른 생물들이 자랄 수 없는 영양분이 없고 건조한 표면에서도 생장할 수 있고, 그 분포지역도 열대에서 툰드라 같은 한대지역, 고산지역, 도시의 도로, 사막까지 매우 광범위하게 확장되어 있다. 이 지의류는 현재 1,600여 종이 발견되었으며 진균의 종류에 따라 자낭지의류Ascolichen, 담자지의류Basidiolichen로 구분되고 그 외 서식처, 엽상체 형태 등에 의해 분류되기도 한다. 이런 지의류가 생산하는 여러 대사산물로부터 인간에게 유용한 여러 종의 항생물질이 분리되었다.

2. 생물막

생물막은 생물 또는 무생물의 표면에 한 종 또는 여러 종의 미생물이 부착하여 군집을 이루면서 형성된 얇은 막을 일컫는다. 특히 담수의 세균들은 부유하지 않고 대부분 표면에 부착된 생물막 형태로 생존한다. 이런 생물막은 세균이 분비하는 점액성의 다당류인 당질피질glycocalyx에 의해 다양한 물질의 표면에 부착되고 주변으로부터 비세포성물질을 흡수하여 세균들이 군집을 이루어 생성된다. 생물막 구성 미생물들은 세균이 대부분이고, 그 외 진균, 조류, 원생동물도 포함된다. 이 생물막은 생물막 내부에 서식하는 미생물을 천적이나 독성물질, 항생제, 중금속, 자외선, 방사선 등 외부 유해물질로부터 보호해주는 기능이 있다.

생물막의 내부에는 다양한 미생물이 존재하고, 또 그 구성원이 지속적으로 변화될 수 있을 뿐만 아니라 생물막이라는 한정된 공간으로 인해 구성 미생물 간의 접촉이 빈번하게 일어난다. 따라서 생물막 구성 미생물 간에는 상리공생, 상조공생, 편리공생과 경쟁 등 여러 형태의 상호작용이 일어날 수 있다. 그뿐만 아니라 세균 세포 간 밀접한 접촉에 의해 접합이나 형질전환에 의한 유전자 전달이 부유세균들보다 훨씬 용이하게 일어날 것으로 추정된다. 이런 생물막은 자연적인 수생환경뿐만 아니라 살아있는 조직, 의료기구, 산업용 배관에도 발생하여 인간의 건강이나 경제적인 피해를 주기도 한다.

미생물 사이의 상호작용 예로는 지의류와 생물막 외에도 담수 환경에서 발견되는 운동성 세균과 비운동성의 광합성 녹색황세균 green sulfur bacteria 사이에 일어나는 상리공생관계가 있다. 이 공생관계를 이루는 녹색황세균은 *Chlorobiaceae*과의 광합성세균이고, 운동성 세균은 편모를 가져 이동할 수 있는 β-프로테오박테리아로서 서로 결합된 구조를 이루고 있다. 이 공생관계에서 녹색황세균은 광합성을 수행하여 유기물을 제공하고, β-프로테오박테리아는 운동성을 가져 광합성하기에 유리한 물속 위치로의 이동을 담당한다.

미생물과 식물의 공생과 상호연결성

토양미생물과 식물과의 상호작용은 미생물이 이득을 얻고 식물에는 별다른 해가 없는 편리공생과 서로에게 이득이 되는 상리공생, 미생물이 해를 끼치는 편해공생, 그리고 미생물이 식물의 병원체로 기생하는 경우가 있다. 식물과 관계를 맺고 있는 미생물들은 식물의 표면에 살고 있거나 식물조직 내부 등 식물의 거의 모든 곳에 서식하고 있으며 다음과 같이 식물 부위에 따라 뿌리의 미생물, 잎과 줄기의 미생물로 크게 나눌 수 있다(1,2,3,4).

1. 뿌리(근권)의 미생물

미생물과 식물의 상호작용은 식물의 모든 곳에서 발견되지만 특히 뿌리와 그 주위 토양에서 빈번하게 일어난다. 식물은 광합성으로 얻은 탄소를 이용하여 필요한 영양분을 합성하고 뿌리를 통해 알코올류, 당류, 아미노산, 유기산, 효소, 핵산유도체, 생육인자 등의 다양한 유기물질을 주변 토양으로 배출시키므로 뿌리 주변에는 많은 미생물이 서식할 수 있는 근권rhizosphere생태계가 형성된다. 이 근권은 뿌리 표면으로부터 뿌리의 영향이 미치는 토양권역을 의미하며 멀리 떨어진 토양과 구분되는 유기물 함량, 미생물 분포와 밀도 등을 나타낸다. 특히 뿌리 표면은 용해된 물질뿐만 아니라 가스도 방출하여 미생물이 서식할 수 있는 독특한 환경을 제공한다. 이러한 근권에 있는 미생물들은 세균, 진균, 고균, 미세조류, 원생생물, 바이러스 등 매우 다양하며 옥신과 같은 식물호르몬이나 유기화학물질을 분비하여 식물의 생장을 촉진하고 식물의 질병을 억제하기도 한다. 그리고 식물의 일부 내생세균들은 식물의 방어기전을 활성화해 병원균에 대한 저항성을 획득하도록 하거나 다른 병원성 미생물의 증식을 억제하기도 한다. 그뿐만 아니라 뿌리에서 일어나는 질소고정과 같은 중요한 기능도 질소고정 세균들에 의해 수행된다. 따라서 뿌리 미생물과 식물의 뿌리 사이에는 여러 형태의 상리공생관계가 활발히 일어난다. 대표적인 상리공생 현상은 균근mycorrhizae과 질소고정뿌리혹의 형성이다.

1) 균근mycorrhizae

균근은 대부분의 육상식물의 뿌리와 균근균(또는 균근 곰팡이, mycorrhizal fungi) 사이의 상리공생적 상호작용에 의해 형성되는 섬세한 구조물로서 토양에 매우 풍부하게 존재한다. 균근균에는 진균 중 내생균근균*glomeromycetes*, 그리고 일부 담자균류와 자낭균류가 포함된다(제1장 '진균의 종류' 중 '내생균근균문'항 참조할 것). 우리가 뿌리라고 아는 것의 대부분은 실상 균근이다. 이 균근들은 땅속 넓은 면적으로 퍼져 있고 이를 통해 균근균과 식물이 서로 이익을 취하게 되는 상리공생관계를 이루고 있다. 즉 균근균은 식물이 광합성으로 합성한 당류를 흡수하고, 그 대신 식물은 균근균이 토양으로부터 채취한 질소, 인을 비롯하여 칼슘, 마그네슘, 아연 등 생장에 필요한 각종 무기질을 공급받는 관계다.

이러한 균근들은 생존에 필요한 물질들을 식물과 균근균들이 서로 제공할 뿐만 아니라 균근균의 균사들은 미세하게 넓게 퍼져 있고 주위의 나무 종류를 선택하지 않고 연결이 되므로 매우 복잡한 네트워크를 형성할 수 있다. 그 결과 한 개체의 나무라 하더라도 그 뿌리는 수백 가지의 균근균과 연결이 되기도 한다. 따라서 이 네트워크를 통해 다른 식물 간에도 물질이 교환될 수 있어 숲속 광합성이 잘 일어나지 못하는 곳에도 이 균근과 균사의 네트워크에 의해 식물들이 생장할 수 있는 영양공급의 확산이 일어난다. 그러나 영양공급이 다른 경쟁관계의 식물에도 전달될 경우 자신과 후손에게는 부정적인 영향을 미치므로 이런 현상에 대한 자기 방어도 일어나게 된다. 이렇게 서로 도와주는 공생과 동시에 견제와 자기방어 등 복잡한 기제가 균근에 의해 땅속에서 미묘하게 일어나고 있다. 이런 균근의 외부 균사망은 토양으로 넓게 펼쳐지면서 탄소의 흐름도 주변 토양으로 확산되는 영양생태계가 형성되어 여기에 많은 종의 세균과 진균이 다양하고 복잡한 공생관계를 이룬다.

균근은 균근균이 뿌리세포 내로 들어가서 형성하는 내생균근$_{\text{endomycorrhizae}}$과 뿌리세포 바깥에서 피막을 형성하여 만들어진 외생균근$_{\text{ectomycorrhizae}}$으로 분류된다.

외생균근은 소나무, 자작나무 등 한대지역 및 온대지역의 목본식물에서 자낭균류와 담자균류와 같은 진균에 의해 만들어지고 인, 질소와 같은 필수 영양분을 뿌리에 공급하는 중요한 역할을 한다. 이 외생균근은 뿌리 주변에 균근균 균사가 생장하여 피층을 형성하면서 뿌리 전체를 균근균 균사체가 둘러싸게 된다. 이 외생균근에 의해 뿌리털의 생장이 억제되어 균사체로 둘러싸인 뿌리는 뭉툭한 형태가 되고, 균사는 토양 쪽으로 뻗어나가 균사덩어리를 형성한다. 또한 균사는 뿌리의 피질세포 사이로 침입하여 망상구조를 이룬다. 그런 다음 토양의 영양물질이 균사덩어리 속으로 흡수된 후 망상구조를 통해 식물로 이동이 되고, 반대로 식물이 생산한 탄수화물은 균근균 쪽으로 수송이 된다. 이런 외생균근을 이루는 나무들은 여러 종의 진균과 균근관계를 형성할 수 있어 다른 종의 나무들과도 영양물질의 전달이 가능하다.

내생균근은 대표적으로 수지상균근arbuscular mycorrhizae이 알려져 있고, 대부분의 관다발식물에서 발견된다. 이 수지상균근의 형성에 관여하는 진균은 내생균근균문인 *Glomeromycota*로서 세포벽을 통해 뿌리세포 내로 들어가지만 세포막 안으로는 들어가지 않고 수지상체arbuscule라고 하는 나뭇가지 모양의 균사망을 형성한다. 이렇게 형성된 수지상균근을 통해 진균의 균사가 토양에서 획득한 무기질소와 인을 식물세포에 공급하고, 식물은 진균에게 유기탄소를 제공한다. 이 수지상균근과 식물의 뿌리는 복잡하게 연결이 되어 뿌리 하나에 여러 종의 수지상균근이 생장을 하고 한 종의 수지상균근에서 나온 균사가 다수의 뿌리에 동시에 집락을 형성할 수 있을 정도로 서로 긴밀하게 연결되어 있다. 이 수지상균근은 식물과 균근균 사이에 필요한 영양분을 교환하는 상리공생관계일 뿐만 아니라 식물에게 질병과 가뭄을 견디게 하고, 선충류나 다른 해충으로부터 보호해주는 역할 등 다양한 이득을 식물에게 제공한다.

이러한 상리공생관계는 진화를 거듭하여 노루발풀*Orthilia secunda*과 같은 녹색의 여러해살이풀은 단순한 상리공생관계를 넘어 자신의 균근을 통해 다른 식물이 생산한 탄소원을 공급받을 정도로 오히려 식물이 균근에 의존하는 경우도 있다.

2) 질소고정뿌리혹

질소고정뿌리혹은 뿌리혹세균$_{\text{rhizobia}}$과 콩과식물 사이의 상리공생관계에 의해 형성된다. 콩과식물은 대두, 완두 그리고 강낭콩과 같은 식량으로 사용되는 중요한 농작물이다. 이 콩과식물의 뿌리에 형성된 질소고정뿌리혹의 상리공생관계에 의해 공기 중의 질소기체가 암모니아로 전환되는데, 그 양은 매년 1억 톤 이상으로 전 지구상에서 고정되는 전체 질소의 25% 정도로 추정되며 지구의 질소순환에 핵심적인 역할을 담당하고 콩과식물의 생장에 필수적이다.

뿌리혹세균으로는 α-프로테오박테리아 그룹의 *Rhizobium*, *Azorhizobium* 등이 있으며, β-프로테오박테리아에 속하는 *Burkholderia*도 콩과식물에서 질소고정뿌리혹을 형성할 수 있다.

이 뿌리혹세균들은 다음과 같은 과정을 거쳐 뿌리혹을 형성한다. 즉 뿌리혹세균이 식물의 뿌리에 부착되면 식물의 뿌리는 플라보노이드를 방출하여 세균에서 뿌리혹인자인 Nod 인자를 분비하도록 한다. 이 Nod 인자는 다시 뿌리의 피질세포의 핵 속으로 들어가서 유전자 발현을 변화시켜 뿌리가 지팡이 모양으로 구부러지게 하여 세균을 포획한다. 이렇게 포획된 세균은 뿌리털의 감염사$_{\text{infection thread}}$ 내에서 증식하고 감염사를 통하여 뿌리 내의 식물피질에 도달한 다음, 뿌리세포 안으로 흡입되어 세균과 뿌리세포 간의 공생체구조가 이루어진다. 이 공생체에서 세균은 박테로이드$_{\text{bacteroid}}$라고 하는 질소고정 형태로 분화된다. 이 분화된 박테로이드는 더 이상 세포분열을 하지 않고 질소고정과 호흡을 제외한 대부분의 대사과정을 상실한다. 이런 공생체구조가 모여 뿌리혹을 형성한다.

대기중의 질소를 암모니아로 환원하는 기능은 박테로이드의 질소고정효소nitrogenase에 의해 일어나는데 이 효소는 산소에 의해 그 활성이 쉽게 상실되므로 뿌리혹 내부를 저산소 상태로 유지하는 게 매우 중요하다. 그러나 질소고정과정은 많은 에너지(ATP)가 있어야 하므로 충분한 ATP를 공급할 수 있을 정도의 산소가 동시에 필요하다. 이런 딜레마를 해결하기 위하여 레그헤모글로빈leghemoglobin을 박테로이드가 생성한다. 이 레그헤모글로빈은 동물의 헤모글로빈과 구조는 비슷하지만 산소에 대한 친화도가 매우 높아 산소를 쉽게 포획하여 저산소 상태를 만들 수 있다. 흥미롭게도 이 레그헤모글로빈의 단백질 부분은 식물 유전자에 의해 생성되고, 헴heme 그룹은 세균 유전자로부터 만들어져서 세균과 식물이 협동으로 만든 생체분자물질이다.

이와 같이 콩과식물의 뿌리와 뿌리혹박테리아 간의 공생은 각자의 특성을 결합시키는 데 그치지 않고 새로운 특성까지 창출한다. 즉 뿌리혹은 박테리아에 양분을 공급하고 박테리아는 대기중의 질소를 암모니아로 변환시켜 식물에게 공급하여 아미노산을 만들게 한다. 이런 공생과정에서 질소고정에 필요한 저산소 상태를 뿌리혹 내부에 유지하기 위해 레그헤모글로빈을 포함한 새로운 호흡복합체라는 기능이 출현하였다.

다른 형태의 질소고정뿌리혹은 그람양성의 방선균류인 *Frankia* 균과 비콩과식물인 오리나무*Alnus*나 산사나무*Crataegus* 등의 속씨식물 뿌리 사이에 형성되는 뿌리혹으로 질소고정효소에 의해 질소를 고정시킨다. 이 질소고정효소도 산소에 민감한데 앞의 레그헤모글로빈과 달리 혹의 끝부분에 소낭을 만들어 그 속에 이 효소를 가지고 있어 산소로부터 질소고정효소를 보호한다. 이 뿌리혹도 세균들은 식물로부터 탄소원을 공급받고, 식물에는 질소원을 공급하는 공생관계를 나타낸다. 이들이 만드는 혹은 그 형태가 다르고 그 크기도 야구공 정도에서 축구공만큼 다양하다.

이렇게 뿌리혹에 의한 질소고정은 이 책의 서장에서 설명한 바와 같이 미생물이 가진 탁월한 특성이 잘 발현된 예가 된다. 즉 세균의 작은 크기로 식물의 뿌리세포에 침입하여 생존하면서 미생물이 가진 놀라운 적응력과 유연성, 그리고 다양한 기능에 의해 산소농도의 조절과 같은 딜레마를 레그헤모글로빈이나 산소차단용 소낭 등의 전혀 새로운 방식으로 극복하였다. 그리하여 뿌리혹세균은 식물세포와 새로운 연합체를 구성하여 상리공생할 뿐만 아니라 이들이 이룬 상호작용의 결과는 두 생물종에 한정되지 않고 지구 전체 질소자원의 순환 사이클을 구축하는 데 크게 기여하였다. 따라서 뿌리혹세균과 식물 간에 이루어진 상리공생관계는 지엽적이 아니라 전 지구적이고 타 생물들의 생존에도 없어서는 안 되는 상호의존과 상호연결의 네트워크로 구현되고 있다. 이는 미생물이 가지고 있는 특출한 능력으로써 이로 인해 타 생물들이 생존할 수 있는 소중한 기반이 제공되었다.

콩과식물 중 세스바니아*Sesbania*속, 에스키노멘*Aeschynomene*속 등은 줄기혹형성세균stem-nodulating rhizobia에 의해 뿌리가 아닌 토양 표면 바로 위의 줄기 부위에 혹을 형성한다. 이런 콩과식물은 토양에 질소가 부족한 열대지역에 분포하고, 주로 물에 잠긴 토양이나 강기슭에서 생장한다. 여기에 관계된 세균은 *Azorhizobium*과 *Bradyrhizobium* 속의 균들이다. 이 줄기혹의 형성과정은 뿌리혹과는 달리 Nod 인자가 관여하지 않고 뿌리 끝이 돌출될 때 생기는 줄기 표피세포의 파열 부위의 표피세포에 줄기혹형성세균이 유입되면서 이루어진다. 이렇게 생긴 줄기혹도 뿌리혹과 유사하게 질소고정작용을 하고 세균-식물 간의 공생관계를 나타낸다.

2. 잎과 줄기(엽권)의 미생물

식물에서 지상부의 잎과 줄기같이 대기에 노출된 부위를 엽권 phyllosphere이라고 한다. 이 엽권은 잎 주변 미세환경의 온도, 습도, 자외선 조사량 등이 자주 신속하게 변화하고, 잎 표면에서 분비되는 삼출액 등에 의해 서식하는 미생물종이 달라진다. 따라서 식물의 종류에 따라 다른 엽권 환경에 적응한 세균, 진균과 원생생물 등 다양한 미생물이 서식한다. 이 중 세균은 대표적으로 γ-프로테오박테리아, 메탄영양 α-프로테오박테리아 등이 알려져 있으며, 이 미생물들은 지구의 탄소와 질소의 순환에 관여하고 잎 조각과 다환방향족탄화수소polycyclic aromatic hydrocarbon와 같은 대기오염물질의 분해 기능을 가지고 있다.

엽권 미생물들은 식물의 줄기와 잎을 여러 가지 물리화학적 스트레스로부터 보호해준다. 그런 예로서 식물의 잎사귀와 줄기 조직 속에 서식하면서 식물로부터 양분을 섭취하는 *Neotyphodium*과 같은 상리공생관계의 식물내생 진균은 그 식물을 먹이로 하는 초식생물이나 곤충 그리고 바이러스들에게 유독한 물질을 만들어내어 자신이 서식하는 식물을 방어한다. 또한 식물내생균endophytes들은 수분이 부족하거나 염분이 높은 환경, 과도한 그늘 등의 열악한 조건에서는 항스트레스 물질들을 생성하여 식물의 생존력을 높여주기도 한다.

이에 그치지 않고 엽권 미생물은 식물호르몬을 분비하여 주기적으로 이루어지는 정상적인 발아와 꽃의 개화에도 관여하고 테르펜 등 휘발성 유기화학물질을 합성하여 꽃의 향기와 시럽의 생산에도 기여한다. 그리고 나무마다 고유한 부생진균들은 죽은 가지를 영양원으로 사용하여 제거시킴으로써 죽은 가지를 통해 병원성 생물들이 침입하는 것을 미리 차단하여 그 나무를 보호하는 상리공생관계를 이루기도 한다. 따라서 엽권의 미생물은 식물의 방어와 생존에 크게 기여할 뿐만 아니라, 가뭄이나 추위로부터 식물을 보호하는 기능도 가지고 있다.

이와 같이 식물의 근권과 엽권에는 여러 미생물과 식물 사이에 다양한 상호작용이 일어나서 물질 이동과 정보 교환이 활발하게 작동하는 상호연결망이 구축되어 있다. 미생물이 매개하여 이루어진 이 상호연결망은 한 곳에 고정된 식물에게 외부 생태계의 변화를 신속하게 전달해주는 기능도 있을 것으로 예측된다.

3. 식물에서 질병 유발

미생물과 식물 사이의 상호작용은 상리공생뿐만 아니라 질병을 유발하는 경우도 있다. 대표적인 병원성 세균으로는 β-프로테오박테리아강에 속하는 호기성 그람음성균인 *Ralstonia solanacearum*은 감자, 고추, 토마토 등의 채소와 여러 식물에 치명적인 마름병을 일으킨다. 그리고 α-프로테오박테리아강에 속하는 *Agrobacterium rhizogenes*는 사과, 오이, 멜론 등에 모근병을 일으키고 *Agrobacterium* *tumefaciens*는 식물에서 종양 모양의 덩어리를 만드는 왕관혹병crown gall disease을 유발한다. 이 박테리아에는 종양유발 기능을 가진 Ti 플라스미드가 있어서 여기에 6개의 병원성 유전자를 포함하고 있다. 이 유전자들의 작용에 의해 식물세포의 무절제한 분열과 증식을 유발하여 혹이나 종양이 형성된다.

그 외 식물 병원체로는 많은 세균들이 식물의 상처를 통해 감염되고, 그중 γ-프로테오박테리아강에 속하는 *Erwinia chrysanthemi*와 *Erwinia carotovora*균들은 식물 무름병을 일으킨다. 세균 외에도 진균도 중요한 식물 병원체로서 대표적으로 담자균류에 속하는 녹병균*Pucciniales*이 있다. 이 녹병균은 약 7,000종 이상이 보고되었고, 밀, 보리, 콩, 커피 등의 농작물과 임목에서 녹병을 일으킨다. 이 녹병은 녹이 슨 색깔과 비슷한 포자에 의해 발생하며 잎과 가지에서 황갈색의 반점이 생기고 고사가 일어난다. 그리고 진균들에 의한 마름병도 감자, 밤나무, 느릅나무, 소나무 등에서 일어난다.

또다른 종류의 식물 병원체로는 채소와 과일류에 감염되는 파이토플라스마*Phytoplasma*와 원생생물, 바이러스, 바이로이드 등이 포함된다. 파이토플라스마는 극히 미세한 원핵미생물로서 동물에 감염되는 마이코플라스마와 유사하게 세포벽이 없고 작은 크기의 유전체를 가지고 있으며 식물의 체관을 막아 오갈병을 일으킨다. 그리고 원생생물로는 난균류*Oomycetes*에 속하는 *Phytophthora infestans*가 감자역병을 일으키고, 바이러스로는 담배모자이크바이러스가 있으며 특이하게 히포바이러스*Hypovirus*는 밤나무에 마름병을 일으키는 곰팡이를 공격하여 오히려 마름병을 감소시키는 경우도 있다.

미생물과 육상동물의 공생과 상호연결성

미생물과 육상동물과의 공생관계는 초식동물인 소와 같은 반추동물이 대표적으로 알려져 있다. 소, 양, 염소, 사슴, 낙타, 기린, 순록 등의 반추동물은 하루 종일 되새김질을 하여 끊임없이 풀을 씹지만 그 풀을 직접 소화하여 영양분으로 섭취하는 것이 아니다. 그 대신 씹은 풀을 반추동물의 되새김위에 잔뜩 들어 있는 미생물군에 먹이로 제공하기 위해서다(1,2,3).

이런 반추동물의 반추 특성은 네 부분으로 나누어진 위로 인해 나타나는데 그 네 부분은 반추위, 벌집위, 겹주름위, 그리고 주름위로 이름지어져 있다. 식도와 연결된 첫 번째 위인 반추위는 가장 크고 강한 근육으로 이루어져서 공생미생물들이 활발히 작용할 수 있는 발효탱크 역할을 한다. 이 반추위에는 세균, 고균, 진균, 원생생물 그리고 바이러스들이 상리공생자로 1*ml*당 백억 마리의 세균, 백만 마리의 원생생물, 십만 마리의 진균 등이 군집을 형성하여 서식하면서 반추동물이 섭취한 목초를 분해하고 발효하여 증식하게 된다. 반추위에서 목초는 침과 같이 섞이고 공생미생물들에 의해 부분적으로 분해되면서 덩어리 상태가 되어 벌집위로 이동한 후 입으로 토해져 되새김질된 후 다시 삼켜진다. 이 과정이 반복되면서 목초는 점점 더 분해가 되어 액체 상태가 되면 겹주름위를 거쳐 주름위로 들어가게 된다. 이 주름위에서 반추동물이 가진 소화효소에 의해 공생미생물도 단백질과 지방산으로 분해되고 공생미생물이 만든 발효산물과 더불어 반추동물의 영양분으로 혈액 속으로 흡수된다.

따라서 반추동물은 위에서 미생물을 배양하고 미생물의 발효산물뿐만 아니라 미생물 자체를 소화시켜 양분을 얻게 된다. 즉 반추동물은 자기 위를 미생물에게 서식지로 제공하고 먹이를 공급하는 대신 반추동물은 미생물과 미생물의 발효산물을 영양분으로 섭취하는 상리공생관계다.

반추위에 포함된 공생세균은 후벽균*Firmicutes*문과 의간균*Bacteroidetes*문이 다수다. 이 중에서도 의간균문에 속하고 다당류를 분해하는 *Prevotella*속이 가장 많고, 후벽균문에 속하는 셀룰로오스 분해 세균인 *Ruminococcus albus*와 피브로박테르*Fibrobacteres*문의 *Fibrobacter succinogenes*, 단백질 분해 세균인 *Ruminobacter amylophilus*(의간균문), 유기산 분해세균인 *Selenomonas ruminantium*(후벽균문) 등이 포함된다. 또한 *Chytridiomycetes*강의 진균도 반추위 미생물 그룹에 속한다. 그리고 원생생물로는 섬모충류가 대다수이고 대표적으로 *Ophryoscolex*, *Entodinium* 등이 알려져 있다. 이들 미생물에 의해 목초의 셀룰로오스, 전분, 다당류 등이 포도당으로 가수분해되고, 다시 발효과정을 거쳐 아세트산과 같은 휘발성 지방산과 CO_2 그리고 H_2를 생성한다. 이 CO_2와 H_2, 아세트산은 메탄생성고균인 *Methanospirillum*, *Methanobrevibacter ruminantium*, *Methanosarcina barkeri*에 의해 메탄으로 전환되어 대기중으로 배출된다. 이 메탄생성고균들은 반추동물에 필요한 비타민을 합성해주고, H_2를 효율적으로 제거해주는 역할을 한다. 이 H_2는 반추위 속의 δ-프로테오박테리아와 같은 다양한 발효세균들에 의해 생성되는데 반추위 내부는 H_2 농도가 낮게 유지되어야 유기물의 산화가 일어날 수 있기 때문에 H_2가 신속히 제거되어야 한다. 이 H_2의 신속한 제거에 메탄생성고균들이 관여한다.

이렇게 반추위에는 그곳에 서식하는 여러 미생물이 상호작용하여 영양공생적 생태계를 형성하고 있다. 이 현상은 식물의 질소고정 뿌리혹과 같이 소의 반추위에서도 미생물들은 그들이 가지고 있는 큰 장점인 작은 크기와 많은 수, 그리고 다양한 기능을 충분히 활용하여 반추위와 같은 작은 공간에서도 하나의 훌륭한 생태적 네트워크를 형성한다. 이 생태적 네트워크는 반추위에 한정되지 않고 메탄생성과정을 통해 대기중으로 메탄을 배출하여 지구상 생물체의 주요 구성성분인 탄소의 순환 사이클을 이루는 데도 크게 기여한다. 이 현상은 식물 뿌리 부위의 균근과 뿌리혹에서 일어나는 상리공생관계와 유사하여 미생물이 국지적인 상황의 특수성을 창조적으로 극복하면서 생물체들을 무생물인 탄소와 질소 같은 지구의 원소들과 연결시켜 지구 전체를 아우르는 거대한 순환 사이클의 상호연결망을 구축하고 있다.

이처럼 소의 반추위와 같이 소화관 앞에서 미생물을 배양하는 기관을 전장기관이라 하고, 여기에서 일어나는 발효를 전장발효라 하며 이런 전장발효 동물에는 소와 같은 반추동물과 하마, 그리고 고래도 포함된다. 이에 비해 위의 뒤쪽에 있는 후장기관에서 일어나는 발효를 후장발효라 하고, 여기에 속하는 동물은 반추동물을 제외한 대부분의 초식동물과 잡식동물, 육식동물, 양서류, 조류, 소수의 어류가 해당된다. 인간도 이 부류에 속하여 위의 뒤쪽인 대장에 다량의 미생물이 포함되어 있다. 이런 동물들은 미생물보다 먼저 식품을 직접 소화하여 영양분을 섭취하고 나머지를 후장에 서식하는 미생물에게 제공한다. 인간인 경우 장내 미생물은 이 찌꺼기를 먹이로 하여 여러 대사산물을 만들어내고 이 대사산물들이 인간의 건강에 도움을 주는 공생관계를 이루게 된다. 후장 발효의 경우 미생물들이 상당부분 배변으로 손실되므로 토끼 같은 경우는 자기분식cecotrophy 습성으로 항문으로 배출된 자신의 식변cecotrope을 섭취하여 미생물을 다시 공급한다. 이 식변에는 맹장에서 미생물에 의해 발효된 필수아미노산, 비타민 그리고 지방산이 풍부할 뿐 아니라 점액으로 둘러싸인 세균이 가득 차있어 미생물을 장으로 재공급할 수 있게 된다. 이렇게 동물과 미생물 간에 영양분과 서식처를 다양한 방식으로 주고받으면서 공생관계를 유지하고 있다. 이런 사실로부터 동물의 소화관도 식물의 뿌리와 유사하게 미생물과의 긴밀한 상호작용을 통해 진화한 것으로 추정된다.

미생물과 해양생물의 공생과 상호연결성

해양에 서식하는 해면, 해파리, 말미잘, 산호coral, 섬모충류 등의 해양 무척추동물은 광영양성 미생물을 내부공생자로 가지고 있다. 이 광영양성의 미생물에는 남세균, 홍조류, 녹조류의 클로렐라*Chlorella*, 와편모조류*Dinoflagellates* 등이 포함된다. 그중 산호는 강장동물문에 속하는 자포동물*Cnidaria*로서 탄산칼슘을 분비하여 단단한 탄산염 외골격을 형성하고 군락을 이루어 산호초coral reef를 이룬다. 이 산호초는 따뜻하고 얕은 바다에서 다양한 해양 생태계를 구성한다. 산호는 원생생물 중 피하낭군에 속하는 광합성 와편모조류인 *Symbiodinium*과 공생하여 영양분의 대부분을 얻는다. 이 와편모조류는 산호초의 위층 조직 위에 $1cm^2$당 수십만에서 수백만 마리의 밀도로 서식하며 광합성에 의해 생성된 유기화합물을 산호에 제공하고 그 대가로 질소와 인이 함유된 산호의 배설물로부터 단백질을 합성하여 생존하고 포식자와 자외선으로부터 보호를 받는다. 산호의 군락으로 이루어진 산호초에는 와편모조류 외에도 산호 표면, 위층강과 산호초 골격에 서식하고 있는 별개의 세균들이 산호와 공생하고 있다. 즉 표면의 점액층에는 질소고정세균과 키틴분해세균이 있고, 위층강과 산호초 골격에도 각각 다른 세균군집이 존재한다. 이 공생미생물들 간에도 상호 연결되어 효율적인 영양 순환 사이클을 구축하고 있다(1,2,3).

이러한 공생에 의해 미생물은 산호에 영양분을 공급하는 데 그치지 않고 산호초를 형성하여 어류, 연체동물, 갑각류, 극피동물, 해면동물 등 다양한 해양생물이 서식할 수 있는 산호 생태계를 구축하게 되었다. 이 역시 육상의 식물 뿌리나 동물의 소화관에서 일어나는 미생물과의 공생관계와 이로부터 형성된 생태적 네트워크 현상과 매우 흡사하다.

그러나 최근 지구온난화와 해양오염에 의해 해수면 온도의 상승과 해양의 산성화가 일어나서 산호초의 공생자인 와편모조류의 광합성 색소가 소실되거나 원생생물이 사멸되어 발생하는 산호초 백화 현상coral bleaching이 일어나고 있다. 이 백화 현상이 일어나면서 산호초 미생물 군집들의 평형이 깨지고 스트레스를 받은 산호는 병원체에 대한 감수성이 증가하면서 산호초가 파괴된다.

산호 외에 말미잘과 녹색 히드라도 녹조류에 속하는 클로렐라와 공생관계를 이루고 있다. 그리고 해변의 모래 속에 살고 있는 녹색 빛의 지렁이들도 클로렐라와 공생하여 광합성을 할 수 있고, 이 지렁이들은 클로렐라에게 역시 질소나 인을 제공하여 상리공생의 관계를 이룬다. 이들은 동물이지만 미생물과의 상리공생에 의해 광합성이 가능하다. 이런 미생물과 해양생물 간의 공생관계도 국지적으로 머물지 않고 광합성 반응에 의해 탄소와 산소의 순환 사이클과 연결되어 전 지구적인 상호연결망을 형성하는 데 크게 기여하고 있다.

한편 수천 미터 깊이의 해저에 있는 열수구에서는 고농도의 황화수소 가스가 뿜어져나오고 그 온도는 200~400℃로서, 이런 열수구 주변의 해수 온도도 주위 해수의 2℃보다 훨씬 높은 20~30℃에 달한다. 이 열수구 주변에 내장이 없고 붉은색이고 길이가 1m에서 3m에 달하는 환형동물인 관벌레(또는 갈라파고스민고삐수염벌레) *Riftia pachyptila*가 군집을 이루어 서식하고 있다. 이 관벌레의 세포 내에 화학무기영양세균이 내부공생자로 상리공생관계를 이루고 있다. 이 공생균들은 ε-프로테오박테리아강에 속하는 *Sulfurovum riftiae*를 비롯하여 여러 종의 프로테오박테리아가 포함된다. 관벌레는 이 내부공생세균에게 안전한 서식지와 황화수소 및 산소를 공급하고, 세균은 황화수소를 산화하여 캘빈회로를 작동시켜 이산화탄소로부터 탄소화합물을 생산하여 관벌레에게 제공한다. 이런 상리공생관계에 의해 해저 깊숙한 곳의 고온의 열수구 근처에 거대한 크기의 관벌레가 군집을 이루어 서식할 수가 있다. 또 다른 예는 역시 고온의 해저 열수구 배출관에 서식하는 폼페이벌레*Alvinella pompejana*라는 갯지렁이와 그 공생균이다. 공생균은 그람음성의 ε-프로테오박테리아강에 속하고 화학무기독립영양성의 *Nautilia profundicola*로서 갯지렁이의 몸 전체를 조밀하게 덮고 있는 털 속에 상리공생관계로 생존하고 있다. 갯지렁이는 점액을 분비하여 세균에게 영양분을 공급하고, 세균은 갯지렁이 표면에서 1cm 두께로 자라 갯지렁이를 고열로부터 보호하는 단열효과와 광범위한 온도에 내성을 가진 효소를 공급하여 공생하는 것으로 추정된다.

이와 같이 해저동물과 공생세균 사이는 긴 세월에 걸쳐 서식환경에 따라 적응할 수 있는 공진화가 일어나서 서로 생존할 수 있는 복잡한 상호작용 네트워크가 구축되었다. 여기에는 굴, 홍합, 대합 같은 이매패류와 세균과의 상리공생관계도 포함된다. 이렇게 하여 미생물과의 상호작용에 의해 해양생물의 다양성과 풍부함이 더 확장되었다. 그뿐만 아니라 이들의 공생에 의해 생산되는 바이오매스는 다양한 해양생물에게 먹이를 제공하여 현재의 해양생태계를 구축하는 기반이 되었다.

따라서 해저의 깊숙한 곳까지 동물들 단독으로는 살아갈 수 없는 환경이라도 미생물과의 공생으로 생존할 수 있게 되어 새로운 생물로의 진화의 원동력이 되었다. 미생물과의 공생에 의해 해양동물이 소화관을 상실하거나 광합성이 가능한 새로운 융합기관의 출현과 같은 혁신적인 진화가 일어나서 전혀 새로운 특성을 획득하게 되었다. 이는 미생물이 해양동물의 표면이나 내부의 미세한 공간에 무수히 많은 수가 서식하여 미세한 점들이 서로를 연결하여 새로운 형태를 창출하듯이 미생물의 특출한 상호연결 능력이 발휘되어 얻어진 결과로서 크기가 큰 생물체가 작동할 수 없는 영역에서 발현된 것이다.

미생물과 곤충의 공생과 상호연결성

미생물과 곤충과의 상호작용도 다른 생물들과 마찬가지로 상상을 뛰어넘는 공생관계를 이루고 있다. 곤충은 지구상 동물의 75%를 차지하여 동물 중 가장 많은 그룹이고, 1,000만 종 이상이 존재할 것으로 추정되고 있다. 이렇게 다수이고 다양한 곤충도 그보다 훨씬 많고 더 다양한 미생물과 상호작용을 하여 이 지구생태계의 기반을 이루고 있다. 이들의 공생관계에서 미생물의 주역할은 곤충에게 필요한 영양분을 공급해주고 외부의 적으로부터 곤충을 방어하고 보호하는 것이다(1,2,4). 즉 곤충은 영양분으로 섭취하는 식물의 수액과 동물의 체액에 부족한 비타민과 아미노산을 공생자인 세균으로부터 공급받고, 그 대신 곤충은 세균에게 안전한 서식처와 영양물질을 제공하는 상리공생관계를 이루고 있다. 예로서 진딧물과 γ-프로테오박테리아인 부크네라 아피디콜라*Buchnera aphidicola*와의 공생관계가 있다. 이 세균은 그람음성이고 크기가 3μm 정도로서 진딧물의 체내에 수백만 마리가 서식하면서 진딧물에 트립토판을 비롯한 여러 아미노산을 제공한다. 특히 완두콩 진딧물은 이 세균과 아미노산 생합성 과정을 공유할 정도로 상리공생관계가 깊숙이 공진화하였다. 이 세균과 진딧물 사이의 내부공생은 약 1억 5천만 년에서 2억 8천만 년 전 사이에 확립된 것으로 보이고, 공생이 진행됨에 따라 상대 숙주에 의존하게 됨으로써 공생 전의 *B. aphidicola*균의 유전체 중 약 75%가 상실되어 지금은 그 크기가 0.6Mb에 불과하며 약 550개의 유전자를 가지고 있다. 따라서 이 균은 지방산, 인지질, 다당류 등을 생산할 수 있는 유전자들이 소실되어서 진딧물의 유전자를 공유하고 있다.

이런 공생관계는 매미, 멸구, 노린재 등의 수액을 섭취하는 다른 곤충에서도 관찰된다. 그리고 동물의 혈액을 빨아먹는 모기, 빈대들도 혈액 중에 부족한 비타민 B 등을 역시 공생세균으로부터 보충하고 있다. 이렇게 공생관계로 살아가는 세균들은 서식처와 영양분이 안정적으로 제공되므로 자신의 유전자는 독자적으로 살아가는 세균에 비해 엄청나게 감소한다. 예를 들면 독립생활형의 대장균인 경우 2,800개, 독립생활형 세균 중 가장 작은 *Mycoplasma genitalium*은 525개의 유전자가 있는 반면, 앞의 *Buchnera aphidicola*균은 유전체의 75%가 상실되어 550개의 유전자를 보유하고 있고 초식성 곤충인 나무이$_{Psyllidae}$에 공생하는 γ-프로테오박테리아강의 *Candidatus Carsonella ruddii*는 그 유전자가 182개로 현저히 줄어들어 세균 중 가장 작은 유전체를 가지고 있으며 생존하기 위해 공생파트너에 절대적으로 의존하게 된다.

이렇게 곤충과 미생물의 공생은 서로에게 영향을 주어 공진화를 거쳐 각각 종의 엄청난 변화와 다양화를 이루게 되었다. 즉 서로간의 협동 작업에 의해 곤충과 미생물은 변화를 거듭하면서 새로운 종의 형성도 이끌어가고 있다. 또한 곤충의 공생미생물은 세균, 진균, 바이러스, 말벌 등 다양한 적으로부터 곤충을 방어하고 보호해주기도 한다.

흥미롭게도 곤충은 여러 미생물과 다중 공생관계도 이루고 있다. 예를 들면 하등흰개미의 후장hindgut에 서식하는 내부공생미생물들인 원생생물, 세균, 고균 사이에 이루어진 다중공생관계가 대표적이다. 하등흰개미는 먹이인 나무의 셀룰로오스나 리그노셀룰로오스ligno-cellulose 등의 다당류를 분해하기 위해 원생생물과 상리공생관계를 이루고, 유기질소는 흰개미의 소화관에 있는 질소고정세균에 의해 해결한다. 이 하등흰개미의 공생자인 원생생물은 여정편모충*Trichonympha*으로서 매우 원시적인 엑스카바타균에 속하고 수많은 편모를 가지고 셀룰로오스를 초산과 CO_2와 H_2로 분해한다. 이 중 초산은 흰개미의 탄소원으로 사용되고, CO_2와 H_2는 흰개미의 또 다른 공생자인 초산생성균에 의해 초산으로 전환되기도 하고, 제3의 공생자인 메탄생성고균에 의해 메탄이 되어 배출되기도 한다. 이뿐만 아니라 흰개미의 내부공생자인 원생생물은 그 자신이 또 다른 내부공생자를 가지고 있다. 즉 여정편모충은 *Elusimicrobia*문에 속하는 혼합산 발효기능을 가진 절대혐기성 세균을 내부공생균으로 가지고 있다. 이 내부공생균뿐만 아니라 여정편모충은 흰개미의 소화관에서 먹이활동을 하는 데 필요한 운동성을 자신의 표면에 서식하는 스피로헤타에 의해 제공받는다.

이와 같이 상리공생관계는 공생균과 숙주 간에 다층적이고 관계에 또 다른 관계가 중첩적으로 이루어진 복잡한 상호연결망을 이루고 있다. 즉 흰개미-원생생물-질소고정세균-초산생성균-메탄생성고균-스피로헤타 간에 복잡하게 얽힌 다중 상리공생관계가 이루어지고 있는 것이다. 이런 다양하고 중첩적인 상리공생의 네트워크가 가능한 것은 미생물의 탁월한 상호연결 능력 덕분이다(4).

이와 유사하게 다층적인 공생관계를 이루는 또 다른 흥미로운 예로는 어타인 개미와 진균 그리고 방선균 사이의 공생관계다. 열대 지역에 사는 어타인 일꾼 개미들은 잎사귀를 보금자리 안에서 배양하고 있는 진균(버섯)의 먹이로 제공한다. 그러면 진균들은 당류와 지방이 풍부한 균사다발을 만들고 이것을 개미들이 뜯어먹고 양분을 취하게 된다. 이 현상은 소의 경우와 마찬가지로 공생관계의 진균은 서식처와 먹이를 제공받는 대신, 진균 자신의 일부가 개미의 먹이가 된다. 그뿐만 아니라 개미의 몸에 있는 작은 샘에 서식하는 방선균들은 항생제를 생산하여 개미들이 키우고 있는 진균에 유해한 또 다른 기생성 진균이 증식하지 못하도록 한다(앞의 '편해공생' 참조할 것). 이렇게 미생물과 개미들 간의 공생은 다각도에서 다층적으로 이루어지고 있다.

미생물과 흰개미 또는 어타인 개미와의 상호관계를 살펴보면 개미들의 일상적인 생활사 곳곳에 미생물이 참여하고 있다. 즉 개미들이 살아가기 위해 해결이 필요한 지점에 미생물들이 관여하여 난관을 해소시켜 물꼬를 터주고 있는 형상이다. 마치 미생물의 바다에 곤충이 살면서 막힌 부분이 생기면 미생물들이 적절한 방식으로 관여하여 막힌 부분을 뚫고 상호연결시켜 다시 원활하게 흘러가게 해주고 있는 것이다. 이런 현상이 곤충에만 한정되지 않고 앞에서 살펴본 동식물과 해양생물에서도 마찬가지로 일어나고, 인간도 예외가 아닐 것이다. 그러나 인간과 미생물 간에 이루어진 다층적인 공생관계는 아직 그 연구가 극히 초보단계로서 알려진 것이 많지 않다.

미생물과 인간의 상호작용과 상호연결성: 공생과 질병 유발

우리는 인간이 지구상에서 가장 진화된 생물로서 생태계의 정점에 있고 지구를 지배하고 있다고 생각한다. 그리고 인간은 타 생물과는 다른 높은 지능과 자율성에 의해 이 지구를 좌지우지할 수 있다는 인간우월주의를 가지고 있다. 그러나 이제는 아무리 강력한 힘을 가진 인간이라 할지라도 절대 독립적으로 살 수 없고 미생물과의 공생이 생존에 필수적이고 미생물에 의해 건강과 질병이 좌우되고 있음을 깨우치지 않을 수 없게 되었다. 즉 인체 미생물들은 인체조직세포들과 상리공생관계를 구축하여 영양소의 합성과 대사, 면역계와 신경계의 정상적인 발달과 성숙에 깊숙이 관여하며 다양한 질병의 발생에도 주원인으로 작용하고 있다.

1. 인체 미생물의 종류

미생물은 다양한 환경에 살아갈 수 있는 능력을 갖추고 있어서 인체에도 당연히 많은 미생물이 서식하고 있다. 인체 미생물은 성별, 인종, 지역, 나이, 식생활의 차이에 따라 역동적인 변화를 나타낼 뿐 아니라, 한 개인의 인체 내에서도 부위별로 서식조건이 달라 여러 종류의 미생물이 존재한다. 인체 부위에 따라 미생물의 생장에 필요한 영양분과 산소, pH, 삼투압, 온도 및 수분 등이 차이를 나타내므로 서식환경과 조건이 미묘하게 다른 인체의 신체 표면과 내부 장기에는 각기 다른 미생물이 분포하여 복잡하고 다양한 생태계를 형성하고 있다. 이 미생물 생태계에는 인체의 구성세포 수인 10^{13}개보다 훨씬 많은 미생물이 존재하고, 그 종류는 10,000종 이상이 될 것으로 추정된다. 이런 미생물과 인간과의 관계는 동적이지만, 특정 부위에는 지배적인 미생물들이 집락을 형성하는데, 이를 인체의 정상미생물상normal microbial flora이라고 한다. 예를 들면 피부에는 포도상구균, 대장에는 장관내세균, 구강에는 연쇄상구균 그리고 질에는 젖산간균 등이 지배적인 군집을 이루고 있다(3,5). 이런 지배적인 군집을 이루고 있는 부위는 외부 환경에 노출되어 미생물과의 접촉이 빈번한 피부나 점막mucous membrane 부위다. 점막은 장관, 호흡기, 생식관의 표면 부위를 이루고 두꺼운 액체 분비물인 점액으로 덮여 있다. 점액은 수분과 단백질을 함유하여 미생물의 좋은 서식처가 되므로 특정 유익균들이 집락을 형성하여 다른 미생물들이 침입하는 것을 막고 지배적인 군집을 이루도록 한다.

이런 인체의 정상미생물상은 무균상태의 자궁에서 나오는 출산 시에 형성되는데 자연분만인 경우는 어머니로부터 얻고, 제왕절개인 경우는 초기에 접촉하는 간호사, 의사, 산파, 부모로부터 획득하게 된다. 이 인체의 정상미생물상은 나이와 성별에 따라 상당히 달라지고, 유전적 요인, 면역계의 성숙, 사춘기, 폐경 등 생리적인 변화와 식이, 그리고 개인적인 위생, 항생제 사용, 성적 파트너 등의 생활

환경에 따라서 다양성과 풍부도가 달라진다. 따라서 사람마다 독특한 미생물상을 가지고 있어서 체취나 비만, 건강상태 등 각 개인의 정체성을 형성하는 주요 요인으로 작용한다.

지금까지 알려진 정상미생물상의 대부분은 세균과 고균이고, 진균이나 원생생물은 소수가 알려져 있으며 바이러스에 대해서는 앞으로 많은 연구가 필요하다. 피부와 점막 그리고 장내의 미생물 군집은 파악이 쉽고 많은 수가 서식하고 있는 반면, 내부조직인 뇌, 혈액, 뇌척수액, 근육에는 정상적인 상태에는 미생물이 존재하지 않는 것으로 알려져 있으나, 최근 연구에 의해 존재할 가능성도 완전히 배제할 수는 없다.

인간의 건강과 질병에 대한 인체 미생물의 중요성이 점차 인식됨에 따라 미국 국립보건원NIH은 2007년 인간 미생물 군집 프로젝트Human Microbiome Project, HMP를 착수하였다. 이 미생물 군집은 건강한 숙주가 지닌 모든 미생물을 의미하여 인체의 피부, 구강, 위장관, 생식기 등에 정상적으로 서식하는 미생물을 총칭한다(2,3). 이 HMP와 유럽의 Meta-HITMetagenomics of the Human Intestinal Tract, 그리고 IHMCInternational Human Microbiome Consortium에서 인체 미생물 군집에 대한 유전체 자료, 특성, 질병과의 관계 등에 대한 데이터베이스를 구축하고 있다.

인간과 미생물 군집과의 관계는 다수의 상리 또는 상조공생, 그리고 편리공생 관계를 이루고 있고, 침입한 병원균에 대해 방어력을 제공하지만, 어떤 경우는 정상적으로 서식하던 미생물이 병원성을 나타내기도 한다. 이렇게 질병을 일으킬 수 있는 정상 미생물을 기회성 또는 기회감염 미생물이라고 한다. 이런 미생물들은 본래의 서식지를 벗어나 다른 조직 또는 혈액에 들어가면 질병을 유발하는 경우가 있다. 예를 들면 입과 구인두의 상주세균인 연쇄상구균이 발치나 구강 내 수술에 의해 혈액 속으로 들어가면 심장내막염을 일으킬 수 있다. 특히 이런 미생물들은 영양실조, 알코올 중독, 암, 당뇨, 외상, 장기간의 항생제 사용, 그리고 면역억제 상태 등으로 인해 인체가 쇠약해졌을 때 빈번하게 질병을 일으킨다. 대표적인 예로서 단순포진바이러스*Herpes simplex virus*는 건강한 상태에서는 질병을 일으키지 않으나 면역기능이 억제되거나 과로 등 신체기능이 저하될 때 입술 등 얼굴 부위에 단순성포진을 일으킨다(2).

1) 인체 세균bacteria의 종류

인체에 서식하는 세균군집에 대해서는 16S rRNA메타유전체 분석에 의해 후벽균*Firmicutes*, 의간균*Bacteroidetes*, 프로테오박테리아*Proteobacteria*, 방선균*Actinobacteria*, 퓨소박테리아*Fusobacteria* 및 남세균*Cyanobacteria* 등이 주요 세균문phyla인 것으로 밝혀졌다. 이 중 후벽균문과 의간균문이 가장 많이 존재한다. 각 문의 상대적 풍부함은 신체 부위에 따라 크게 다르며, 더 세밀하게 살펴보면 신체 부위에 따라 서식 미생물의 속genus과 종species 구성에 많은 차이를 나타내므로 이들 세균이 선호하는 서식지와 적합한 환경이 있음을 알 수 있다(3,4,5).

2) 인체 진균fungi의 종류

인체의 진균군집은 mycobiota라고 하며, 인간의 피부, 입, 내장, 호흡기 및 기타 점막 표면에서 다양한 공생 진균이 존재한다고 알려져 있다(5,6). 대부분의 인체 부위에서 세균이 진균보다 훨씬 많지만, 진균은 세포 크기가 세균보다 크고 특정 생태적 요구에 대응하여 특수한 대사유전자 클러스터를 보유하고 있어 진균의 영향력도 무시할 수 없다. 가장 빈번하게 보고된 인체 진균은 칸디다*Candida*, 사카로마이세스*Saccharomyces*, 클라도스포리움*Cladosporium*, 말라세지아*Malassezia*, 누룩곰팡이*Aspergillus*, 그리고 푸사리움*Fusarium* 속이다(6,7).

3) 인체 고균archaea의 종류

고균은 인체의 피부, 호흡기 및 위장관에서 주로 관찰되며, 메탄생성고균methanogens이 가장 흔하게 존재한다(8). 이 메탄생성고균은 산소에 민감하여 인체 장내의 산소가 희박한 환경에서 CO_2와 H_2로부터 메탄을 생성하며 유리고균문에 속한다. 유리고균문의 메탄생성고균으로는 *Methanobacteriales*, *Methanomassiliicoccales*, *Methanomicrobiales*, *Methanosarcinales*, *Halobacteriales* 등이 있다. 그외 인체 고균으로 타움고균문의 *Nitrososphaeria*가 보고되었다(8,9).

4) 인체 바이러스의 종류

바이러스는 구강, 비인두, 위장, 호흡 기관 및 피부 표면을 포함한 다양한 조직에 분포되어 있다(10). 장 바이러스는 대부분 DNA 또는 RNA 바이러스로서 박테리아 세포 수보다 10배 이상 많다고 알려져 있다. 여기에는 진핵세포를 감염시키는 진핵바이러스eukaryotic virus, 내인성 레트로바이러스endogenous retrovirus, 박테리오파지, 그리고 고균을 감염시키는 고균바이러스archeal virus가 포함된다(10).

사람의 분변 샘플에서 진핵바이러스 군집의 염기서열 분석을 통해 *Picobirnavirus*(이중가닥 RNA바이러스), *Adenovirus*(이중가닥 DNA바이러스), *Anellovirus*(단일가닥 DNA바이러스), *Astrovirus*(양성가닥 RNA바이러스), *Sapovirus*(양성가닥 RNA바이러스), *Rotavirus*(이중가닥 RNA바이러스) 등이 확인되었다(11). 또한 *Herpesvirus*, *Papillomavirus*, *Hepatitis B virus* 및 *Hepatitis C virus*와 같은 질병 관련 바이러스와 사람면역결핍바이러

스가 일부 개인에서 발견되어 위장관에 병원성 바이러스가 포함되어 있음을 알 수 있다. 그러나 많은 경우 이러한 병원성 바이러스들은 인간세포 게놈의 일부가 되어, 질병을 일으키지 않고 무증상 상태를 나타내어 인간세포 내에서 잠복 상태로 있는 것으로 추정된다(12,13).

그리고 인간의 위장관에는 약 10^{15}개의 박테리오파지가 존재하는 것으로 추산된다(14). 파지는 세균을 감염시킨 후 선택한 생활사에 따라 다양하게 존재한다(15). 즉 용균성 파지lytic phage는 숙주세포의 복제 메커니즘을 이용하여 세균 내에서 많은 수의 자손 파지를 증식한 후 방출하는 생활사를 갖는다. 이와 대조적으로, 용원성 파지temperate phage는 파지의 유전물질을 숙주세포 염색체에 프로파지prophage 형태로 통합하여 숙주세포와 함께 복제한다. 그러나 어떤 경우는 숙주세균 세포 내에서 원형 또는 선형 플라스미드로 존재하기도 한다(16). 그 외에도 파지는 세균의 증식에 필요한 영양분이 부족할 때는 세균에 감염되어도 숙주 게놈에 안정적으로 통합되지 않으며, 숙주세포의 복제 메커니즘을 이용하지도 않고 숙주세포를 죽이지도 않는 pseudolysogenic cycle을 나타내기도 한다(15).

2. 인체 부위별 미생물 군집

1) 피부

피부에는 미생물 막을 형성할 정도로 엄청난 양의 미생물이 곳곳에 서식한다. 피부세균은 약 10^{12}마리로 추산되고 피부의 표피세포에서 주로 서식하며 상주균과 일시적인 비상주균으로 구분된다. 피부의 정상미생물상은 방선균문이 반 정도로 가장 많고, 그다음 후벽균문, 프로테오박테리아문, 그리고 그람음성의 의간균문이 차지한다. 이들은 피부의 분비물이나 죽은 피부를 먹고 산다. 모근이나 피지선 같이 피부 깊숙이 산소가 부족한 곳에도 서식하고 있으며 피부의 주름, 코 주변, 겨드랑이, 배꼽, 발가락 사이 등 습한 곳에는 말할 필요도 없이 터줏대감 노릇하는 미생물들이 살고 있으며 이들이 개개인 특유의 체취와 고약한 냄새를 담당한다(17).

성인의 피부 면적은 약 2m^{2}이고 피부의 표면은 약산성이고, 고농도의 염화나트륨이 존재하며 대체로 수분이 부족한 반면, 기름 성분의 피지와 항미생물 활성성분이 있는 부위도 있다. 따라서 피부는 영양분이 풍부한 대장에 비해 기본적으로 영양분이 부족하고 산성이고 건조한 조건이다. 따라서 이런 피부환경에 상주할 수 있는 세균들은 땀, 피지와 각질층을 자원으로 활용할 수 있도록 적응하여 지방샘이나 땀샘에서 분비하는 아미노산, 지방산, 요소urea, 전해물질 등을 영양물질로 사용한다.

손바닥, 팔뚝, 엉덩이 같은 건조한 부위에는 의간균문, β-프로테오박테리아, 방선균문의 *Corynebacterium* 등의 다양한 그람 양성 및 음성 세균이 혼합되어 서식하고, 배꼽, 겨드랑이, 사타구니, 둔부의 주름과 같은 습윤 부위에는 주로 후벽균문의 *Staphylococcus*와 방선균문의 *Corynebacterium*들이 존재하여 건조 부위보다 다양성이 낮다. 그리고 코의 양 옆 부위, 이마, 가슴과 등의 상부 등 피지 부위는 다양성이 가장 낮고 방선균문의 *Propionibacterium*이 우점종이다(17,18).

이 *Propionibacterium acnes*는 피부 단백질을 분해하는 효소protease와 피지의 중성지방 지질을 분해하는 효소lipase를 사용하여 산소 결핍 환경인 피지선sebaceous gland에서 서식하는데 청소년기에 생성된 호르몬에 의해 피지 생산이 증가하면 더욱 번성하여 여드름을 유발한다(18). 그리고 *Staphylococcus*균은 피부에서 생존하기 위해 땀의 높은 소금 함량을 견딜 수 있는 내염성 기능과 땀에 포함된 요소를 질소원으로 활용하는 능력을 가지고 있다(19). 이렇게 각각의 피부 부위에는 그 부위의 특수성에 뚜렷한 적응력을 가진 이질적인 상주균들이 미생물 공동체를 이루고 있다.

세균 외에도 피부 표면은 숙주와 공생관계를 발전시킨 진균들이 서식하는 곳이다(6,17). 진균 종류는 말라세지아*Malassezia*가 가장 흔하고, 그다음으로 페니실리움*Penicillium* 및 누룩곰팡이*Aspergillus*가 확인되었다(20). 이 말라세지아 진균은 두피의 지루성 피부염과 비듬 발생에 관여한다. 또한 *Alternaria*, *Candida*, *Rhodotorula*, *Cladosporium* 및 *Mucor*와 같은 진균도 발견되었지만 그 빈도는 낮다. 이 중 칸디다종은 피부 부위 전체에서 발견되었으며 대부분 *Candida tropicalis*, *C. parapsilosis* 및 *C. orthopsilosis*가 대표적이고, 일반적으로 장에 서식하는 종과는 다른 것으로 보고되었다(20). 이 칸디다종은 면역기능이 약화되면 칸디다증과 같은 피부질환을 일으킨다. 한편 발은 진균의 구성이 40~80개 속으로 다양하지만, 코, 미간 및 손바닥과 같은 부위는 상대적으로 다양성이 낮다(20).

외부에 노출된 눈의 표면에는 항균작용이 있는 눈물에 의해 세균이 서식하기 어려우나 건조해지거나, 면역력이 약화되면 *Streptococcus pneumoniae* 같은 세균이나 아데노바이러스에 의해 결막염이 생기기도 한다.

이런 피부 미생물들은 피부 보호에 참여하여 다른 종의 미생물이 접근하지 못하도록 차단 역할을 하거나 항생제를 분비하기도 한다. 그리고 지방을 분해하여 곰팡이에 대해 항미생물 활성을 가진 올레산을 생산하기도 하며, 강한 냄새를 가진 휘발성 불포화지방산을 만들어 체취의 원인이 되기도 한다. 그러나 피부의 건강한 미생물 생태계가 파괴되면 병원균들이 침입하여 피부염 등 질병을 일으킬 수 있다. 이와 같이 피부의 미생물들은 미생물 간 경쟁과 항생제의 생성기능을 가지고 있어서 피부를 보호하고, 더 나아가 피부의 면역력을 유지하는 역할을 한다.

2) 코와 입

코의 점액질에는 약 900종의 미생물이 서식하고 있다고 알려져 있다. 코 안쪽에는 통성혐기성의 그람양성구균인 황색포도상구균*Staphylococcus aureus*과 표피포도상구균*S. epidermidis*이 주 서식균이고, 그 안쪽의 비인두nasopharynx에는 그람양성세균인 *Corynebacterium striatum*이 일반적으로 존재하고 *Streptococcus pneumoniae*, *Haemophilus influenzae*, *Neisseria meningitidis*와 같은 병을 일으킬 수 있는 세균들이 소수 발견되기도 한다(2,5). 황색포도상구균도 기회감염 병원균으로 상처 부위를 통해 체내로 침입하면 균혈증, 폐렴, 심내막염, 뇌수막염 등 다양한 감염증을 일으킬 수 있다.

입은 세균들에게 풍부한 수분과 영양분을 공급하고, 중성 pH와 따뜻한 온도를 제공하여 이상적인 서식처가 된다. 따라서 구강점액에는 800여 종, 치아 사이에는 1,300여 종의 미생물이 살고 있다. 이 중 후벽균문에 속하는 연쇄상구균들이 다수를 이룬다. 그러나 삼킴과 헹굼, 칫솔질 등의 기계적 제거를 극복하여 잇몸과 치아의 표면에 부착할 수 있는 능력을 가지고 있어야 한다.

구강 내에는 치아의 딱딱한 에나멜 표면과 점막의 상피 표면과 같이 뚜렷하게 구분되는 미세 환경이 있다. 각 표면은 라이소자임lysozyme 같은 항균효소를 가진 타액이나 백혈구와 면역글로불린이 포함되어 항세균성을 가진 치은열구액gingival crevicular fluid, GCF에 노출된다. 따라서 치아와 점막 표면에서 자라는 미생물 군집은 구강 미세 환경에 따라 달라진다(21). 예를 들어 구강 표면의 주요 세균 종으로는 연쇄상구균과 방선균 같은 조건부 혐기성 박테리아들이 알려져 있다. 이에 비해 치아 표면에는 *Streptococcus mutans*가, 잇몸 표면에는 *Streptococcus salivarius*가 단단하게 붙어 자라고, 치은 연하 영역의 경계 부위에서는 낮은 산소 농도로 인하여 박테로이드속*Bacteroidaceae* spp.과 스피로카에테*Spirochaetes* 같은 혐기성 박테리아가 우세하게 군집을 이루고 있다(21). 이 중 연쇄상구균들은 치석을 형성하고 충치를 유발한다.

구강 진균oral mycobiota은 일반적으로 건강한 구강에는 그 다양성이 낮으며, 자낭균문*Ascomycota*에 속하는 칸디다종이 우세하게 존재한다(5,6). 그 외 클라도스포리움*Cladosporium*, 오레오바시디움*Aureobasidium*, 누룩곰팡이 및 푸사리움*Fusarium* 종도 관찰된다(21).

3) 호흡기관: 기도와 폐

호흡기관의 상기도와 하기도에 해당하는 기관, 기관지, 폐포에는 미생물이 생존하기 어려운 환경이다. 왜냐하면 코의 점액에 있는 라이소자임 효소에 의해 세균이 파괴되거나 기도 내에 지속적으로 분비되는 점액에 의해 세균이 포획되어 호흡기관 밖으로 배출되기 때문이다. 또한 폐포의 대식세포가 세균을 제거하므로, 미생물들이 서식하기가 쉽지 않다.

따라서 폐는 전통적으로 무균 기관으로 알려졌으나, 최근에 여러 연구를 통해 세균이 상주하는 것으로 보고되었다(22). 대표 세균 문으로서 의간균과 후벽균이 확인되었다. 즉, 건강한 사람의 폐에는 프리보텔라*Prevotella*, 연쇄상구균, 베일로넬라*Veillonella*, 푸소박테리움*Fusobacterium*, 포르피로모나스*Porphyromonas*, 그리고 나이세리아*Neisseria* 등이 검출되었다(22). 그러나 폐는 장과 비교하여 세균의 밀도가 현저하게 낮으며 다양성 또한 낮다고 알려져 있다.

진균도 폐질환에서만 군집화가 일어나는 것으로 생각되었지만, 최근 연구 결과에 따르면, 건강한 사람의 폐에도 약간의 진균이 발견되어 누룩곰팡이, 페니실리움 및 칸디다종을 포함한 구강 진균과 주변 환경에서 유래한 진균들이 보고되었다(23).

4) 위장관: 위와 소장, 대장

위장관은 위, 소장, 대장으로 되어 있고, 음식물이 분해되고 소화되므로 영양분과 수분이 풍부하여 많은 미생물에게 먹이와 안전한 서식처를 제공하고, 미생물은 인체에 필요한 당류, 아미노산, 비타민 등 중요한 영양소들을 공급해주는 상리공생 장소다.

위의 위액은 pH 2~3으로 강산성이기 때문에 대부분의 미생물은 생존하지 못하나 프로테오박테리아문, 방선균문, 의간균문, 그리고 푸소박테리아문의 세균들과 칸디다종의 진균들이 위액 1ml당 10마리 미만으로 존재한다(2,3,5). 나선형의 *Helicobacter pylori*는 가장 흔히 발견되는 세균으로서 ε-프로테오박테리아강에 속하며 위점막에 서식하고 위염과 위궤양, 그리고 위선암을 유발한다.

장의 대표 세균 문으로는 의간균과 후벽균이 알려져 있다. 장은 크게 소장과 대장으로 구분되는데, 소장은 대장에 비하여 산소 농도는 높은 반면, 낮은 pH와 높은 항균성 물질로 인하여 박테리아의 밀도가 높지 않다. 이러한 장내 미세환경 차이로 인하여 소장에서는 젖산균과Lactobacillaceae와 장내세균과Enterobacteriaceae 계통이 우세한 반면, 대장은 장내세균과, 박테로이드과Bacteroidaceae, 프리보텔라과Prevotellaceae, 리케넬레과Rikenellaceae, 라크노스피라과Lachnospiraceae 및 루미노코과Ruminococcaceae 계통의 세균들이 두드러지게 나타난다(2,3,4,5).

좀 더 자세히 살펴보면 소장의 앞부분인 십이지장에는 위의 산성 유즙과 담낭 및 췌장의 분비물에 의해 미생물이 서식하기 어려워 소수의 그람양성 구균과 간균이 존재하고, 소장의 중간 부분인 공장jejunum에는 *Enterococcus faecalis*, *Lactobacillus*, *Diphtheroid* 등의 세균과 진균인 *Candida albicans*가 발견된다. 소장의 끝부분인 회장ileum에는 pH가 높아져서 pH 4~5에 도달하는 반면, 산소는 줄어드는 환경이 되어 산소비요구성 그람음성세균과 대장과 유사하게 장내세균과에 속하는 세균들이 서식한다. 이 장내세균과는 γ-프로테오박테리아강에 속하며 혐기성이고 그람음성간균으로 대장균속, 살모넬라속, 세라티아Serratia속 등 30속, 100종 이상을 포함하는 큰 세균 집단을 지칭한다. 이 소장 미생물들은 음식물을 소화하여 단당류, 아미노산, 지방산 등을 생성한다.

대장의 pH는 7 정도의 중성이고 내부는 저산소 환경이다. 대장(또는 결장, colon)은 체내에서 가장 큰 미생물 군집을 가지고 있어 대변 1g당 약 10^{11}마리의 세균과 10^5~10^6마리의 진균을 포함하여 대변량의 30~60%를 차지한다(5,7). 염기서열분석에 의하면 3,500~35,000종의 세균이 존재하고 주로 산소비요구성의 그람음성세균과 양성간균으로 구성되어 있다(3,5). 대표적으로 후벽균문, 의간균문, 프로테오박테리아문, 방선균문 등 네 종류 균이 98%로 대부분이고 혐기성균이 많이 서식한다. 이 중에서도 후벽균문과 의간균문이 가장 많은 박테리아문이고, 의간균문에서는 *Bacteroides*속과 *Prevotella*속이 우세하다. 이 두 속의 박테리아들은 길항관계다. 즉, 섬유성의 채식 위주의 식습관을 가진 사람에서는 *Prevotella*균들이 다수이고, 반대로 육식 위주의 서구인에서는 *Bacteroides*균들이 우세한 현상을 나타낸다. 그리고 혐기성의 그람양성간균으로 후벽균문에 속하는 *Clostridium*속도 주요 장관내세균 그룹이다. 이 그룹 세균들은 외독소exotoxins를 분비하여 식중독을 일으키기도 한다. 대표적으로 *Clostridium botulinum*이 알려져 있다. 대장 미생물은 탄소대사와 질소대사를 수행하며 담즙산, 호르몬, 아미노산과 비타민 B_{12} 등을 합성하여 체내 다른 주요한 대사와도 연결되어 있다. 따라서 장관내세균들은 장벽기능, 영양분의 합성과 대사기능, 약물과 독소의 대사기능을 나타낼 뿐 아니라 면역 시스템의 발달과 유지에도 중요한 역할을 한다. 그러므로 장내 미생물 조성의 변화는 인체의 각종 대사질환, 염증성 장질환Inflammatory bowel disease, IBD, 비만, 당뇨, 암, 그리고 우울증과 같은 정신질환과도 관련되어 있다고 알려졌다. 이러한 미생물 군집은 식생활, 나이, 성별, 거주 지역 등에 따라 차이를 나타낸다.

장내 미생물은 세균이 대다수지만 고균, 진균 등에 대해서도 최근에 연구들이 진행되면서 그 존재와 역할이 부각되고 있다. 고균 중에는 *Methanobacteriales*목과 *Methanomassiliicoccales*목과 같은 메탄생성고균이 위장관에 많이 서식하는 종류다(24). *Methanobacteriales*목에는 *Methanobrevibacter smithii*와 *Methanosphaera stadtmanae*의 두 종이 대표적인 우점종이다(24). 또한 *Methanomassiliicoccales*목에는 최소 9종이 포함되며, 그중 가장 흔한 종은 *Methanomassiliicoccus intestinalis*와 *Methanomethylophilus alvus*로 알려져 있다. 이러한 메탄생성고균은 인체에서 하루 평균 약 0.35리터의 메탄 배출에 관여한다. 이런 메탄생성고균들의 서식은 세균 군집과 밀접한 상관관계가 있는 것이 밝혀졌다(24). 예를 들어 *Methanomassiliicoccales*의 군집화는 트리메틸아민trimethylamine, TMA을 생산하는 세균 군집의 수와 양적인 상관관계를 나타낸다. 그리고 *Methanobrevibacter smithii*의 군집화는 후벽균문의 특정 박테리아와 상관관계가 있는 것이 확인되었고, 세균과 고균 군집 간에는 수소전달과 같은 신호전달과정이 연계되어 그에 따라 짧은사슬지방산 대사과정도 변화되는 것이 관찰되었다(25). 따라서 메탄생성고균과 세균 간에는 대사과정을 통한 상호협력관계가 형성되었을 것으로 추정된다.

건강한 인간의 장 환경은 적절한 양의 염분이 요구되므로 장 점막 샘플에서 호염성 고균*Halophilc archaea*이 분리되었다(26). 대표적인 호염성 고균은 *Halobacteriales* 계통이다. 호염성 고균이 인간 미생물 군집과 숙주에 미치는 영향은 아직 불분명하지만, 적어도 소금 함유 식품의 소비와 관련이 있을 것으로 추측된다.

장에는 50종 이상의 진균속도 서식하며, 특히 칸디다, 사카로마이세스 및 클라도스포리움*Cladosporium* 종이 흔하게 관찰된다(6,7). 이 진균 중 *Candida tropicalis*는 생쥐에서 흔하지만, *Candida albicans*, *Candida glabrata*, *Candida dubliniensis* 및 *Candida parapsilosis*는 인간에서 흔한 종으로 확인되었다. 흥미롭게도, 아메리카 원주민의 장에서는 전반적으로 장 진균의 보유율이 높고, 그 다양성도 높게 나타났으며 *Candida albicans*의 군집화는 드물게 관찰되었다. 이에 비해 비원주민의 장에는 *Candida krusei*와 같은 진균 종의 군집화가 흔하게 관찰되었는데, 이러한 연구 결과는 산업화 사회와 비산업화 사회 사람들의 장내 진균에 상당한 이질성이 있을 가능성을 시사한다. 그리고 동물성 식단의 섭취는 장에서 칸디다종의 군집화를 유도하였고, 반면 식물성 식단의 섭취는 페니실리움종의 확장을 촉진하였다(6,7). 따라서 산업사회로의 진입에 따른 식단의 변화는 진균의 구성에도 영향을 미칠 수 있을 것으로 보인다.

이러한 장미생물의 다양성은 현대화 과정에서 급격히 줄어드는 것으로 나타났다. 예를 들면 잦은 피부 씻기, 제왕절개 수술과 분유 소비, 항생제 치료요법 등이 장내 건강한 미생물 생태계에 악영향을 미치게 되는 문명화 과정이다. 일반적으로 일시적인 항생제 복용은 치료가 종료되면 성인인 경우 장 미생물의 군집이 빠르게 회복되지만, 회복이 잘 안 되어 *Clostridum difficile*나 *Candida albicans* 같은 기회성 병원균이 증식하면 장염을 일으킬 수 있다.

자연분만인 경우 어머니의 질과 대변에 서식하는 미생물들을 물려받게 된다는 점과 모유 수유에 의해 젖꼭지 표면과 젖샘에 서식하는 세균들이 신생아에 공급되고 모유에는 분유에 없는 세균의 먹이가 되는 올리고당이 풍부하게 함유되어 있다는 점을 간과해서는 안 된다. 따라서 제왕절개 수술이나 장기적인 항생제 요법, 그리고 분유의 사용 등에 의해 현대인은 정상적인 장내 미생물의 생태계 구축과 유지에 문제가 될 수 있다.

이와 같이 정상적인 장내 미생물은 우리 몸의 조직세포들과 아주 밀접하게 결합되어 공동의 구조를 이루고, 분리할 수 없는 상리공생관계에 있다. 이러한 상리공생관계의 정상 장내 미생물 군집은 건강을 유지하는 데 머물지 않고 각 개인 정체성의 한 부분을 이룰 정도로 장내 미생물의 역할은 매우 중요하다.

5) 비뇨생식기관

신장, 수뇨관, 방광 등 상부비뇨생식관에는 보통 미생물이 없고 요도의 끝부분에 대장균, 표피포도상구균, *Enterococcus faecalis*, *Coryne-bacterium*종의 세균이 소량 존재한다.

성인 여성의 생식관은 표면적이 넓고 점액을 분비하기 때문에 생리주기에 따라 변하는 복잡한 미생물상을 가진다. 해부학적으로 여성 생식기관female reproductive tract, FRT은 하부(질 및 자궁 경부) 및 상부(자궁, 나팔관 및 난소) FRT로 나눌 수 있다(27). 대부분의 세균은 하부 FRT의 질에 존재한다. 건강한 생식 연령의 여성에서 질 미생물군집은 대체로 다양성이 낮고 젖산균(또는 젖산간균)*Lactobacillus*이 주 서식균이다. 이 균종은 산에 내성을 가지고 있으며 질의 상피세포가 생산하는 글리코겐을 발효하여 젖산을 만들어 질과 자궁경부의 pH를 4.4~4.6의 산성으로 유지시킨다. 하부 FRT에서 젖산균의 우세는 질 건강과 밀접하게 관련이 있어서 젖산균의 감소는 성병 감염, 조산, 자연 유산 또는 골반 염증성 질환에 걸릴 위험도를 증가시킨다(28). 따라서 질 젖산균의 풍부함은 숙주와 상호 유익한 관계를 나타내며, 항균제 생산과 다른 병원체를 차단하는 등 다양한 메커니즘을 통해 질의 미세 환경을 보호한다. 특히 질의 미세 환경을 산성화하는 젖산의 생산은 특징적인 보호 메커니즘으로 잘 알려져 있다(28). 즉 젖산균이 생산한 젖산이 임균*Neisseria gonorrhoeae*, 클라미디아 트라코마티스*Chlamydia trachomatis*, 단순포진바이러스*Herpes simplex virus* 및 사람면역결핍바이러스 등 광범위한 병원성 미생물을 죽이거나 비활성화시키는 것으로 나타났다(28,29,30). 또한 젖산균은 경쟁적 배제를 통해 질 상피에 병원균이 침입하는 것을 차단하고 박테리오신bacteriocins의 생산을 통해 병원균의 성장을 억제할 수 있다(28,31). 아직까지 하부 FRT와는 달리, 자궁, 나팔관 또는 난소 등의 상부 FRT의 미생물 군집에 대해서는 연구가 부족하여 규명이 안 된 부분이 많다.

세균뿐만 아니라 건강한 사람의 질에 진균도 서식하여 사카로마이세스, 누룩곰팡이, 알터나리아*Alternaria* 및 클라도스포리움*Cladosporium*을 포함하여 11~20종의 여러 진균들이 존재하는 것이 확인되었다(32, 33). 이런 진균의 변화는 당뇨병, 알레르기성 비염 및 재발성 질 칸디다증과 관련이 있는 것으로 알려졌다(33,34). 최근 연구에 의하면 건강한 질의 우점종인 젖산균이 생성하는 젖산에 의해 진균의 성장도 억제되는 것으로 보고되었다(28,35).

한편 정액seminal fluid은 부고환epididymis, 전립선prostate gland, 정낭seminal vesicles, 구근 도선bulbourethral glands 및 요도 주위선periurethral glands의 분비물의 혼합체로 구성된다(36). 정액은 약염기성(pH 7.2~8)이며 지질, 당류, 글리칸, 무기이온, 면역 성분, 효소, 핵산, 단백질 및 펩타이드가 풍부하여 미생물이 번식할 수 있는 좋은 서식지의 하나다(37). 건강한 남성의 정액에서 가장 풍부한 미생물은 후벽균문(~40%), 프로테오박테리아문(~35%), 방선균문(~20%) 및 의간균문(~5%)이다(38). 야생형 마우스의 정낭에서 분석한 미생물의 분포도 인간과 유사한 양상을 보였으며(후벽균 50%, 프로테오박테리아 ~32%, 방선균 ~10% 및 의간균 ~2.5%), 추가로 남세균(~5%)이 낮은 비율로 관찰되었다(39).

정액에서 미생물의 역할은 명확하지 않지만 인체에서 가장 많이 연구된 대장과 같이 염증 및 면역 반응의 조절에 관여할 것으로 예상된다(40,41). 장 점막과 마찬가지로 남성 생식관도 미생물의 침입으로부터 보호하는 중요한 역할을 담당하여 바이러스, 진균 또는 박테리아 병원체에 대한 방어기능을 가지고 있다.

3. 인체 미생물의 대사물질

인체 세균들 중에서 연구가 가장 많이 된 대장세균을 대상으로 하여 이 세균들이 생산하는 대사물질을 정리하면 지방산, 유기산, 비타민, 담즙산, 지질, 아미노산 등이 포함된다.

1) 짧은사슬지방산short-chain fatty acids, SCFAs

소화되지 않는 올리고당oligosaccharides, 식이식물 다당류dietary plant polysaccharides 그리고 섬유질fiber은 장관내세균에 의해 발효되어 탄소원자가 6개 미만인 짧은사슬지방산이 생성된다. 이런 짧은사슬지방산으로는 아세트산acetic acid, 부티르산butyric acid, 그리고 프로피온산propionic acid이 대표적이다. 특히 후벽균문에 속하는 *Eubacterium*, *Roseburia*, *Faecalibacterium* 및 *Coprococcus*와 젖산 간균*Lactobacillus* 그리고 방선균문에 속하는 비피도박테리움*Bifidobacterium*이 짧은사슬지방산을 생성하는 주요 박테리아로 알려져 있다(35,42). 장관내세균에 의해 생성되는 이런 짧은사슬지방산들은 지방 및 에너지 대사, 그리고 비타민 생성에 관여하고 조절 T세포 또는 항염증성 대식세포를 증가시켜 면역항상성의 유지에 중요한 기능을 담당한다. 특히 아세트산은 간의 에너지원이고, 부티르산은 대장 상피세포의 주요 에너지원으로 활용되며, 장 운동 조절, 식욕 억제 등 다양한 역할이 알려져 있다(42).

2) 유기산organic acids

식이 폴리페놀, 흡수되지 않은 아미노산 또는 탄수화물로부터 장관내세균은 짧은사슬지방산 외의 카르복실산carboxylic acid과 설폰산sulfonic acid 같은 다양한 유기산을 생성한다. 특히 유기산의 과다 생산은 클로스트리듐 디피실리균Clostridium difficile, 피칼리박테리움 프로스니치 Faecalibacterium prausnitzii, 비피도박테리움, 서브돌리그래뉼럼Subdoligranulum, 젖산균의 과잉 성장과 관련이 있다고 보고되었다(35). 젖산은 주로 *Lactobacillus crispatus*와 *Lactobacillus jensenii*와 같은 그람양성 젖산균에 의해 생산되는데, 이것은 지방산을 생성하는 박테리아에 의해 짧은사슬지방산으로 전환될 수 있다. 그리고 젖산은 건강한 질 박테리아 군집과 상관관계가 있으며 세균성질염을 감소시킨다(42,43).

3) 비타민

인간은 대부분의 비타민을 합성할 수 없으므로 외인성으로 얻어야 하는데, 일부는 장내 박테리아에 의해 공급된다. 예를 들어 티아민(비타민 B_1)의 전구체인 티아민 모노 포스페이트는 후벽균을 제외한 모든 문(특히 의간균문 또는 퓨소박테리아문)에 의해 생산되고(44), 리보플라빈(비타민 B_2)은 고초균B. subtilis 또는 대장균에 의해 생산된다고 보고되었다(45). 판토텐산(비타민 B_5)은 코엔자임 ACoenzyme A, CoA의 전구체이며, 의간균문, 프로테오박테리아문 또는 방선균문이 CoA 생산자로서 확인되었다(44). 또한 엽산(비타민 B_9)은 비피도박테리아Bifidobacteria와 젖산균이 잠재적 생산자인 것으로 추정된다(46). 특히 코발라민(비타민 B_{12})은 혐기성 세균에 의해 독점적으로 생산되는 유일한 비타민으로 알려져 있다(47).

4) 담즙산bile acids

담즙산은 식이지방, 지용성비타민과 지질 흡수를 촉진하고 장 장벽 유지에 중요한 기능을 한다. 또한 체내 중성지방, 콜레스테롤 및 포도당 양을 조절하여 에너지 항상성에도 핵심적인 역할을 한다. 장내세균은 광범위한 반응을 통해 담즙산을 화학적으로 변형하여 2차 담즙산을 형성한다. 이러한 생산자로서 박테로이데스*Bacteroides*, 클로스트리듐*Clostridium*, 젖산균, 비피도박테리움, 엔테로박터*Enterobacter*, 유박테리움*Eubacterium*, 그리고 대장균속에 속하는 박테리아가 알려져 있다(43).

5) 지질lipids

지질은 장 투과성, 장-뇌-간-신경 축을 통한 포도당 항상성 조절, 면역력 향상 등 다양한 생리학적 대사과정에 관여한다. 이러한 지질대사에는 비피도박테리움, 로제부리아*Roseburia*, 젖산균, 클렙시엘라*Klebsiella*, 엔테로박터, 시트로박터*Citrobacter*, 클로스트리듐 속의 세균들이 참여한다(35).

6) 아미노산amino acids

단백질의 기본 단위인 아미노산은 세균들에 의해 분해되거나 발효되어 여러 대사물질을 생산하는 것으로 알려져 있다. 예를 들어 시스테인과 메티오닌은 박테리아에 의해 분해되어 황화수소가 생산되는데, 이것은 독성이 있으며 대장 세포colonocyte의 주요 에너지원인 부티르산의 대사를 억제하는 것으로 알려졌다. 또한 대장균은 방향족 아미노산인 타이로신과 트립토판의 혐기성 발효 과정을 통해 각각 페놀과 인돌을 생성한다. 그리고 장관내세균인 클로스트리듐 디피실리는 타이로신과 페닐알라닌으로부터 페놀의 일종인 p-cresol을 합성한다(48,49).

7) 진균의 대사산물

세균 외에 인체의 진균들도 숙주 조직의 기능을 잠재적으로 조절할 수 있는 다양한 대사물질을 분비하거나 촉진할 수 있다고 알려졌다. 예를 들어 효모*Saccharomyces cerevisiae*는 숙주의 퓨린purine 대사를 강화하여 전신 요산uric acid 수치를 증가시킴으로써 생쥐에서 대장염의 진행을 악화시킨다는 연구보고가 있다(50). 또한 피부 표면에서 지배적인 진균인 말라세지아*Malassezia*속은 malassezin, pityriacitrin 및 carbazole과 같은 대사산물을 생성하여 아릴 탄화수소 수용체aryl hydrocarbon receptor, AhR에 대한 강력한 리간드로 작용한다(51). 이 AhR은 피부의 많은 세포에서 높은 수준으로 발현하여 상피층의 복구, 멜라닌 생성 및 장벽 항상성을 촉진하는 중요한 생체분자다(52). 또한 말라세지아속은 리파아제lipase 또는 포스포리파아제phospholipase를 분비하여 피부에 풍부한 트리글리세리드triglycerides를 짧은사슬지방산으로 전환하는 기능이 있다고 알려져 있다(53).

4. 인체 미생물에 의한 질병

인체에 서식하는 다양한 미생물은 인간 몸에 유익한 공생관계를 이루고 있지만, 일부는 다음과 같이 여러 질병을 일으키기도 한다.

1) 피부질환

인체 미생물에 의해 나타나는 피부질환은 다음과 같다.

(1) 여드름

십대에서 주로 나타나는 여드름은 건강한 성인의 미생물에서 가장 풍부한 세균의 일종인 프로피오니박테리움 아크네스*Propionibacterium acnes*에 의한 만성 염증성 피부질환이다(54). 대부분 성인들의 피부에 프로피오니박테리움 아크네스가 군집을 이루고 있지만, 소수만이 여드름을 발생한다는 사실은 숙주의 면역 차이 또는 피부장벽의 결함, 다른 미생물의 존재 유무 그리고 환경의 차이 등도 여드름 발생과 관련이 있음을 알 수 있다. 예를 들어 증가된 피지 분비와 모낭에서 프로피오니박테리움 아크네스의 증식에 의한 생물막의 형성과 같은 요인도 여드름의 발생과 밀접한 연관이 있는 것으로 보인다(54). 그리고 프로피오니박테리움 아크네스의 세균 부착 정도와 숙주 면역 반응에 영향을 미치는 독성 인자의 존재에 따라 염증이 증가한다는 보고도 있다(55).

(2) 아토피피부염

아토피피부염은 표피 장벽 손상, 면역세포 활성화 및 관련 피부 미생물 군집의 변화를 포함한 여러 요인에 의해 발생하는 만성 재발성 염증질환이다(5,56). 아토피피부염을 가진 성인의 피부에서 황색포도상구균이 흔히 발견된다. 그리고 아토피피부염이 있는 소아 환자에서는 황색포도상구균과 표피포도상구균의 이종 군집이 있으며, 증세가 심한 경우는 황색포도상구균이 우세하게 군집화되어 있다(56). 그러나 이 포도상구균들이 아토피피부염을 유발하는 기능적 역할은 아직 규명되어 있지 않다.

또 다른 연구에서는 아토피피부염이 있는 성인의 피부는 대조군 코호트와 비교하였을 때 연쇄상구균*Streptococcus*과 쌍자균*Gemella*이 증가하고 방선균문의 *Dermacoccus*균의 감소가 동시에 확인되었다(57). 이러한 미생물 조성의 변화가 과도한 암모니아의 생성을 촉진시켜 아토피피부염 발적 중에 나타나는 높은 pH와 관련이 있을 것으로 예상된다. 흥미롭게도 아토피피부염이 있는 환자의 피부 미생물 군집은 그 다양성이 감소되어 있는데, 이런 현상은 거주지 주변 지역의 미생물 다양성 감소와 관련이 있는 것으로 보고되었다(58).

(3) 원발성 면역결핍증후군primary immunodeficiency, PID

원발성 면역결핍증후군PID은 피부화농증, 중이염, 폐렴, 수막염 등이 반복되는 난치성의 면역계결함 질병으로 선천성 또는 유전성 질환이다. PID 환자는 칸디다나 누룩곰팡이 같은 기회병원성 진균 또는 세라티아 마르세센스*Serratia marcescens*와 같은 기회병원성 박테리아가 군집화되어 있다고 알려져 있다(5). 또 다른 연구에서는 PID 환자의 피부에는 그람음성 박테리아인 아시네토박터*Acinetobacter*가 증가하고 코리네박테리움*Corynebacterium*은 감소되었음이 관찰되었다(59).

(4) 만성 상처 감염chronic wound infections

고전적인 피부질환 외에도 피부 미생물은 노인 또는 당뇨병 환자, 그리고 비만인에서 나타나는 만성 상처의 발생과 관련이 있다. 예를 들어 당뇨병성 족부 궤양diabetic foot ulcer의 경우 얕은 궤양shallow ulcer은 황색포도상구균과 관련이 있고, 오래된 깊은 궤양deeper ulcer은 혐기성 박테리아와 그람음성 프로테오박테리아의 증가와 관련이 높다고 보고되었다(60). 세균뿐만 아니라, 자낭균류에 속하는 *Cladosporium herbarum*과 *Candida albicans*와 같은 진균의 증가도 관찰되었다(61). 이러한 만성적인 피부 상처에는 진균의 다양성이 증가하고, 진균과 박테리아가 만든 다균질 생물막polymicrobial biofilms이 흔히 발견되고 있다(61). 따라서 피부 상처 부위에 생긴 생물막의 여러 미생물들이 지속적으로 피부 손상을 일으킬 것으로 예상된다.

2) 장관내세균과 관련된 다양한 질환

(1) 염증성 장질환inflammatory bowel disease, IBD

염증성 장질환IBD은 위장관에 만성염증을 일으키는 질환으로 궤양성 대장염ulcerative colitis, UC과 크론병Crohn's disease이 대표적이다. 최근 많은 연구에서 IBD 발병이 장내 미생물의 구성과 밀접한 관련이 있음이 보고되었다(62). 전반적으로 후벽균문은 감소하고 프로테오박테리아문은 증가하였다(63). 그리고 IBD 환자는 건강한 사람에 비해 장내 미생물의 다양성과 풍부함이 현저하게 감소되어 있으며, 장에 유익한 항염증성의 부티레이트butyrate를 생산하는 클로스트리듐 클러스터균*Clostridial cluster*이 감소하는 대신 대장균과 같은 장내세균과*Enterobacteriaceae*에 속하는 세균들의 증가가 나타난다(62).

또한 IBD 환자의 메타 유전체 분석 결과에 의하면 *Fusobacterium*, *Pasteurellaceae*, *Ruminococcus gnavus*, *Veillonellaceae*균들이 증가하고, *Bacteroides*, *Bifidobacterium*, *Roseburia*, *Sutterella*균들은 감소하는 현상을 나타냈다(63). 유전적으로 IBD에 걸리기 쉬운 환자는 기회병원성 미생물의 증가가 두드러진 것으로 확인되었다. 예를 들면 프리보텔라과*Prevotellaceae*에 속하는 균들의 증식이 나타나는데, 이 프리보텔라 세균은 장점막 장벽을 기능적으로 파괴하는 능력을 가지고 있다. 장점막 장벽이 손상되면 장미생물과 장미생물이 생산한 염증물질이 점막을 통과하여 장관에 염증과 조직손상을 일으킨다. 또한 환경적 요인도 장내 미생물 군집의 불균형dysbiosis을 통해 IBD의 발달을 유발할 수 있다고 알려져 있다. 예를 들어 식이지방에서 유래한 타우린은 혐기성의 그람음성이고 프로테오박테리아문의 일종인 *Bilophila wadsworthia*균의 증식을 촉진하는 동시에 후벽균을 감소시키는 것으로 확인되었다. 이 *B. wadsworthia*균은 타우린 탈술폰desulfonation 반응에 의해 황화수소를 생성하고, 이 황화수소는 장 상피 점막층을 손상시켜 염증을 일으키게 된다. 이러한 기회성 병원균의 과잉 성장 외에도 유익한 공생 박테리아가 손실되면 장 염증의 위험을 증가시킬 수 있다. 예를 들어 ciprofloxacin과 metronidazole과 같은 항생제를 처방받은 IBD 환자는 장서식균인 *Butyricicoccus* 및 *Coriobacteriaceae*균들이 감소하였다(64). 그 외에 크론병 환자에서 부티레이트를 생산하는 후벽균문의 일종인 피칼리박테리움 프로스니치균의 농도가 현저히 낮아서 이 균의 감소와 대장염증과의 관련성이 예상되기도 한다(65).

(2) 대장암colorectal cancer

대장암에 대한 환자 코호트 연구에서 식품과 장내 미생물의 구성이 대장암 발생과 관계가 있는 것으로 보고되었다(66). 즉 대장암의 발병률은 일반적으로 고지방 또는 저섬유질 식단을 섭취하는 아프리카계 미국인이 저지방 또는 고섬유질 식단을 섭취하는 토착 아프리카인보다 더 높게 나타났다. 또한 장내 박테리아 구성을 분석하였을 때, 아프리카계 미국인은 토착 아프리카인보다 총 박테리아의 수와 부티레이트를 생산하는 박테리아가·적고 황화수소를 생산하는 박테리아 수가 많은 것으로 밝혀졌다(66). 디옥시콜산deoxycholic acid 및 리토콜산lithocholic acid과 같은 2차 담즙산의 농도는 아프리카계 미국인에서 더 높았고 아세테이트, 부티레이트 및 프로피오네이트와 같은 짧은

사슬지방산의 농도는 아프리카 원주민에서 더 높게 나타났다. 그리고 쇠고기가 풍부한 식단을 선호하는 사람은 채식주의 식단을 선호하는 사람과 비교하였을 때 장독소를 생성하는 *Bacteroides fragilis*가 증가되었고, 이러한 장독소는 장 상피세포의 투과성을 증가시키고 wnt/β-catenin 신호전달계를 활성화하여 대장암세포의 발생을 증가시킨다는 결과가 있다(66).

그 외에 알코올의 높은 섭취는 대장암의 발병을 촉진하는데, 흥미롭게도 비음주자와 음주자 사이에서 장내 박테리아의 구성이 다른 것으로 관찰되었다. 즉 음주자들은 의간균문의 풍부도가 낮고 프로테오박테리아의 풍부도가 높은 것이 관찰되었다(67). 그리고 푸소박테리움Fusobacterium은 구강에 상주하는 공생박테리아지만, 치주염을 일으키고, 장에서는 잠재적 병원성을 가지고 있다. 특히 *Fusobacterium nucleatum*은 접착 단백질을 통해 E-cadherin/β-catenin 신호전달을 거쳐 염증반응을 유발함으로써 대장에서 종양의 형성을 촉진하는 기능을 가지고 있어 대장암 환자에서 증가되어 있는 세균으로 확인되었다(68).

(3) 셀리악병celiac disease

셀리악병은 글루텐 섭취에 의해 소장에서 만성 면역반응이 일어나는 자가면역질환으로 식욕저하, 설사, 통증, 체중감소, 성장장애 등 다양한 증상을 나타내며 장관내세균의 불균형과 관련이 있다. 즉 셀리악병 환자들은 십이지장에서 *Klebsiella oxytoca*, *Staphylococcus epidermidis* 및 *Staphylococcus pasteuri*가 증가되어 있고, *Streptococcus anginosus*와 *Streptococcus mutans*는 감소되어 있다(69). 이러한 장내 미생물의 불균형이 셀리악병의 발병 기전에 중요한 역할을 담당할 것으로 예상된다.

(4) 과민성 대장증후군irritable bowel syndrome, IBS

과민성 대장증후군IBS은 일반적으로 복통, 설사, 경련, 가스 및 변비를 유발하는 기능성 장 질환이다. IBS 환자에서 나타나는 장운동기능 장애, 장 투과성 및 내장 통증 반응이 장관내세균총의 불균형과 관련되어 있다. 특히 IBS 환자는 후벽균인 *Ruminococcaceae*와 *Clostridium cluster XIVa*의 수가 많고 *Bacteroides* 수는 적게 관찰되었다(70). 이런 장관내세균의 불균형이 IBS의 원인인지 결과인지는 아직 불분명하지만, IBS 환자로부터 분리한 장관내세균을 무균 쥐에 이식하였을 때, 쥐에서 IBS 증세가 나타나므로 장관내세균의 불균형이 IBS의 발병에 기여할 것으로 보인다(71).

(5) 비알코올성 지방간non-alcoholic fatty liver disease, NAFLD과 비알코올성 지방간염non-alcoholic steatohepatitis, NASH

비알코올성 지방간NAFLD 환자의 약 20%는 비알코올성 지방간염NASH으로 진행이 되고 이 NASH는 추후 간경변증이나 간세포암종hepatocellular carcinoma, HCC으로 악화될 수 있다. NAFLD와 NASH의 발생과 진행에 대해서는 비만과 인슐린 저항성이 공통적인 주요인으로 간주된다. 비만은 박테리아 다양성을 감소시키고 장내 미생물의 불균형을 초래한다고 알려져 있다(72). 비만에 대한 초기 연구 결과, 후벽균문 세균은 증가하고 의간균문의 세균은 감소하여 의간균 대비 후벽균의 비율*Bacteroidetes/Firmicutes*을 현저하게 감소시킨다고 보고되었으나, 이 결과는 그 후의 연구에 의해 남녀 간에 상반된 현상이 보고되었고 비만의 척도와 환자의 연령에 따라 박테리아의 조성도 차이를 나타내므로 앞으로 더 많은 연구가 필요하다(72).

그리고 NAFLD/NASH 환자의 장관내세균 불균형은 장 투과성을 증가시키고 간 성상세포hepatic stellate cells를 활성화시켜 간섬유화fibrosis와 간경변cirrhosis으로의 진행에 기여한다. 또한 NAFLD 환자에서는 1차 담즙산을 2차 담즙산으로 변형시킬 수 있는 후벽균문의 *Ruminococcaceae*, *Lachnospiraceae* 및 *Blautia* 세균들의 감소가 일어나고 이러한 2차 담즙산의 감소는 회장에서 장 투과성을 지속시키고, 간 질환의 원인이 되는 박테리아 증식을 초래한다고 알려졌다(73).

(6) 간세포암종hepatocellular carcinoma, HCC

간세포암종HCC은 만성 간질환과 간경변이 있는 성인에서 가장 흔한 원발성 악성 종양으로 알려져 있다. HCC 환자는 높은 수준의 대장균 및 그람음성 박테리아를 보유하고 있으며, 이는 LPS 혈청 수치 증가와 관련이 있다(74). LPS는 세균성 항원으로 염증 유발 작용이 있다. 또한 HCC 발암과정을 연구할 수 있는 DENdiethylnitrosamine 실험쥐 모델의 장에서는 후벽균문의 일종인 *Oribacterium*과 푸소박테리아문의 *Fusobacterium*균이 증가되어 있고 *Lactobacillus*, *Bifidobacterium* 및 *Enterococcus* 균들이 감소되어 있다(75). 이런 균들의 변화가 HCC 발병과 어떤 상관관계가 있는지는 앞으로 더 많은 연구가 필요하다.

(7) 자폐 스펙트럼 장애autism spectrum disorder, ASD

자폐 스펙트럼 장애ASD는 사회적 상호작용과 인지 능력에 저하를 일으키는 신경 발달 장애다. ASD 소아에서 변비, 설사 및 복통을 포함한 위장 장애가 자주 보고된다(76). 이런 현상은 장내 미생물 불균형과 관련된 위장 장애가 ASD와 관련이 있을 수 있음을 시사한다. 실제로, ASD 동물 모델과 ASD 환자를 대상으로 한 임상 연구 모두에서 ASD가 있을 경우 *Bacteroides*가 감소하고 후벽균문의 *Clostridium* 종이 증가한 것으로 나타났다(77). 또한 염증성 장질환 환자와 유사하게 의간균문과 후벽균문의 불균형이 ASD 환자에서도 보고되었다(78). 특히 후벽균문이 증가하고 의간균문이 감소하여 후벽균문/의간균문의 비율이 크게 증가하였다. 구체적으로 *Alistipes*의간균문, *Bilophila*프로테오박테리아문, *Dialister*후벽균문 균들은 감소하고, 이에 비해 *Corynebacterium*방선균문, *Dorea*후벽균문, *Lactobacillus*후벽균문 균들은 두드러지게 증가하는 양상을 나타내었다(78). 최근 연구에 따르면 자폐증 환자에서 나타나는 변비가 *Escherichia*, *Shigella* 및 *Clostridium cluster XVIII*의 증가와 관련이 있음이 밝혀졌다(78). 그리고 장내 미생물이 생성하는 대사산물과의 관련성에 대한 연구 결과로는 *Bacteroides*, *Clostridia*, 그리고 *Desulfovibrio* 균들이 짧은사슬지방산을 합성하고 이런 짧은사슬지방산들이 ASD를 유발할 수 있는 신경화학적 변화와 그에 따른 행동 이상을 유도할 가능성이 제기되었다(79).

(8) 알츠하이머병Alzheimer's disease, AD

알츠하이머병AD은 일반적으로 치매라고 알려진 가장 흔한 신경 퇴행성 뇌질환이다. 최근 연구에서 AD 실험동물은 대조군과 비교하였을 때 장관내세균 조성에서 의간균문이 증가하고 후벽균문, 우미균문*Verrucomicrobia*, 프로테오박테리아문 및 방선균문은 감소하였다(80). 또한 알츠하이머병 환자에 대한 임상 연구 결과에 의하면 대조군과 비교하였을 때 미생물의 다양성이 감소하고 구성 변화가 나타나는데, 특히 후벽균과 비피도박테리움이 감소한 반면, 의간균의 증가가 관찰되었다(81). 알츠하이머병 환자의 사후 뇌는 건강한 뇌에 비해 *Propionibacteriaceae*과의 증가가 두드러진 것으로 나타나서 중추신경계로 특정 세균의 이동이 신경질환의 발병에 기여하거나 질병의 원인이 될 수 있다는 가설이 제기되고 있다(82).

(9) 파킨슨병Parkinson's disease, PD

파킨슨병PD은 신경퇴행성 질환 중 하나로 알츠하이머병 다음으로 자주 발생하는 노인성 질병으로서 뇌의 흑질 영역에서 도파민 뉴런의 변성이 일어나서 뇌의 도파민 수치를 감소시켜 비정상적인 뇌 활동을 유발한다. 대부분의 파킨슨병 환자는 운동 결함이 시작되기 전에 변비를 경험한다는 사실에 의해 장내 미생물과의 관련성이 제기되었다. 임상연구 결과, 파킨슨병 환자는 대조군에 비해 *Prevotellaceae*균의 상대적 풍부도가 감소하고 *Enterobacteriaceae*균의 증가가 나타났다(83). 이 결과에 의해 *Enterobacteriaceae*균은 자세 불안정 및 보행 어려움의 증세와 관련성이 있을 것으로 제시되었다(83). 또 다른 임상연구에서는 후벽균의 일종인 *Blautia*와 *Coprococcus* 그리고 *Roseburia* 속을 포함한 항염증성의 부티레이트 생성 세균과 *Faecalibacterium*균들이 파킨슨병 환자에서 현저히 감소한 것으로 나타났고, 염증성 세균의 일종인 *Ralstonia*프로테오박테리아문는 증가되었다고 보고되었다(84). 이런 결과들은 장관내세균 군집의 변화가 세균들의 대사산물의 조성과 생성량의 변화를 초래하고 그에 따른 염증반응의 증가와 신경퇴행 현상과의 관련성을 예상할 수 있으나 아직까지 그 구체적인 기전은 규명되지 않았다.

3) 전립선 장애 질환prostate disorders

(1) 전립선염prostatitis

전립선염은 대장균 및 기타 그람음성세균*Klebsiella, Proteus* 및 *Pseudomonas*과 같은 요로 병원균에 의해 발생할 수 있다(85). 또한 장구균*Enterococcus* 및 포도상구균과 같은 일부 그람양성세균은 급성 세균성전립선염acute bacterial prostatitis과 만성 세균성전립선염chronic prostatitis/chronic pelvic pain syndrome, CP/CPPS을 유발할 수 있다고 보고되었다(86). 그 외에도 클라미디아 트라코마티스*Chlamydia trachomatis*, 임균*Gonococci*, 마이코플라스마*Mycoplasma* 및 우레아플라스마*Ureaplasma*, 배양이 어려운 코리네형*Coryneform* 박테리아, 방선균문의 일종으로 *Mycobacterium*속의 항산균*Acid-Fast bacteria*, 그리고 바이러스 및 곰팡이를 포함한 여러 미생물이 만성 세균성전립선염의 유발과 관련성이 있다고 보고되었다(85,86).

(2) 전립선암prostate cancer

전립선암은 남성에게 가장 흔한 암 중 하나이며 만성 염증이 전립선암 발생에 관여하는 것으로 알려졌다. 남성 비뇨기 미생물 군집에 대한 연구 결과, 건강한 남성과 전립선암 환자의 소변에서 다른 미생물의 분포 패턴이 발견되었다. 즉 전립선암 환자의 소변에는 *Streptococcus anginosus*, *Anaerococcus lactolyticus*, *Anaerococcus obesiensis*, *Actinobaculum schaalii*, *Varibaculum cambriense*와 *Propionimicrobium lymphophilum* 같은 염증성 세균이 다수 발견되어 염증 증가에 의한 전립선암 발병을 시사하였다(87).

4) 여성생식기 질환

(1) 질염vaginitis

질에 염증이 생긴 질병으로 칸디다질염, 세균성질염, 트리코모나스 질염 등으로 나뉜다. 칸디다질염은 진균인 *Candida albicans*가 원인균이고, 세균성질염은 질의 산성상태를 유지시켜주는 정상상주균인 *Lactobacillus*가 감소하면서 혐기성 세균이 증식하여 발생한다. 그리고 트리코모나스질염은 원생생물 중 엑스카바타군의 트리코모나스에 감염되어 생기는 성병의 일종이다(2).

(2) 여성생식기암gynaecological cancer

① 자궁경부암cervical cancer

자궁경부암은 인체유두종바이러스*human papilloma virus*, HPV와 관련된 악성 종양이며 전 세계적으로 여성에서 네 번째로 흔한 암이다(5,10). 역학 연구에 따르면 젖산균이 아닌 다양한 질 미생물 집단과의 연관성도 제기되었다. 따라서 젖산균의 고갈과 혐기성 박테리아의 과성장을 특징으로 하는 세균성질염bacterial vaginosis이 HPV의 증가와 관련이 있다고 알려졌다(27). 세균성질염을 일으키는 균으로는 *Gardnerella*, *Atopobium*, *Prevotella*, *Megasphaera*, *Parvimonas*, *Peptostreptococcus*, *Anaerococcus*, *Sneathia*, *Shuttleworthia* 및 *Gemella* 등이 발견되었고, 이 세균들과 HPV, 그리고 자궁경부암과의 관련성이 예상된다(27,88).

② 자궁내막암endometrial cancer

자궁내막암은 선진국에서 가장 흔한 여성생식기 관련 암이며 장 및 질 미생물 군집의 변화와 자궁내막암 간의 잠재적 상관성이 보고되었다(5). 특히 장내 미생물 군집이 에스트로겐 대사 및 비만과 밀접한 관련성이 있으므로 자궁내막암의 발병 과정에서 미생물 군집의 잠재적 역할을 예상할 수 있다. 여기에 관련된 장내 미생물 종류로는 후벽균문에 속하는 *Dialister*, *Peptoniphilus*, *Ruminococcus*, *Anaerotruncus*, *Anaerostipes*와 의간균문의 *Porphyromonas*, 방선균문의 *Atopobium*, 그리고 남세균문의 *Arthrospira* 등이 포함된다(88).

③ 난소암ovarian cancer

난소암은 여성에서 가장 치명적인 악성 종양 중 하나다. 자궁내막암과 유사하게 세균과 바이러스에 의한 만성 감염과 생식기 염증이 난소 종양의 발생과 관련이 있다고 알려졌다(89). 즉 *Brucella*, *Mycoplasma* 및 *Chlamydia*와 같은 병원성 미생물들이 난소 종양의 60% 이상에서 발견되었고, 특히 γ-프로테오박테리아강의 *Acinetobacter*의 증가가 보고되었다(90). 따라서 프로테오박테리아문/후벽균문의 비율이 크게 증가되었다. 그뿐만 아니라 HPV, *Cytomegalovirus* 등 여러 병원성 바이러스들과 *Chlamydia trachomatis* 같은 세균들이 난소암의 특징적인 미생물군으로 알려졌다(89,90).

5) 인체 진균에 의한 질환

세균 외에도 인체에 서식하는 진균과 관련된 질환들이 다음과 같이 보고되어 있다(7).

(1) 염증성 장질환inflammatory bowel disease, IBD

염증성 장질환IBD 환자의 장에서는 *Candida albicans* 같은 여러 칸디다종의 과성장이 나타나고 *S. cerevisiae*종의 풍부도는 떨어지는 것이 보고되었다(91). 진균의 불균형fungal dysbiosis이 대장 염증의 원인인지 결과인지는 아직 불분명하지만, IBD 발병과정 동안 진균성 염증 반응이 증가하는 것이 알려졌다. 그리고 크론병 환자는 *C. albicans*, *Aspergillus clavatus*와 *Candida neoformans*가 증가하여 진균 군집의 구성이 변화하고 이런 진균 군집의 변화는 TNF-α, IFN-α, IL-10과 같은 사이토카인 생성 및 염증반응의 증가와 관련이 있는 것으로 예상된다(92). 또한 동물실험에서 *C. albicans* 또는 *C. tropicalis*를 경구 접종하면 대장 염증반응이 촉진되고, 유전적으로 대장 염증이 과활성화된 실험동물에서 항진균제를 처리하면 대장 염증이 감소되므로 진균과 IBD의 관련성이 확인되었다(93).

(2) 알레르기성 기도질환allergic airway disease

진균은 강력한 알레르기성 항원으로 작용할 수 있는데, 특히 누룩곰팡이종은 알레르기성 비염 및 천식과 같은 알레르기 질환의 발병과 관련이 있다고 알려졌다(94). 따라서 진균의 증식을 촉진하는 항생제 사용은 천식 및 알레르기 발생 위험을 증가시킬 가능성이 제기되었다(95).

(3) 피부질환skin disease

담자균류에 속하는 말라세지아*Malassezia*종의 진균은 가슴, 등, 목 등에 다양한 크기의 황갈색 각질을 일으키는 피부질환인 어루러기pityriasis versicolor, PV와 역시 가슴, 등, 팔 부위에 발생하는 말라세지아 모낭염malassezia folliculitis, MF을 유발한다. 그리고 지루성 피부염seborrheic dermatitis과 아토피피부염atopic dermatitis을 포함한 다른 염증성 피부질환에도 관련되어 있다고 알려져 있다(7,96). 어루러기는 *Malassezia globosa*와 같은 말라세지아진균에 의한 피부의 만성 표재성감염으로, 저색소 또는 색소 침착 병변을 특징으로 나타내고, 말라세지아 모낭염은 말라세지아종에 의한 모낭 침범으로 발생한다.

(4) 알코올성 간질환alcoholic liver disease, ALD

장내 진균의 불균형은 장염증 외에도 사람의 알코올성 간질환을 악화시키는 것으로 보고되었다(97). ALD 환자의 진균의 구성은 질병이 진행되면서 칸디다종이 지배적인 것이 관찰되었다. 유사하게, 에탄올을 투여한 실험동물에서 칸디다종의 과다 증식을 특징으로 하는 장내 진균의 불균형 현상이 나타났다. 장내 진균의 과잉 성장은 장에서 간으로 β-글루칸의 이동을 증가시켜 간 염증과 ALD를 악화시키고, 항진균제 투여는 간의 쿠퍼Kupffer 세포에 의한 IL-1β의 분비를 감소시켜 간 염증과 ALD 중증도를 개선시키는 것이 관찰되어 간 염증과 장내 진균과의 관련성이 제시되었다(97).

(5) 자가면역질환autoimmune disease

류머티스 관절염rheumatoid arthritis, RA의 실험동물에서 항진균제의 처리 시 류머티스 관절염이 완화되었고(98), 실험동물의 관절에서 진균에 의해 면역성 염증질환에 관련된 Th17면역세포가 강하게 유도되는 현상이 나타났다(99,100). 이런 결과에 의해 장내 진균 군집의 변화와 불균형은 류머티스 관절염과 다발성경화증을 포함한 자가면역질환과 관련이 있다는 가설이 제기되었다.

(6) 신경질환neurological disorders

칸디다종은 자폐 스펙트럼 장애질환과 진행성 신경발달장애질환인 레트증후군Rett syndrome 환자의 대변에서 과도하게 증가되어 있음이 보고되었다(101,102). 흥미롭게도, 레트증후군 환자의 분변에서 분리된 *Candida parapsilosis*는 건강한 사람의 것과 유전적으로 구별되며, 기능적으로 생물막 형성 능력과 항진균제에 대한 내성, 그리고 말초혈액 단핵세포peripheral blood mononuclear cell로부터 염증성 사이토카인의 생산 능력이 증가된 특성을 나타내었다(103). 이런 결과에 의해 진균이 신경질환의 발생에도 관련이 있을 것으로 예상된다.

6) 인체 고균과 인간 질환

고균이 여러 염증질환에 직접적으로 관여되어 있는지는 아직 규명되지 않았지만, 일부 연구에서 메탄생성고균의 증가가 염증의 증가와 관련이 있다고 보고되었다. 예를 들어 *Methanobrevibacter smithii*는 질염, 근육 농양, 폐렴 및 요로감염 환자에서 발견되었으며, 불응성 부비동염refractory sinusitis 환자에서는 *Methanobrevibacter oralis*도 관찰되었다(104,105,106). 이 *M. oralis*는 뇌농양, 치주염 또는 임플란트주위염peri-implantitis에서도 존재한다고 보고되었다(105,107,108). 그 외에도 여러 감염성 질환에서 혐기성 발효세균과 메탄생성고균의 증가가 함께 관찰되었다(107,108). 이러한 연구 결과는 메탄생성고균이 수소농도를 낮춤으로써 염증과 관련된 발효 세균의 증식을 촉진할 가능성을 암시한다.

7) 인체 바이러스에 의한 질환

장내 진핵 바이러스와 박테리오파지를 포함한 장바이러스는 숙주세포와 박테리아를 감염시키고 죽게 하여 만성염증을 유발할 수 있다. 염증성 장질환 환자에서는 일반적으로 총 박테리아 수의 감소가 관찰되지만, 대변 내의 바이러스는 건강한 대조군에 비해 풍부도가 증가되어 있다(109). 특히 염증성 장질환 환자는 건강한 대조군에 비해 *Caudovirales*목 박테리오파지의 수가 증가되어 있다(110). 그리고 크론병 환자의 점막 샘플에서도 *Caudovirales*목의 *Siphoviridae*과, *Myoviridae*과, 그리고 *Podoviridae*과의 박테리오파지가 증가되어 있다(111). 또한 중남미에서 발생한 원인 미상의 설사병에서 *Pecovirus*로 명명된 새로운 단일가닥 DNA바이러스가 검출되었다(112). 이와 같이 장내 질환과 인체서식 바이러스 간에 연관성이 있을 것으로 추정되지만 그 정확한 기전은 아직 규명되지 않았다.

이러한 인체에 서식하는 바이러스 외에 외부로부터 인체에 감염되어 질병을 일으키는 바이러스는 400종 이상으로 추정되며, 다음과 같은 종들이 알려져 있다(2).

(1) 공기로 전파되는 바이러스 질병으로는 수두와 대상포진이 있고 이 질병은 DNA바이러스인 수두대상포진바이러스*Varicella zoster virus*가 일으키고 인플루엔자독감은 인플루엔자바이러스가, 그리고 홍역은 홍역바이러스*Measles virus*가, 유행성이하선염볼거리은 유행성이하선염바이러스*Mumps virus*에 의해 일어난다. 이들은 모두 음성가닥 RNA바이러스다. 최근에 유행한 중증급성호흡기증후군은 양성가닥 RNA바이러스인 사스-코로나바이러스*SARS-corona virus*가 유발한다. 또한 천연두는 이중가닥 DNA바이러스인 천연두바이러스*Variola virus*에 의해 일어난다.

(2) 직접 접촉에 의한 바이러스 질병으로 대표적인 AIDS는 양성가닥 RNA바이러스인 사람면역결핍바이러스*Human immunodeficiency virus*에 의해, 단순포진은 이중가닥 DNA바이러스인 단순포진바이러스*Herpes simplex virus*가 일으키고, 바이러스성 간염은 거대세포바이러스*Cytomegalovirus*와 B형, C형 간염바이러스*Hepatitis B and C virus*가 원인바이러스다.

(3) 인수공통바이러스 질병인 에볼라출혈열은 에볼라바이러스*Ebola virus*에 의해, 한타바이러스 폐증후군은 한타바이러스*Hantavirus*, 그리고 광견병은 광견병리사바이러스*Rabies lyssavirus*에 의해 발생하고 이들은 음성가닥 RNA바이러스다.

(4) 인간에서 암을 유발하는 바이러스는 간염과 간암 발생에 관여하는 B형 간염바이러스HBV와 C형 간염바이러스HCV, 그리고 자궁경부암을 일으키는 인체유두종바이러스HPV 등, 몇 종이 알려져 있다. 이들 중 HBV와 HPV는 이중가닥 DNA바이러스이고 HCV는 단일가닥 RNA바이러스이다. 그리고 T세포 림프종T-cell lymphoma을 일으키는 HTLV-1*Human T-Lymphotropic Virus-1*은 단일가닥 RNA를 가진 레트로바이러스다.

이 장에서 소개한 미생물은 동식물 또는 인간과 공생하거나 질병을 일으키는 것들이다. 특히 인간에게 질병을 일으키는 세균이나 진균, 원생생물, 그리고 바이러스들이 비교적 자세히 연구되어 있다. 이렇게 많은 미생물을 언급한 이유는 얼마나 다양한 미생물이 다른 생물들과 상호작용을 하고 있는지를 드러내 보이고자 한 것이다. 그러나 이렇게 알려진 미생물은 주로 인간의 질병과 관련된 것에 한정되고, 훨씬 많은 미생물이 인간의 눈길이 미치지 않는 미지의 세계에 있으므로 미생물과의 상호관계는 상상하기 어려울 정도로 광범위할 것이다. 이렇게 드러나지 않지만 미지의 미생물의 상호작용은 인체 내 미생물에도 당연히 연결이 되어 일어날 것이고, 이 상호작용의 결과는 인체에도 영향을 미치지 않을 수 없을 것이다. 그 영향이 어떤지, 얼마나 깊숙이 관여되어 있는지 그 전모를 현재로서는 파악하기 어렵고, 그 영향이 인간이라는 정체성의 확립에도 기여할 것이 분명하지만 그 내막은 두꺼운 베일에 싸여 있어 단지 추측만 할 뿐이다.

이런 미생물의 상호작용은 이 장에서 다룬 개체 수준뿐만 아니라 그보다 더 깊숙한 분자 수준에서도 활발하고도 내밀하게 이루어지고 있다. 이 분자 수준, 즉 유전자 수준에서 일어나는 상호작용은 유전정보의 전달과 교환 형태로 나타나고 있으며, 이에 대한 최근의 연구 결과는 다음 3장과 같다.

참고문헌

1. 마르크 앙드레 슬로스, 『혼자가 아니야』, 양영란 옮김, 갈라파고스(2019).
2. Willey, J.M., Sherwood, L.M., and Woolverton, C.J., *Prescott's Microbiology*, 9th edition, McGraw-Hill Education Holdings(2013).
3. Madigan, M.T., Martinko, J.M., Bender, K.S., Buckley, D.H. and Stahl, D.A., *Brock Biology of Microorganisms*, 14th edition, Pearson Education, Inc.(2015).
4. Wein, T. et al., Currency, exchange, and inheritance in the evolution of symbiosis. *Trends in Microbiology* 27, 836-849(2019).
5. Lloyd-Price, J., Abu-Ali, G. and Huttenhower, C. The healthy human microbiome. *Genome Med.* 8, 51(2016).
6. Underhill, D.M. and Iliev, I.D., The mycobiota: interactions between commensal fungi and the host immune system. *Nat. Rev. Immunol.* 14(6): 405-416(2014).
7. Lai, G.C., Tan, T.G. and Pavelka, N., The mammalian mycobiome: a complex system in a dynamic relationship with the host. *Wiley Interdiscip Rev Syst Biol Med.* 11: e1438 (2019).
8. Borrel, G. et al., The host-associated archaeome. *Nat. Rev. Microbiol.* 18, 622-636 (2020).
9. Koskinen, K. et al., First insights into the diverse human archaeome: specific detection of archaea in the gastrointestinal tract, lung, and nose and on skin. *mBio.* 8(6)(2017).
10. Duerkop, B.A. and Hooper, L.V., Resident viruses and their interactions with the immune system. *Nat. Immunol.* 14(7): 654-659(2013).
11. Minot, S. et al., Rapid evolution of the human gut virome. *Proc. Natl. Acad. Sci. USA* 110(30): 12450-12455(2013).
12. Hunter, P., The secret garden's gardeners. Research increasingly appreciates the crucial role of gut viruses for human health and disease. *EMBO Rep.* 14(8): 683-685(2013).
13. Pfeiffer, J.K. and Virgin, H.W., Transkingdom control of viral infection and immunity in the mammalian intestine. *Science* 351(6270)(2016).
14. Dalmasso, M., Hill, C. and Ross, R.P., Exploiting gut bacteriophages for human health. *Trends Microbiol.* 22(7): 399-405(2014).
15. Weinbauer, M.G., Ecology of prokaryotic viruses. *FEMS Microbiol Rev.* 28(2): 127-181 (2004).
16. Girons, I.S. et al., The LE1 bacteriophage replicates as a plasmid within *Leptospira*

biflexa: construction of an *L. biflexa-Escherichia coli* shuttle vector. *J. Bacteriol.* 182(20): 5700-5705(2000).

17. Byrd, A.L., Belkaid, Y. and Segre, J.A., The human skin microbiome. *Nat. Rev. Microbiol.* 16(3): 143-155(2018).
18. Brüggemann, H. et al., The complete genome sequence of *Propionibacterium acnes*, a commensal of human skin. *Science* 305(5684): 671-673(2004).
19. Scharschmidt, T.C. and Fischbach, M.A., What lives on our skin: ecology, genomics and therapeutic opportunities of the skin microbiome. *Drug Discov. Today Dis. Mech.* 10(3-4): e83-e89(2013).
20. Findley, K. et al., Topographic diversity of fungal and bacterial communities in human skin. *Nature* 498(7454): 367-370(2013).
21. Lamont, R.J., Koo, H. and Hajishengallis, G., The oral microbiota: dynamic communities and host interactions. *Nat. Rev. Microbiol.* 16(12): 745-759(2018).
22. Wypych, T.P., Wickramasinghe, L.C. and Marsland, B.J., The influence of the microbiome on respiratory health. *Nat. Immunol.* 20(10): 1279-1290(2019).
23. Charlson, E.S. et al., Lung-enriched organisms and aberrant bacterial and fungal respiratory microbiota after lung transplant. *Am. J. Respir. Crit. Care. Med.* 186(6): 536-545(2012).
24. Dridi, B. et al., High prevalence of *Methanobrevibacter smithii* and *Methanosphaera stadtmanae* detected in the human gut using an improved DNA detection protocol. *PLoS One* 4(9): e7063(2009).
25. Ruaud, A. et al., Syntrophy via interspecies H(2) transfer between *Christensenella* and *Methanobrevibacter* underlies their global cooccurrence in the human gut. *mBio* 11(1)(2020).
26. Oxley, A.P.A. et al., Halophilic archaea in the human intestinal mucosa. *Environ. Microbiol.* 12(9): 2398-2410(2010).
27. Laniewski, P., Ilhan, Z.E. and Herbst-Kralovetz, M.M., The microbiome and gynaecological cancer development, prevention and therapy. *Nat. Rev. Urol.* 17(4): 232-250(2020).
28. Martin, D.H. and Marrazzo, J.M., The vaginal microbiome: current understanding and future directions. *J. Infect. Dis.* 214(Suppl 1): S36-41(2016).
29. Conti, C., Malacrino, C. and Mastromarino, P., Inhibition of *Herpes simplex virus type 2* by vaginal *Lactobacilli*. *J. Physiol. Pharmacol.* 60(Suppl 6): 19-26(2009).
30. Tyssen, D. et al., Anti-HIV-1 activity of lactic acid in human cervicovaginal fluid. *mSphere* 3(4)(2018).

31. Borgdorff, H. et al., The association between ethnicity and vaginal microbiota composition in Amsterdam, the Netherlands. *PLoS One* 12(7): e0181135(2017).
32. Drell, T. et al., Characterization of the vaginal micro-and mycobiome in asymptomatic reproductive-age Estonian women. *PLoS One* 8(1): e54379(2013).
33. Zheng, N.N. et al., Characterization of the vaginal fungal flora in pregnant diabetic women by 18S rRNA sequencing. *Eur. J. Clin. Microbiol. Infect. Dis.* 32(8): 1031-1040(2013).
34. Guo, R. et al., Increased diversity of fungal flora in the vagina of patients with recurrent vaginal candidiasis and allergic rhinitis. *Microb. Ecol.* 64(4): 918-927(2012).
35. Nicholson, J.K. et al., Host-gut microbiota metabolic interactions. *Science* 336(6086): 1262-1267(2012).
36. Castillo, J., Jodar, M. and Oliva, R., The contribution of human sperm proteins to the development and epigenome of the preimplantation embryo. *Hum. Reprod. Update* 24(5): 535-555(2018).
37. Drabovich, A.P. et al., Seminal plasma as a diagnostic fluid for male reproductive system disorders. *Nat. Rev. Urol.* 11(5): 278-288(2014).
38. Alfano, M. et al., Testicular microbiome in azoospermic men-first evidence of the impact of an altered microenvironment. *Hum. Reprod.* 33(7): 1212-1217(2018).
39. Javurek, A.B. et al., Discovery of a novel seminal fuid microbiome and influence of estrogen receptor alpha genetic status. *Sci. Rep.* 6: 23027(2016).
40. Levy, M. et al., Dysbiosis and the immune system. *Nat. Rev. Immunol.* 17(4): 219-232(2017).
41. Nguyen, P.V. et al., Innate and adaptive immune responses in male and female reproductive tracts in homeostasis and following HIV infection. *Cell Mol. Immunol.* 11(5): 410-427(2014).
42. Koh, A. et al. From dietary fiber to host physiology: short-chain fatty acids as key bacterial metabolites. *Cell* 165(6): 1332-1345(2016).
43. Louis, P., Hold, G.L. and Flint, H.J., The gut microbiota, bacterial metabolites and colorectal cancer. *Nat. Rev. Microbiol.* 12(10): 661-672(2014).
44. Magnúsdóttir, S. et al., Systematic genome assessment of B-vitamin biosynthesis suggests co-operation among gut microbes. *Front Genet.* 6: 148(2015).
45. Richter, G. et al., Biosynthesis of riboflavin: characterization of the bifunctional deaminase-reductase of *Escherichia coli* and *Bacillus subtilis. J. Bacteriol.* 179(6): 2022-2028(1997).
46. Kleerebezem, M. and Vaughan, E.E., Probiotic and gut *Lactobacilli* and *Bifidobacteria*:

molecular approaches to study diversity and activity. *Annu. Rev. Microbiol.* 63: 269-290 (2009).

47. Martens, J.H. et al., Microbial production of vitamin B12. *Appl. Microbiol. Biotechnol.* 58(3): 275-285(2002).
48. Krautkramer, K.A., Fan, J. and Bäckhed, F., Gut microbial metabolites as multi-kingdom intermediates. *Nat. Rev. Microbiol.* 19(2): 77-94(2020).
49. Sivsammye, G. and Sims, H.V., Presumptive identification of *Clostridium difficile* by detection of p-cresol in prepared peptone yeast glucose broth supplemented with p-hydroxyphenylacetic acid. *J. Clin. Microbiol.* 28(8): 1851-1853(1990).
50. Chiaro, T.R. et al., A member of the gut mycobiota modulates host purine metabolism exacerbating colitis in mice. *Sci. Transl. Med.* 9, eaaf9044(2017).
51. Magiatis, P. et al., Malassezia yeasts produce a collection of exceptionally potent activators of the Ah(dioxin) receptor detected in diseased human skin. *J. Invest. Dermatol.* 133(8): 2023-2030(2013).
52. Furue, M. et al., Role of AhR/ARNT system in skin homeostasis. *Arch. Dermatol. Res.* 306(9): 769-779(2014).
53. Velegraki, A. et al., Malassezia infections in humans and animals: pathophysiology, detection, and treatment. *PLoS Pathog.* 11(1): e1004523(2015).
54. Fitz-Gibbon, S. et al., *Propionibacterium acnes* strain populations in the human skin microbiome associated with acne. *J. Invest. Dermatol.* 133(9): 2152-2160(2013).
55. Omer, H., McDowell, A. and Alexeyev, O.A., Understanding the role of *Propionibacterium acnes* in acne vulgaris: the critical importance of skin sampling methodologies. *Clin. Dermatol.* 35(2): 118-129(2017).
56. Kong, H.H. et al., Temporal shifts in the skin microbiome associated with disease flares and treatment in children with atopic dermatitis. *Genome. Res.* 22(5): 850-859(2012).
57. Chng, K.R. et al., Whole metagenome profiling reveals skin microbiome-dependent susceptibility to atopic dermatitis flare. *Nat. Microbiol.* 1(9): 16106(2016).
58. Hanski, I. et al., Environmental biodiversity, human microbiota, and allergy are interrelated. *Proc. Natl. Acad. Sci. USA* 109(21): 8334-8339(2012).
59. Smeekens, S.P. et al., Skin microbiome imbalance in patients with STAT1/STAT3 defects impairs innate host defense responses. *J. Innate. Immun.* 6(3): 253-262(2014).
60. Gardner, S.E. et al., The neuropathic diabetic foot ulcer microbiome is associated with clinical factors. *Diabetes* 62(3): 923-930(2013).
61. Kalan, L. et al., Redefining the chronic-wound microbiome: fungal communities

are prevalent, dynamic, and associated with delayed healing. *mbio* DOI: 10.1128/mBio01058-16(2016).

62. Schirmer, M. et al., Microbial genes and pathways in inflammatory bowel disease. *Nat. Rev. Microbiol.* 17(8): 497-511(2019).
63. Glassner, K.L, Abraham, B.P. and Quigely, E.M.M., The microbiome and inflammatory bowel disease. *J. Allergy. Clin. Immunol.* 145(1): 16-27(2020).
64. Shaw, S.Y., Blanchard, J.F. and Bernstein, C.N., Association between the use of antibiotics in the first year of life and pediatric inflammatory bowel disease. *Am. J. Gastroenterol.* 105(12): 2687-2692(2010).
65. Cao, Y., Shen, J. and Ran, Z.H., Association between *Faecalibacterium prausnitzii* reduction and inflammatory bowel disease: a meta-analysis and systematic review of the literature. *Gastroenterol. Res. Pract.* DOI: 10.1155/2014/872725(2014).
66. Ou, J. et al., Diet, microbiota, and microbial metabolites in colon cancer risk in rural Africans and African Americans. *Am. J. Clin. Nutr.* 98(1): 111-120(2013).
67. Mutlu, E.A. et al., Colonic microbiome is altered in alcoholism. *Am. J. Physiol. Gastrointest Liver Physiol.* 302(9): 966-978(2012).
68. Rubinstein, M.R. et al., *Fusobacterium nucleatum* promotes colorectal carcinogenesis by modulating E-cadherin/β-catenin signaling via its FadA adhesin. *Cell Host Microbe.* 14(2): 195-206(2013).
69. Sánchez, E. et al., Duodenal-mucosal bacteria associated with celiac disease in children. *Appl. Environ. Microbiol.* 79(18): 5472-5479(2013).
70. Jeffery, I.B. et al., An irritable bowel syndrome subtype defined by species-specific alterations in faecal microbiota. *Gut* 61(7): 997-1006(2012).
71. Crouzet, L. et al., The hypersensitivity to colonic distension of IBS patients can be transferred to rats through their fecal microbiota. *Neurogastroenterol. Motil.* 25(4): e272-82(2013).
72. Ozoto, N. et al., *Blautia* genus associated with visceral fat accumulation in adults 20-76 years of age. *NPJ Biofilms Microbiomes* 5: 28(2019).
73. Kakiyama, G. et al., Modulation of the fecal bile acid profile by gut microbiota in cirrhosis. *J. Hepatol.* 58(5): 949-955(2013).
74. Grąt, M. et al., Profile of gut microbiota associated with the presence of hepatocellular cancer in patients with liver cirrhosis. *Transplant Proc.* 48(5): 1687-1691(2016).
75. Zhang, H.L. et al., Profound impact of gut homeostasis on chemically-induced pro-tumorigenic inflammation and hepatocarcinogenesis in rats. *J. Hepatol.* 57(4): 803-812(2012).

76. Coury, D.L. et al., Gastrointestinal conditions in children with autism spectrum disorder: developing a research agenda. *Pediatrics* 130(Suppl 2): S160-168(2012).
77. Hsiao, E.Y. et al., Microbiota modulate behavioral and physiological abnormalities associated with neurodevelopmental disorders. *Cell* 155(7): 1451-1463(2013).
78. Strati, F. et al., New evidences on the altered gut microbiota in autism spectrum disorders. *Microbiome* 5(1): 24(2017).
79. Macfabe, D.F., Short-chain fatty acid fermentation products of the gut microbiome: implications in autism spectrum disorders. *Microb. Ecol. Health. Dis.* 23 DOI: 10.3402/mehd.v23i0.19260(2012).
80. Harach, T. et al., Reduction of Abeta amyloid pathology in APP/PS1 transgenic mice in the absence of gut microbiota. *Sci. Rep.* 7: 41802(2017).
81. Vogt, N.M. et al., Gut microbiome alterations in Alzheimer's disease. *Sci. Rep.* 7(1): 13537(2017).
82. Emery, D.C. et al., 16S rRNA next generation sequencing analysis shows bacteria in Alzheimer's post-mortem brain. *Front Aging Neurosci.* 9: 195(2017).
83. Scheperjans, F. et al., Gut microbiota are related to Parkinson's disease and clinical phenotype. *Mov. Disord.* 30(3): 350-358(2015).
84. Keshavarzian, A. et al., Colonic bacterial composition in Parkinson's disease. *Mov. Disord.* 30(10): 1351-1360(2015).
85. Magri, V. et al., Multidisciplinary approach to prostatitis. *Arch. Ital. Urol. Androl.* 90(4): 227-248(2019).
86. Brede, C.M. and Shoskes, D.A., The etiology and management of acute prostatitis. *Nat. Rev. Urol.* 8(4): 207-212(2011).
87. Shrestha, E. et al., Profiling the urinary microbiome in men with positive versus negative biopsies for prostate cancer. *J. Urol.* 199(1): 161-171(2018).
88. Chase, D. et al., The vaginal and gastrointestinal microbiomes in gynecologic cancers: a review of applications in etiology, symptoms and treatment. *Gynecol. Oncol.* 138(1): 190-200(2015).
89. Shanmughapriya, S. et al., Viral and bacterial aetiologies of epithelial ovarian cancer. *Eur. J. Clin. Microbiol. Infect. Dis.* 31(9): 2311-2317(2012).
90. Zhou, B. et al., The biodiversity composition of microbiome in ovarian carcinoma patients. *Sci. Rep.* 9(1): 1691(2019).
91. Sokol, H. et al., Fungal microbiota dysbiosis in IBD. *Gut* 66(6): 1039-1048(2017).
92. Li, Q. et al., Dysbiosis of gut fungal microbiota is associated with mucosal inflammation in Crohn's disease. *J. Clin. Gastroenterol.* 48(6): 513-523(2014).

93. Iliev, I.D. and Leonardi, I., Fungal dysbiosis: immunity and interactions at mucosal barriers. *Nat. Rev. Immunol.* 17(10): 635-646(2017).
94. Huffnagle, G.B., The microbiota and allergies/asthma. *PLoS Pathog.* 6(5): e1000549 (2010).
95. Noverr, M.C. et al., Role of antibiotics and fungal microbiota in driving pulmonary allergic responses. *Infect. Immun.* 72(9): 4996-5003(2004).
96. Harada, K. et al., Malassezia species and their associated skin diseases. *J. Dermatol.* 42(3): 250-257(2015).
97. Yang, A.M. et al., Intestinal fungi contribute to development of alcoholic liver disease. *J. Clin. Invest.* 127(7): 2829-2841(2017).
98. Yoshitomi, H. et al., A role for fungal beta-glucans and their receptor Dectin-1 in the induction of autoimmune arthritis in genetically susceptible mice. *J. Exp. Med.* 201(6): 949-960(2005).
99. Hirota, K. et al., Preferential recruitment of CCR6-expressing Th17 cells to inflamed joints via CCL20 in rheumatoid arthritis and its animal model. *J. Exp. Med.* 204(12): 2803-2812(2007).
100. Gaffen, S.L. et al., The IL-23-IL-17 immune axis: from mechanisms to therapeutic testing. *Nat. Rev. Immunol.* 14(9): 585-600(2014).
101. Collins, S.M., Surette, M. and Bercik, P., The interplay between the intestinal microbiota and the brain. *Nat. Rev. Microbiol.* 10(11): 735-742(2012).
102. Fung, T.C., Olson, C.A. and Hsiao, E.Y., Interactions between the microbiota, immune and nervous systems in health and disease. *Nat. Neurosci.* 20(2): 145-155(2017).
103. Strati, F. et al., Intestinal *Candida parapsilosis* isolates from Rett syndrome subjects bear potential virulent traits and capacity to persist within the host. *BMC Gastroenterol.* 18(1): 57(2018).
104. Grine, G. et al., Detection of *Methanobrevibacter smithii* in vaginal samples collected from women diagnosed with bacterial vaginosis. *Eur. J. Clin. Microbiol. Infect. Dis.* 38(9): 1643-1649(2019).
105. Nkamga, V.D., Henrissat, B. and Drancourt, M., Archaea: essential inhabitants of the human digestive microbiota. *Human Microbiome Journal* 3: 1-8(2017).
106. Sogodogo, E. et al., Nine cases of methanogenic archaea in refractory sinusitis, an emerging clinical entity. *Front Public Health* 7: 38(2019).
107. Nkamga, V.D. et al., *Methanobrevibacter oralis* detected along with *Aggregatibacter actinomycetemcomitans* in a series of community-acquired brain abscesses. *Clin. Microbiol. Infect.* 24(2): 207-208(2018).

108. Drancourt, M. et al., Evidence of archaeal methanogens in brain abscess. *Clin. Infect. Dis.* 65(1): 1-5(2017).

109. Ogilvie, L.A. and Jones, B.V. The human gut virome: a multifaceted majority. *Front Microbiol.* 6: 918(2015).

110. Lopetuso, L.R. et al., Gut virome and inflammatory bowel disease. *Inflamm. Bowel Dis.* 22(7): 1708-1712(2016).

111. Lepage, P. et al., Dysbiosis in inflammatory bowel disease: a role for bacteriophages? *Gut* 57(3): 424-425(2008).

112. Phan, T.G. et al., The fecal virome of South and Central American children with diarrhea includes small circular DNA viral genomes of unknown origin. *Arch. Virol.* 161(4): 959-966(2016).

제3장

미생물과 동식물 간의
유전정보 전달과 공진화

2장에서 살펴본 바와 같이 미생물은 사람을 포함한 수많은 동식물과 상호작용을 하면서 살아간다. 이 상호작용은 개체 수준만이 아니다. 개체 수준에서 일어나는 여러 형태의 공생관계와 질병 유발 등 눈에 보이는 상호작용뿐만 아니라, 세포 내부의 미세한 유전자 수준에서도 엄청난 상호작용이 일어난다.

이 유전자 수준의 상호작용은 각 생물체의 고유하고 독특한 특성을 유지하고자 하는 노력과 새로운 특성을 획득하고자 하는 시도 사이에 치열한 균형추가 작동하는 지점이다. 새로운 특성은 각 생물체가 생존하고 있는 환경의 변화를 수용하여 적응할 수 있는 경우에는 비교적 용이하게 획득되지만, 그 새로운 특성이 어떤 결과를 가져올지 불분명할 때는 일어나기도 하고 반대로 일어나지 않을 수도 있다. 이렇게 예측할 수 없을 경우는 생물체의 집단 중 일부에서 일어나도록 하여 그 불확실성을 극복해 나가고 있다.

이 유전자 수준의 상호작용은 유전자의 전달기전으로 나타나서 새로운 기능을 가진 유전자를 다른 생물체의 유전정보 풀pool에 합류시키는 것으로써, 이 새로운 유전자가 정착이 되면 그 생물은 새로운 특성을 획득하게 되는 것이다. 여기서의 유전자 전달은 세대를 관통하여 같은 종의 생물체 내에서 부모에서 자손으로 전달되는 것이 아니고, 동일세대에서 서로 다른 종 간에 일어나는 현상을 말한다.

이런 종류의 유전자 전달을 수평적 유전자 전달horizontal gene transfer, HGT이라고 한다. 이 HGT는 세균이나 고균, 바이러스 같은 미생물 사이에 활발히 일어나는 현상이지만, 여기에 그치지 않고, 미생물과 동식물, 그리고 인간 사이에서도 일어나는 것으로 알려지고 있다. 인간의 경우 미생물과 인간세포 간에 HGT가 얼마나 활발하게 일어나는지 아직 미지수지만, 적어도 인간에 서식하는 미생물은 그들 간에 또는 그들과 주변에서 마주치는 인간 바깥의 미생물과는 빈번하게 일어날 것으로 추정된다.

이와 같이 지구상의 생물은 미생물을 매개로 하여 자신의 정체성에 영향을 줄 수 있는 유전정보의 교환이 활발히 일어난다. 즉 미생물이 지구환경의 변화에 신속하고도 민감하게 대응하여 획득한 새로운 유전정보를 지구의 전체 생물들에게 확산시키는 역할을 하고 있는 것이다. 그리하여 미생물과 동식물, 그리고 인간은 끊임없이 변화하면서 공진화하고 있다.

수평적 유전자 전달

수평적 유전자 전달horizontal gene transfer, HGT은 한 유기체에서 다른 유기체로 유전정보가 전달되는 것으로 한 세대에서 다음세대로의 전달이 아닌 동일 세대 간에 일어나는 현상이다. 이 HGT는 박테리아와 고균에서 일어나는 유전체 진화의 주동력으로 파악되어왔다. 그러나 현재는 박테리아와 진핵세포 간에도 광범위하게 일어나는 현상으로 알려지고 있다(1,2).

미생물 사이의 HGT는 항생제 내성유전자나 질병 유발 유전자의 전달이 주로 알려져 있으나 지금은 더 확대된 현상으로 파악되고 있다. 즉 HGT는 원핵생물체 사이뿐만 아니라 원핵생물체와 진핵생물체 사이, 더 나아가 다세포 진핵생물체 사이에도 일어나는 것으로 추정된다(1). 따라서 HGT에 의해 원핵생물뿐만 아니라 진핵생물까지도 연결된 "생명의 그물망the web of life"을 형성하고 있다는 최근의 보고가 있다(1).

1. HGT의 기전

HGT는 일반적으로 그림 1과 같이 5가지 기전으로 일어난다(1,2,3,4).

1) 접합conjugation

박테리아 세포 사이에 세포 표면의 선모pili나 부착인자adhesin에 의해 세포-세포 접촉 통로가 생기고, 이 통로에 의해 DNA가 한 세포에서 다른 세포로 이동하는 현상을 말한다.

2) 형질전환transformation

세포 바깥의 DNA 조각이 세포 안으로 들어가서 염색체에 삽입된 후 기능적인 발현이 일어나서 해당 세포의 형질이 바뀌는 현상을 의미한다.

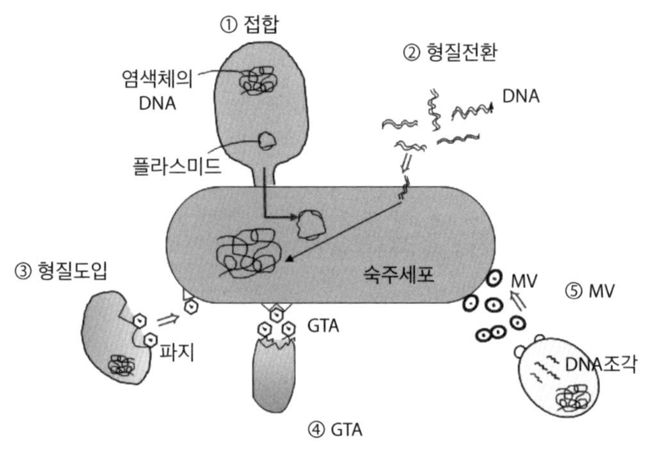

그림 1. HGT의 기전

3) 형질도입transduction

박테리오파지bacteriophage에 의해 감염된 박테리아 세포의 DNA가 파지 속으로 들어가서 파지에 의해 다른 박테리아 세포로 전달되는 현상을 뜻한다.

4) 유전자전달 매개체gene transfer agent, GTA에 의한 DNA 전달

유전자전달 매개체GTA는 박테리오파지에서 유래한 것으로 DNA를 함축할 수 있는 박테리오파지 유사입자다. 이 GTA를 가지고 있는 세포가 용해되면서 그 세포의 염색체 DNA 조각들이 GTA 속으로 들어가서 다른 박테리아 세포에게 전파되는 현상을 말한다.

5) 막소포membrane vesicle, MV에 의한 DNA 전달

막소포는 직경이 10~50nm의 작은 소포로서 DNA를 함유하고 세포 내부나 세포막에 붙어 있다가 세포가 용해될 때 세포 밖으로 분리되어 나온 후 다른 세포에 접합되어 DNA를 전달하게 된다. 이때 박테리오파지도 MV에 결합되어 같이 다른 세포로 형질도입되기도 한다.

이러한 대표적인 5가지 HGT 외에도 다음과 같은 기전으로 종 간에 유전자전달이 일어난다.

6) 유전자 이입introgression

종 간에 자연잡종이 생긴 후, 이 자연잡종이 다시 양친과의 반복되는 역교배에 의해 어느 한 종에서 다른 종으로 유전자가 침투되는 현상을 의미한다. 즉 두 종류의 박테리아 집단 A와 B 사이에 교배가 일어나서 잡종 박테리아가 생기고 이 잡종 박테리아가 B박테리아와 지속적으로 역교배를 하게 되면 A종의 유전자를 일부만 가진 새로운 박테리아가 출현한다(1).

7) 나노튜브nanotube

박테리아의 세포막 성분으로 구성된 미세한 튜브가 인접한 박테리아 사이를 연결하여 세포 내 구성물질이 이 튜브를 통해 전달될 수 있다. 이 튜브들은 박테리아를 서로 연결하여 네트워크를 형성하고 세포 내의 대사산물, 단백질, mRNA, 그리고 플라스미드 DNA를 교환할 수 있는 통로가 될 수 있으므로 세포 간 유전자의 전달이 일어난다(5). 이런 나노튜브는 대장균, *Bacillus subtilis* 등의 세균에서 보고되었다.

2. 미생물 사이에서 HGT에 의한 유전정보 전달

이러한 HGT에 의해 박테리아 간에 활발한 유전자의 전달이 일어나는데, 이 현상을 박테리아의 유전체 측면에서 보면 유전자들 사이에서 상호협조와 상호충돌이 일어나서 결과적으로 유전자들의 동시출현co-occurrence, 회피avoidance, 그리고 상호의존 등 다양한 현상이 나타나게 된다(6,7). 이런 유전체에서의 변화가 상위의 박테리아 구성원과 전체 집단, 그리고 공생관계에도 큰 영향을 미친다. 따라서 HGT에 관련된 플라스미드, 파지, 그리고 유전자와 유전체뿐만 아니라, 더 나아가서 박테리아 세포들도 영향을 주고받게 되어 세포 수준에서 서로 협조하고 상대방의 적응성을 증대시켜주어 다양하고 새로운 형질을 창출하고 공생과 같은 상호관계를 구축하기도 한다(6). 최근에 생쥐를 이용한 대장균의 진화과정을 연구한 결과 생쥐의 대장 안에 새로운 대장균을 주입하면 이 새로운 대장균이 대장환경에 적응하는 과정이 돌연변이의 축적보다 기존의 대장균으로부터 박테리오파지를 통한 HGT에 의해 주로 일어남을 발견하였다(8). 이 발견이 암시하는 것은 이미 적응이 된 다른 미생물로부터 필요한 유전정보를 획득한다는 사실로서 HGT가 미생물의 유전적 다양성과 진화의 핵심원동력으로 작동하는 것으로 보인다.

세포 수준에서의 상호작용은 박테리아 세포들이 생물막을 형성하거나 공생관계를 이룸으로써 한층 더 긴밀하게 이루어진다. 생물막을 형성하기 위해서는 이런 막을 형성할 재료를 공동으로 생성하여 분비하거나, 반대로 복잡한 화학물질을 협동하여 분해하기도 하고, 숙주생물의 면역반응을 조절하는 등 여러 가지의 상호협조가 박테리아 사이에 일어난다(6). 생물막에서 이런 긴밀한 상호협조가 일어나는 예로서 대장균인 경우 생물막 형성에 관련된 분비 단백질 다수가 최근에 HGT에 의해 획득되어 다른 세균과의 상호작용을 강하게 암시하고 있다(6).

이런 박테리아 사이뿐만 아니라 그보다 상위의 박테리아와 숙주생물과의 공생관계에서도 HGT는 중요한 역할을 담당한다. 박테리아는 거주 공간을 얻는 대신 숙주에게 필요한 물질을 대사산물로서 제공하는 것이 일반적인 공생관계이나 이런 공생관계도 항상 일정한 것이 아니다. 왜냐하면 박테리아와 숙주생물 사이에는 속임수가 일어나기도 하는 매우 역동적인 관계이기 때문이다. 이런 역동적인 관계를 가능하게 하는 것이 HGT일 것으로 추정된다. 특히 끊임없는 변화의 상호관계에서 구성미생물 간에 활발한 HGT가 예상된다(6,9). 미생물 간의 다양한 HGT 중에서도 대표적으로 가장 많이 연구되고 잘 알려진 것이 항생제 내성유전자의 확산 현상이다.

3. HGT에 의한 항생제 내성유전자antibiotic resistance genes, ARGs의 확산

HGT에 의해 박테리아 간에 유전자의 교환이 활발하게 일어나서 환경의 변화에 따른 진화의 대표적인 예로서 인간의 건강과 직결된 항생제 내성유전자ARGs의 급속한 확산 현상이 있다. 최근 수십 년 간 항생제 사용의 급격한 증가에 따른 ARGs의 확산이 병원균에서 급속하게 증가하여 현재 인간의 건강을 위협하는 단계에 와 있는 상황이다.

근래 항생제 내성균에 의한 사망자 수는 전 세계적으로 연간 70만 명에 달하고 향후 30년 내에 적어도 연간 천만 명으로 증가될 전망이다(10). 이 수치는 암 사망자 수를 능가한 것으로 2050년 무렵에는 전 세계적으로 인류의 건강을 가장 크게 위협하는 요인이 될 것이다. 특히 *Pseudomonas aeruginosa*, *Acinetobacter baumannii*, 그리고 *E. coli*와 *Klebsiella*를 포함한 *Enterobacteriaceae*균과 같이 병원성이 강한 12종을 주목해야 할 균종으로 2017년 WHO에서 지정하였다. 이 중 8종은 이미 자연 상태에서 형질전환에 의해 내성유전자를 획득한 것으로 알려졌다(10). 향후 이 내성유전자들이 조합되어 다른 병원균으로 확산되면 더욱 강력한 내성균들이 출현할 가능성이 있다. 이 가능성은 균들이 형성한 생물막과 같은 환경에서 세균들이 좀 더 쉽게 접촉하여 HGT가 활발하게 일어나면 더 용이할 것으로 보인다.

항생제의 사용량은 의약품인 경우 알약, 캡슐, 그리고 주사제로 사용되고 있으며 2000년 540억 단위에서 2010년에는 36%가 증가하여 736억 단위가 되었다(4). 의약품으로 사용된 양보다 훨씬 많게 전 세계적으로 생산된 항생제의 70% 이상이 가축과 양식어류에 사용되어 그 양이 2010년에는 63,000톤에 이른다(4). 항생제 사용량은 계속 증가하는 추세이므로 이런 항생제들과 접하게 되는 박테리아에게는 항생제 내성유전자를 획득해야 하는 압박요인으로 작용하게 된다. 예를 들어 인도의 한 제약회사에서 배출되는 폐수에 하루 약 45kg의 시프로플로사신ciprofloxacin 항생제가 함유되어 주변 토양과 하천, 그리고 식수에 오염되면서 고농도 항생제 환경이 이루어져서 강력한 다제내성 박테리아들이 출현한 경우가 있다(4).

좀더 광범위한 항생제 내성균에 대한 연구보고로서 1940년에서 2008년에 걸쳐 토양 미생물을 검사한 결과, 1940년 이후로 모든 종류의 항생제β-lactams, tetracycline, erythromycins, glycopeptides들에 대한 ARGs가 증가된 것으로 조사되었다(4). 그중 tetracycline ARG는 1970년대에 비해 2008년에 15배 이상 증가했다(4). 이런 항생제 내성 선택 압박은 HGT 과정에 관여하는 내성유전자들의 종류와 수를 증가시켜서 여러 항생제에 내성을 가진 다제내성 유전자의 출현을 일으키게 되었다. 그 예로서 광범위 항생제 내성extended-spectrum β-lactamases, ESBLs을 가진 장내세균*Enterobacteriaceae*이 출현하여 전 세계적으로 문제가 되고 있다. 이 내성유전자는 *Kluyvera*종의 염색체 DNA에서 유래하여 여러 박테리아종으로 확산된 것이다(4). 퀴놀론quinolone항생제에 내성을 가진 qnr 유전자는 해수 또는 담수에 서식하는 γ-프로테오박테리아의 일종으로 그람음성간균인 *Shewanella algae*나 역시 γ-프로테오박테리아에 속하는 *Vibrionaceae*로부터 유래하여 장내세균종으로 확산된 것이다(4). 또한 장내세균종에서 증가되고 있는 카바페넴carbapenem 계열 항생제의 베타람탁분해효소 유전자 역시 *Shewanella*균의 염색체에서 나온 것이다(4). 이 결과가 보여주는 것은 인간이 배출한 과다한 항생제에 대응하여 항생제 내성유전자들이 박테리아 사이에 빈번하게 HGT에 의해 전달이 된다는 사실이다. 즉 특정 박테리아가 자신을 항생제 생산 박테리아로부터 보호하기 위해 이미 보유하고 있던 항생제 내성유전자를 항생제가 난무하는 지역으로 들어가는 병원성 박테리아에게도 제공해준 것이다. 이는 박테리아 간의 상호작용이 생각하는 것 이상으로 그 범위가 넓게 퍼져 있음을 암시한다.

항생제 내성유전자의 HGT는 주로 플라스미드를 통한 접합에 의해 일어난다. 항생제 내성 플라스미드에는 여러 종의 항생제 내성 유전자들이 포함되어 강력한 다제내성을 나타내기도 한다. 항생제 내성유전자가 플라스미드에 의해 전달된 예는 다음과 같이 보고되어 있다. 먼저 ESBLs 유전자를 가진 플라스미드로서 이 플라스미드가 *Enterobacteriaceae*, *Pseudomonas* 그리고 *Acinetobacter*균에 확산이 되어 베타람탐계 항생제인 페니실린, 카바페넴, 세팔로스포린에 내성을 나타낸다(10). MRSAmethicillin-resistant *S. aureus* 균도 내성유전자가 플라스미드에 의해 *Staphylococcus aureus*에 전달이 되어 일반적인 항생제가 약효를 나타내지 못하는 강력한 항생제 내성을 가지게 되었다(10). 이런 MRSA 내성균들에는 반코마이신vancomycin이 사용되었으나, 이 반코마이신에 내성을 가진 VRSAvancomycin-resistant *S. aureus*가 다시 출현하여 여러 종의 항생제를 극복할 수 있는 슈퍼박테리아로 진화하여 전 세계 보건당국을 긴장시키고 있다.

플라스미드 외에도 염색체 내에 존재하는 ICEsintegrating conjugative elements라고 하는 큰 사이즈의 이동성 유전자 조각들에 의해 항생제 내성유전자들이 전달되기도 한다(9). 이 ICEs는 염색체로부터 떨어져나와서 접합기전에 의해 다른 박테리아로 전달된다. 그 예로서 SXT라고 하는 약 100kb의 ICE는 1992년 인도에서 *Vibrio cholerae* 0139 균주에서 발견된 것으로 클로람페니콜, 설파메소자졸sulfamethoxazole, 그리고 트리메소프림trimethoprim과 같은 여러 항생제에 대한 내성유전자를 다중 카세트 형태로 보유하고 있다. 이 SXT는 아시아 여러 지역의 콜레라균 사이에 접합기전에 의해 확산이 되었다(9).

이와 같이 플라스미드나 ICEs를 전달하는 접합 외에 형질전환에 의해서도 스트렙토마이신, 라팜피신, 에리스로마이신erythromycin, 카나마이신 내성유전자들이 *Neisseria gonorrhoeae*, *Bacillus*, *Streptococcus pneumoniae* 등으로 전달이 되었다(4). 이런 형질전환이 일어난다는 의미는 박테리아 세포 바깥 환경에 내성유전자를 가진 DNA들이 존재한다는 것을 암시한다. 내성유전자를 보유한 세포 바깥 DNA로는 트랜스포존transposon, 인테그론integron 그리고 유전자 카세트gene cassette 등이 포함된다(4).

그리고 박테리오파지에 의한 형질도입에 의해서도 에리스로마이신, 테트라사이클린과 같은 항생제에 대한 다제내성 유전자들이 *S. pyogenes* 균주 사이에 전달이 되고, *Entrococci*균 사이에도 테트라사이클린과 겐타마이신 내성유전자들이 이동되었다고 알려졌다(4). 그뿐만 아니라 박테리오파지가 매우 다양한 박테리아에 침입할 수 있으므로 ARG 운반체로서의 역할이 지금까지 밝혀진 것보다 훨씬 더 클 것으로 예상된다. 최근의 메타게놈metagenome 분석에 의하면 장내 박테리아의 모든 기능적인 유전자들이 장내 여러 박테리오파지에 분산됨으로써, 이들 장내 박테리오파지들이 장내 박테리아의 거대한 유전자 저장소로 작동하면서 HGT도 활발하게 일으켜 장내 박테리아 간의 유전정보 전달에 중요한 역할을 담당한다고 밝혀졌다(8,9).

또한 병원 환자 분변의 70% 이상에서 ARG를 가지고 있는 박테리오파지가 관찰되었고, 병원의 폐수에서도 ARG 파지가 발견되었다(10). 이들 파지 중 어떤 것은 100kb 이상의 DNA 조각도 전달시킬 수 있어서 ARG를 가진 플라스미드도 쉽게 이동시킬 수 있다. 이렇게 ARG를 가진 플라스미드가 균 내부로 들어가서 이 플라스미드를 가진 전이인자transposable element들이 생성되면 ARG가 다른 플라스미드나 염색체로 더욱 확산된다. 이렇게 되면 박테리아 세포 사이의 접합에 의해서도 ARG가 다른 균으로 이동할 수 있게 되므로 이런 전이인자들이 결과적으로 ARG 확산에 기여하게 된다.

따라서 항생제 내성유전자의 HGT는 주로 접합에 의해 일어나지만, 자연적인 형질전환과 형질도입도 관여한다. 그리고 장내에서 항생제 내성유전자의 HGT가 장내 환경요인에 의해 영향을 받는다는 결과가 보고되었다. 즉 장내의 ROS 생성인자, 스트레스 호르몬, 그리고 장관내세균이 분비하는 인자들에 의해 HGT의 효율성이 좌우된다고 알려졌다(9). 이러한 HGT에 영향을 미치는 환경요인들은 과다한 항생제에 의한 DNA 손상과 ROS 생성 작용과도 연관이 있다. 이런 항생제들로는 미토마이신-Cmitomycin-c, 시프로플로사신, 그리고 플루오로퀴놀론fluoroquinolone 등으로 *E. coli*와 *V. cholerae*에서 ICE에 의한 HGT를 300배 이상 증가시킨다(9). 또한 베타람탁 계열 항생제들도 ROS 생성인자를 증가시켜 형질전환과 박테리오파지에 의한 형질도입의 빈도를 증가시킨다.

또한 스트레스 호르몬과 박테리아가 분비하는 펩타이드성 페로몬이 접합에 의한 플라스미드의 전달을 증가시켜 장내 *Enterococcus faecalis*와 *Enterococcus faecium*의 항생제 내성을 유발한다고 알려졌다(9).

인간뿐만 아니라 초식동물의 반추위에 다수 서식하고 있는 원생생물들도 박테리아 간의 ARG 확산에 기여할 것으로 예상된다. 왜냐하면 반추위의 원생생물인 섬모충류에 의해 *Klebsiella*와 *Salmonella* 간의 접합에 의한 HGT가 크게 증가된다는 보고가 있어서 ARG도 이들 박테리아 간에 이동할 가능성이 높기 때문이다(9). 그리고 파지와 유사한 GTA에 의한 ARG의 전달도 보고되었다. GTA는 형질도입에 비해 숙주세포 유전체에서 무작위로 DNA 조각들을 전달시킬 수 있고, 형질전환보다 전달하는 DNA를 보호할 수 있는 이점이 있을 뿐만 아니라 접합과정에 필요한 세포-세포 접촉이 없어도 일어날 수 있다는 여러 장점이 있다. 이런 GTA는 해양환경에서 형질전환이나 형질도입보다 훨씬 높은 빈도로 일어난다고 보고되었다(4). 따라서 GTA에 의해서도 항생제 내성유전자의 전파가 빈번하게 일어날 것으로 예측된다.

4. 미생물과 진핵생물 사이의 HGT

이러한 HGT가 미생물을 넘어 미생물과 진핵생물, 그리고 진핵생물 사이에 일어나는 현상을 살펴보면 다음과 같다.

진핵생물체에서 HGT의 발생빈도는 낮다고 알려져 있으나 진화상 진핵생물체의 생존에 유리한 HGT가 미생물로부터 다수 일어났을 것으로 추정된다. 예를 들면 광합성 식물인 경우 세포 내에서 광합성 기능을 담당하는 색소체$_{\text{plastid}}$는 *Cyanobacteria*가 세포 내 공생$_{\text{endosymbiosis}}$을 하여 생성된 것으로 보인다. 식물세포에는 *Cyanobacteria* 외에 *Chlamydiae*균에서 유래한 20~50가지의 유전자들도 발견되므로 초기 식물진핵세포에 *Cyanobacteria*와 *Chlamydiae* 균이 세포 내 공생과정으로 들어오고, 이 세 종류 세포들 간의 유전자 교환이 일어나서 현재의 색소체를 형성하였을 것으로 추측된다(1). 이 *Cyanobacteria*의 세포 내 공생을 통한 HGT에 의해 단세포성 진핵생물인 원생생물(원시색소체군)의 일종인 녹조류green algae, 홍조류red algae와 회조류glaucophyte, 그리고 녹색식물로의 진화도 이루어졌을 것으로 추정된다. 이 중 회조류인 *Cyanophora paradoxa*는 세균으로부터 400종 이상의 유전자를 취득하였고, 홍조류인 *Galdieria sulphuraria*는 단백질 생성 유전자의 적어도 5%가 호열호산성의 고균과 세균으로부터 HGT에 의해 전달되어 이 홍조류가 pH 0~4의 산성과 50℃가 넘는 고온의 조건에서도 생장할 수 있는 기반이 된 것으로 보인다(1). 이러한 HGT의 증거는 녹조류와 육상식물에서도 발견된다. 예를 들면 식물에 속하는 이끼류인 *Physcomitrella patens*의 유전자상에는 진균, 박테리아, 바이러스뿐만 아니라 수생동물에서 유래한 유전자들이 포함되어 있다(1). 이렇게 HGT에 의해 얻어진 유전자들은 들어간 세포의 대사능력을 확대하고, 고염분, 고산성, 고온 또는 독성물질이 함유된 새로운 환경에 쉽게 적응하여 생존할 수 있게 한다.

그리고 식물에서는 광범위하고 대량의 미토콘드리아 유전자의 전달이 HGT에 의해 일어났을 가능성이 높다. 극단적인 예로서 개화식물인 *Amborella trichopoda*인 경우, 이끼와 녹조류로부터 최소 4개의 미토콘드리아 유전체 전체가 전달이 되고, 다른 개화식물로부터도 다수의 DNA 조각들이 유입되었다(1).

어류에서는 HGT에 의해 type II antifreeze proteinAFP 유전자가 청어herring, 바다빙어smelt 그리고 삼세기sea raven 사이에 전달이 일어나서 이들 어류가 저온의 물속에서도 생존할 수 있게 되었다(1). 이러한

HGT는 어류의 정자를 통해 일어났을 가능성이 높다.

동물에서도 초파리 사이에 트랜스포존이 HGT에 의해 확산되었고(5), 최근에는 여러 종의 포유동물 사이에도 레트로트랜스포존인 LINE-1L1과 Bovine-BBovB가 HGT에 의해 전달이 되었다(5).

성체 크기가 1.5mm에 불과하여 현미경으로 관찰할 수 있으며 번데기 같은 몸체에 8개의 다리를 가진 완보동물인 타디그레이드tardigrade는 극지방, 사막과 적도지역은 물론 4,000m의 심해저 등 전 세계 어느 곳에서도 생존이 가능하다. 이 타디그레이드의 전체 유전자 중 17.5%는 박테리아, 진균, 그리고 고균에서 유래한 것이다(5). 또 다른 예는 수생동물인 윤형동물*Bdelloid rotifers*은 척박한 환경에서도 생존이 가능하여 물이 없어 완전히 건조한 조건에서도 살아남는다. 이런 조건에서는 이중나선의 DNA가 분해되기도 하지만 물이 다시 공급되면 원핵생물이나 다른 윤형동물로부터 HGT에 의해 DNA를 획득하여 손상된 DNA를 복구시킨다(5). 이런 과정을 거쳐 이 윤형동물은 유전자의 다양성을 얻게 되고, 새로운 종으로의 진화도 가능하다. 이렇게 다양한 미생물 및 진핵생물 사이의 HGT 중에서도 대표적으로 박테리아와 진핵생물 사이의 HGT가 비교적 연구가 많이 되어 있다.

1) 박테리아와 진핵생물 사이의 기능적인 HGT 예

박테리아와 진핵생물과의 관계는 제2장에서 설명한 바와 같이 박테리아에만 유리한 편리공생과 양쪽에 다 이익이 되는 상리공생과 같이 다양하면서도 매우 밀접하게 이루어진다. 이런 밀접한 접촉에 의해 박테리아로부터 HGT에 의해 유전물질이 진핵생물로 빈번하게 이동된다. 이렇게 전달된 유전물질 중 일부는 진핵생물에서 단백질까지 합성할 수 있는 기능적인 유전자로 작동하여 진핵생물의 능력을 확장하고 다양성을 나타내는 데 크게 기여하고 있다. 이런 기능적인 유전자들은 진핵생물이 이미 가지고 있던 기능을 유지하는 역할도 하지만, 새로운 기능을 제공하여 영양 대상을 확대하거나, 자신을 보호할 수 있는 방안을 부여하기도 하고, 극한적인 외부환경에 적응하여 생존할 수 있게 한다(2).

진핵생물의 유전체를 조사할 때 공생관계나 주변에 서식하는 박테리아들이 같이 포함되는 경우가 많기 때문에 HGT가 일어난 결과인지 주변 박테리아 유전체의 오염인지 구분하기가 쉽지 않다. 그럼에도 현재까지 보고된 박테리아에서 HGT에 의해 진핵생물로 전달된 기능적인 유전자 예는 표 1과 같이 매우 다양하다(2). 즉 방어용 또는 필수대사 관련 유전자, 악조건에서 생존할 수 있는 유전자 등 박테리아가 다양한 생태계에서 적응하면서 축적한 생존 관련 유전자들뿐만 아니라 병원성 유전자들도 진핵생물로 확산되고 있다.

박테리아 사이에서는 HGT가 용이하고 활발하게 일어나므로 많은 박테리아들이 유전자 풀을 공유한다고 볼 수 있다. 따라서 다세포의 진핵생물은 박테리아에 비해 유전자의 다양성이 적어 주변 환경의 악조건에 쉽게 대응하기 어려우므로 박테리아로부터 이런 유전자들을 HGT로 획득하는 경우가 보고되었다(2).

(1) 방어기능을 나타내는 HGT

방어기능을 나타내는 HGT의 예로서 풀의 세포 내 공생 진균인 *Epichloe*를 들 수 있다. 이 진균은 진핵생물이고 독성 알칼로이드를 생산하여 풀을 뜯어 먹는 곤충을 퇴치함으로써 자신의 숙주인 풀을 보호하는 역할을 한다. 이 독성 알칼로이드의 mcf 유전자는 박테리아로부터 HGT에 의해 획득한 것이고 곤충에 병원성을 나타내는 선충

표 1. 박테리아에서 HGT에 의해 진핵생물로 전달된 기능적인 유전자

박테리아로부터 전달된 유전자	진핵생물
방어용 유전자	
• 박테리아 세포 용해 유전자	• 진드기, 원생생물인 *Naegleria gruberi*
• 다른 진핵생물에 대한 방어기능유전자	• 히드라, 진드기, 진균, 식물, *Leishmania, Trypanosoma*
대사관련유전자	
• 아미노산과 질소 대사유전자	• 진균, 초식절족동물, 아메바, 규조류
• 핵산 대사유전자	• 미포자충, 아메바, 원생동물, 나무진디, *Trichomonas vaginalis*
• 비타민 합성과 철분 획득용 유전자	• 선충, 진균, 아메바, 규조류, 홍조류
• 식물 탄수화물 분해유전자	• 초식절족동물, 반추위의 진균, 식물기생선충, 담륜충(*rotifer*)
극한 및 유해환경 극복 유전자	• 담륜충, 아메바, 진균, 원시색소체 원생생물(*archaeplastida*), 규조류
병원성 유전자	• 미포자충, 아메바, *Toxoplasma, Blastocystis, Trichomonas vaginalis, Leishmania, Trypanosoma*

출처: Husnik, F. and McCutcheon, J.P. Functional horizontal gene transfer from bacteria to eukaryotes. *Nat. Rev. Microbiol.* 16, 67-79(2018).

nematode의 공생박테리아에도 존재하므로 이들 생물체(풀-진균-곤충-박테리아-선충) 사이에 다중적인 상호작용 네트워크가 HGT를 통한 유전자 전달기전에 의해 형성되어 있음을 알 수 있다(2). 그리고 누에 *Bombyx mori*는 먹이인 뽕나무가 생산하는 독성 알칼로이드를 회피할 수 있는 유전자를 역시 박테리아에서 획득했다(2). 세균 용해작용을 가진 라이소자임lysozyme 유전자들도 박테리아에서 식물, 진균, 그리고 곤충에 HGT로 전달되어 이런 진핵생물들이 항균 기능을 가지게 되었다. 그뿐만 아니라 항생제 내성작용을 가진 β-lactamase 유전자가 박테리아로부터 가루깍지벌레mealybugs와 점균류slime mold로 전달이 되었는데 이들 진핵생물로 항생제 내성유전자가 전달된 이유는 자신들의 공생박테리아를 보호하기 위한 것으로 추정된다(2).

(2) 영양과 관련된 HGT

풀을 뜯어 먹고 사는 곤충이나 반추동물의 반추위에 서식하는 섬모충류, 식물에 기생하는 선충 등 식물을 영양원으로 생존하는 진핵생물은 식물성 탄수화물을 분해할 수 있는 유전자를 HGT에 의해 박테리아로부터 획득하였다(2). 또한 영양분이 극도로 결핍된 환경에서 생존하는 진핵생물은 HGT에 의해 아미노산, 비타민, 탄수화물의 생합성에 관련된 효소의 유전자를 박테리아로부터 얻기도 한다. 예를 들면 원생생물의 피하낭군에 속하는 *Cryptosporidium*은 트립토판 합성효소, 글루타민 합성효소, aspartate-ammonia ligase 유전자들을 박테리아로부터 HGT에 의해 획득하였다(2). 특히 생존에 필수적인 철분이 극히 부족한 해저에서 서식하는 규조류나 홍조류인 *Galdieria sulphuraria*, 토양 아메바인 *Dictyostelium discoideum* 등에는 철분을 포획할 수 있는 철-결합단백질iron-binding protein의 유전자가 박테리아로부터 HGT에 의해 유입되었다. 또한 비타민 B_1, B_5, B_6 합성유전자들도 박테리아로부터 식물 선충인 *Heterodera glycines*로 전달되었다(2).

(3) 극한 환경에 적응할 수 있는 HGT

HGT에 의해 진핵생물들도 고염도 또는 고온이나 저온과 같은 극한의 환경에서도 생존이 가능해졌다. 예를 들면 원생생물인 *Halocafeteria seosinensis*는 고염도 환경에서 서식할 수 있는 유전자가 박테리아로부터 HGT에 의해 전달이 되었다. 그뿐만 아니라 미세담자포자진균microsporidium인 *Antonospora locustae*는 박테리아로부터 두 종류의 HGT가 일어나서 산화와 UV 조사에 의한 손상으로부터 자신을 보호할 수 있는 유전자를 획득하게 되었다(2).

그 외에도 얼음 결합단백질ice-binding proteins 유전자들이 박테리아로부터 규조류인 *Fragilariopsis cyclindrus*, 착편모조류haptophyte인 *Phaeocystis antartica*, 그리고 녹조류인 *Pyramimonas gelidicola*로 전달되어 이들 진핵생물이 극저온의 환경에서도 생존할 수 있다(2).

이런 HGT는 박테리아를 포식하는 진핵생물이나 기생성 단세포 진핵생물과 박테리아 사이에 일어나는 경우가 많고, 특히 박테리아와 서식지가 동일한 경우에는 일어날 가능성이 높아진다. 즉 토양에 서식하는 선충은 토양박테리아로부터, 인체 위장관의 원생생물인 부등편모류에 속하는 *Stramenopiles*는 장박테리아로부터 유전자를 취득하기가 쉽다. 그러나 이와는 달리 담륜충이나 진균들은 동일 서식지의 박테리아에 대한 선호도에 제한이 없으므로 다양한 환경에서 여러 박테리아로부터 유전자를 획득한 것으로 보인다. 이런 박테리아 유전자가 진핵세포로 전달되는 기전은 그림 1에 설명한 바와 같이 접합, 형질도입, 형질전환, GTA에 의해 일어나고, 이 DNA가 진핵세포 유전체로 삽입되는 것은 비상동성말단접합non-homologous end joining, NHEJ과 상동염기 간의 재조합 기전에 의해 일어난다. 이런 외부유전자가 염색체 DNA에 삽입되는 위치는 기능적인 유전자가 아닌 부위는 어디라도 가능하지만, 트랜스포존과 레트로트랜스포존이 많은 부위, 또는 작동 중인 유전자가 적은 말단소체telomere 부위나 전이인자 주변인 것으로 알려져 있다.

HGT에 의해 이루어진 밀접한 공생관계에서는 관련된 생물체의 유전체 크기가 축소되기도 한다. 예를 들면 진딧물인 *Acyrthosiphon pisum*과 공생관계인 *Buchnera aphidicola* 박테리아인 경우 필수적인 수종의 유전자들이 다른 박테리아로부터 HGT에 의해 진딧물 유전체에 전달된 것을 사용함으로써 *Buchnera*의 유전체는 그만큼 축소된 것으로 보고되었다(6). 또 다른 예는 벚나무깍지벌레*mealybug*인 *Planococcus citri*와 공생관계인 박테리아들이다. 벚나무깍지벌레의 공생균인 *Tremblaya princeps*균은 그 자신의 세포 속에 내부공생균인 *Moranella endobia*균이 합류하면서 *Tremblaya*균의 유전체가 극적으로 축소되어 139kb에 불과하다(6). 이에 비해 *Moranella*균의 유전체는 *Tremblaya*균보다 4배가 크다. 따라서 아미노산의 생합성 등 필수적인 대사과정이 두 박테리아의 유전자들이 함께 작동하여 일어나고, 어떤 경우는 벚나무깍지벌레 유전자도 참여한다. 여기에 그치지 않고 벚나무깍지벌레 유전체를 세밀히 조사한 결과, *Tremblaya*균이나 *Moranella*균에서 유래하지 않은 적어도 22종의 박테리아 유전자들이 확인되었다(6). 이 현상은 이들 공생균에 필요한 유전자들이 HGT에 의해 다른 균으로부터 벚나무깍지벌레 유전체로 전달되었고, 그 대신 이들 공생균에서 기능이 같은 유전자들은 대거 상실되었음을 의미한다. 이런 현상들은 HGT에 의해 생물체들의 상호의존성이 더욱 증대되어 공생생물 간의 기능적인 통합과 더 나아가 합체 가능성을 보여준다. 즉 벚나무깍지벌레의 공생박테리아들은 벚나무깍지벌레와 거의 한 몸이나 마찬가지라는 의미를 내포한다. 그리하여 박테리아의 진화뿐만 아니라 박테리아와 공생관계인 진핵생물의 진화에도 HGT가 큰 역할을 담당하고 있다. 이런 현상으로부터 생물체의 유전체는 독립되고 고정된 상태가 아니고 다른 유전체들과 긴밀한 상호연결망의 흐름 속에서 끊임없이 변화하고 있다고 할 수 있다.

2) HGT 유전자의 기능적 작동기전

박테리아에서 진핵생물로의 유전자 전달이 일어날 경우, 두 생물체 간 유전체 사이의 근본적인 차이점인 인트론intron의 유무, GC 함량의 차이, 전사촉진자promoter의 차이 등에 의해 전달된 유전자가 불활성화되거나 제거되는 경우가 많다. 그럼에도 전달된 유전자가 제대로 작동하는 경우도 다수 보고되어 있다. 이렇게 전달된 유전자들이 진핵생물의 유전체에 남아 계속 작동되는 확률은 동일한 서식환경이거나 생식세포germ line cell에 전달될 때 더 높아진다. 예를 들면 토양에 서식하는 선충은 토양 박테리아로부터, 호열호산성 조류thermoacidophilic algae는 호열호산성 박테리아로부터, 그리고 식물의 병원성 난균류pathogenic oomycetes는 식물 박테리아로부터, 인간 소화관의 부등편모류stramenopile는 대장 박테리아로부터 유전자를 전달받는 경우다(2,5). 또한 단세포 진핵생물은 생식세포 상태일 때 박테리아로부터 유전자를 전달받게 되면 그 후손에게도 유전자가 용이하게 전달될 수 있다.

이에 비해 다세포 진핵생물은 발생 초기 단계에 해당하는 식물의 포자, 수정란zygotes 또는 배아embryos 상태에서 박테리아로부터 HGT가 일어나면 그 유전자는 후손으로 전달될 가능성이 높아진다. 그러나 이런 발생 초기 단계가 박테리아에 노출되지 않는 경우에는 생식세포에 감염될 수 있는 기생생물, 상리공생균 또는 병원균에 의한 HGT에 의해 가능하게 된다.

이와 같이 박테리아에서 유래된 기능적인 유전자들은 그후 순차중복tandem duplication이 일어나서 새로운 기능을 획득하기도 하고 반대로 기능이 없어지기도 한다. 또한 유전자 내부에 인트론이 획득되면 그 유전자의 전사가 증가한다. 이렇게 기능적인 유전자들은 비록 박테리아에서 유래되었다 하더라도 점차 GC 함량이나 인트론의 삽입, 코돈 사용빈도codon usage 등이 숙주인 진핵생물의 유전자와 유사하게 변화되어 진핵생물 유전자의 일원으로 통합되어가는 현상을 보인다(2,5).

3) 바이러스와 진핵생물 간의 HGT

내인성 레트로바이러스endogenous retrovirus, ERV는 레트로바이러스로부터 유래한 것으로 보이고, 인류 조상의 생식세포에 감염되어 인간 유전체에 삽입된 것으로 지금은 수백에서 수천의 반복카피가 인간유전체에 산재해 있다. 이런 ERV는 여러 유전자의 정상적인 조절에 필요한 존재가 되어 p53-경유 조절기전, 종 특이적인 조절 네트워크, 줄기세포에서 전분화능조절pluripotency regulation, 인터페론 반응, 그리고 조직특이적 증폭자enhancer의 작용기전에 관여한다.

특히 ERV는 암유전자의 활성화에 관여하여 암의 발생에도 관여하는 것으로 알려져 있고, 그 외 신경계 질환인 아이카디-구티에레스증후군, 루게릭병, 다발성경화증 그리고 알츠하이머병의 발병과도 관련이 있다는 보고가 있다(5).

5. 전생명체holobiont 개념에서의 HGT

전생명체는 숙주와 그에 공생하는 미생물 군집을 합친 생물체를 의미한다. 따라서 전생명체 개념에서 생물은 자신의 생존과 보호, 면역, 그리고 대사를 위하여 여러 공생미생물과 복잡한 네트워크를 구축한 확장된 생물체를 뜻한다. 이러한 전생명체의 관점에서는 숙주의 공생미생물 사이에 새로운 환경에 적응할 수 있는 HGT가 일어나서 생존에 유리한 능력을 획득하게 된다(1). 인간의 장에 서식하는 장박테리아는 숙주인 인간이 섭취하는 식품의 영향을 받아 그런 환경에 적합한 유전자를 HGT에 의해 확보하게 된다. 예를 들면 해초를 즐겨 섭취하는 일본인의 장박테리아에는 해초의 세포벽에서 유래한 포피란porphyran 같은 다당류를 분해할 수 있는 효소인 porphyranase의 유전자를 보유하고 있다. 이 유전자는 해조류algae의 기생 박테리아인 *Zobellia galactanivorans*로부터 HGT에 의해 일본인 장박테리아인 *Phocaeicola plebeius*로 전달된 것이다(1). 이 유전자에 의해 다른 인종과 달리 일본인은 해조류를 섭취하고 분해하여 영양분을 얻을 수 있게 되었다. 이 외에도 사람들이 섭취하는 치즈나 여러 유제품에도 미생물이 풍부하므로 이들 미생물과 주변 환경 미생물 또는 장내 미생물 사이에 HGT가 필연적으로 일어날 것으로 예상된다. 실제로 치즈 생산 환경에 적응하기 위하여 그 환경에 분포하는 곰팡이와 치즈 생산 박테리아 사이에는 HGT가 활발히 일어나고 있다(11). 이런 사실로부터 주변 환경의 병원균이나 항생제 내성균으로부터 병원성 유전자나 항생제 내성유전자가 치즈 생산 박테리아로 전달되고, 이 치즈 생산 박테리아로부터 다시 장내 미생물로 전달될 가능성을 배제할 수 없다.

최근 연구에 의하면 인간 미생물 간에 빈번하게 HGT가 발생하는데 주로 인체의 같은 부위에 서식하는 미생물 간에 효소유전자와 대사과정유전자들에서 HGT가 일어난다고 보고되었다(12,13). 이런 현상에 의해 인간 자체는 타 미생물과의 HGT가 일어나기 쉽지 않더라도 공생관계에 있는 박테리아를 포함한 전생명체 개념으로 바라보면 인간도 다른 박테리아와의 HGT에 의해 영향을 받게 된다. 따라서 인간도 다른 미생물의 진화의 흐름에 따라 공진화가 이루어지고 있다고 추정할 수 있다(14).

이러한 추정을 뒷받침할 수 있는 인간에서 박테리아로의 HGT가 일어난 예가 인간의 long interspersed nuclear element인 L1이 인간 병원균인 *Neisseria gonorrhoeae*로 전달된 것이 보고되었다(15). 즉 인간 L1 element와 염기서열이 98~100% 동일한 685 bp DNA 조각이 *N. gonorrhoeae*의 irg4 유전자 근처에서 발견되었다. 이 L1 DNA 조각은 *N. gonorrhoeae* 샘플의 약 11%에서 검출되었고, 여기에서 역전사 PCR(RT-PCR)에 의해 확인되어 이 L1 DNA에서 단백질이 합성되었을 가능성이 높다. 이 L1 element는 *Neisseria meningitidis*나 다른 *Neisseria*종에서는 발견이 되지 않으므로 인간에서 *N. gonorrhoeae*로의 이 L1 element의 HGT는 진화상 비교적 최근에 일어난 것으로 추정된다(15). 이 새로운 사실에 의해 인간과 공생미생물 간에도 HGT가 일어나서 공진화가 진행될 가능성을 암시하고 있다.

한편 식물에서도 식물에 공생 또는 기생하는 세균이나 곰팡이 같은 식물기생생물endophyte과 그 숙주식물 사이의 HGT가 보고되었다(16). 예를 들면 밀*Triticum durum*과 옥수수*Zea mays*의 기생 박테리아들이 톨루엔toluene 생분해 활성이나 항병원성을 나타내는 것은 숙주식물과의 HGT에 의해 획득되었을 것으로 추정된다.

6. 인간 암에서의 HGT

인간 암이 악성화되어 항암제의 내성을 획득하면서 전이가 일어나는 과정에도 HGT가 일어날 것으로 제안되었다. 이런 HGT는 세포사멸체apoptotic bodies, 무세포 DNAcell-free DNA, cfDNA, 엑소좀exosome, 그리고 세포소기관에 의해 일어날 수 있다. 이러한 HGT에 의해 정상세포들이 암세포로 전환되면서 같은 조직의 암종에서도 특성이 다른 암세포들이 출현하고, 여러 항암제에 대한 내성도 다양하게 나타난다. 이 과정에서 죽은 암세포에서 나온 DNA 조각들이 다른 생화학물질과 복합체를 형성하거나 엑소좀 속으로 들어가서 다른 살아있는 암세포로 전달될 것으로 예상된다. 특히 엑소좀이 암세포의 기관친화성 전이와 관련성이 있다고 보고되었다(5). 암 조직에서 HGT를 일으키는 기전은 다음과 같다.

1) 세포사멸체apoptotic bodies, AB

세포사멸체는 스스로 사멸하는 세포에서 유래한 포낭으로서 DNA, RNA 그리고 단백질 등을 포함하고 있으며 이를 인접한 다른 세포들에 전달할 수가 있다. 즉 스스로 죽는 암세포들은 인접한 정상세포 또는 암세포들에 의해 포획되어 그 죽는 세포의 유전물질들이 전달됨으로써 인접한 정상 세포를 암세포로 전환시키거나 인접한 암세포가 약제내성을 획득하도록 한다. 이런 예로는 *Epstein Barr Virus*EBV를 가진 림프구의 세포사멸체로부터 섬유아세포fibroblasts로 EBV유전자가 전달되거나, 전립선세포prostate cell의 세포사멸체로부터 인접한 다른 전립선세포로 항암제 내성유전자가 전달된 경우가 알려져 있다(5).

2) 무세포 DNAcell-free DNA, cfDNA

무세포 DNAcfDNA는 세포자연사apoptosis 또는 세포괴사necrosis 과정에서 세포에서 분비되어 나오는 DNA 조각으로서 세포자연사인 경우는 ~166bp 정도이고, 괴사세포에서는 10,000bp 정도의 큰 DNA도 유출된다. 그 외 미토콘드리아 DNA나 1,000~20,000bp 정도의 원형의 염색체 DNA가 cfDNA를 형성하기도 한다. 이런 cfDNA는 HDThorizontal DNA transfer의 과정에 의해 정상세포 속으로 들어가서 정상세포를 암세포로 전환시킬 수 있다(5). 최근에는 박테리아 DNA가 인간 세포 속으로 들어가서 암세포로 전환시킬 수 있다는 연구 결과가 있어 박테리아가 암화과정에 중요한 역할을 할 것이라는 가설이 제안되었다(5). 이 가설은 편성호기성균인 아시네토박터*Acinetobacter*와 호기성 간균으로 기회병원성인 슈도모나스*Pseudomonas*의 cfDNA가 HGT에 의해 RNA 중간체를 거쳐 인간 염색체에 삽입되어 급성 골수성백혈병acute myeloid leukemia, AML과 위선암종stomach adenocarcinoma을 일으킨다는 사실에 의해 뒷받침되고 있다(5).

3) 엑소좀exosome

세포 사이에 소포체인 엑소좀에 의해 단백질, RNA(mRNA와 microRNA), 그리고 DNA 등이 HGT 과정으로 전달된다(5). 예를 들면 대장암환자의 혈청 속에 있는 마이크로 RNA를 함유한 엑소좀에 의해 정상 섬유아세포가 대장암세포로 전환이 되기도 한다. 따라서 세포의 유전물질이 포함된 엑소좀은 HGT에 의해 정상세포를 암세포로 전환시키거나 주변 환경에 적응할 수 있게 하고, 약물에 내성을 나타내게 할 수 있어서 동물 유전체의 진화에 큰 역할을 하고 있다.

4) 세포소기관cellular organelles

진핵생물의 HGT에는 세포 내의 소기관 자체가 전달되는 경우도 있다. 대표적으로 미토콘드리아에 의한 HGT다. 암세포에서 일어나는 혐기성 해당 반응에 좀 더 효율적인 에너지 획득과정인 산화적 인산화 반응이 첨가되면 암세포의 성장과 전이에 도움이 된다. 이런 관점에서 암세포가 HGT에 의해 미토콘드리아 DNA가 아니라 미토콘드리아 전체를 전달할 수 있다는 사실이 보고되었다. 그 예로서 백혈병 세포와 주변의 척수 중간엽 줄기세포mesenchymal stem cell 간에 전체 미토콘드리아의 HGT가 일어나서 암세포에서 산화적 인산화 반응이 증가하여 암세포의 생존과 항암제 내성을 나타내게 되었다는 결과가 있다(5).

이와 같이 HGT는 그동안 미생물에서 주로 일어난다고 알려졌지만 새로운 기전의 HGT에 의해 진핵생물에서도 예상보다 활발히 발생할 것으로 예측된다. HGT가 생물체 간에 어떤 기전으로 일어나고 그 결과는 어떤 현상을 나타내는지 요약해 보면 그림 2와 같다.

이 그림은 지금까지 연구된 결과를 정리한 것으로 미생물 사이에는 HGT가 활발하게 일어나서 다양한 공생관계나 항생제 내성과 같은 특성을 공유하는 데 비해 미생물과 진핵생물, 그리고 진핵생물 간의 HGT는 그 빈도와 발생 범위가 매우 낮아 보인다. 특히 동물에서의 HGT는 인간 암의 발생과 악성화에 한정되어 있지만, 심도 있는 연구가 진행되면 예상하지 못한 많은 HGT가 전혀 새로운 기전으로 발견될 가능성이 있다.

급속히 전개되고 있는 암 연구에서는 HGT에 의해 암세포의 출현과 전반적인 암화과정, 그리고 암세포의 다양성과 항암제에 대한 다제내성의 획득, 전이능력의 확보 등에 깊숙이 관여하고 있음이 알려졌다(5,17). 이런 과정에서 세포 자연사나 괴사에 의해 죽어가는 암세포에서 나온 세포사멸체나 cfDNA 등이 주위의 살아있는 암세포로 전달되면서 암세포의 후속적인 악성화에 기여할 가능성이 제기된다. 그리고 엑소좀에 발현되는 특정 수용체에 의해 이 수용체가 결합할 수 있는 기관으로 암세포가 전이될 수 있다는 전이성 암세포의 기관특이성에 대한 가설이 제시되기도 하였다(5).

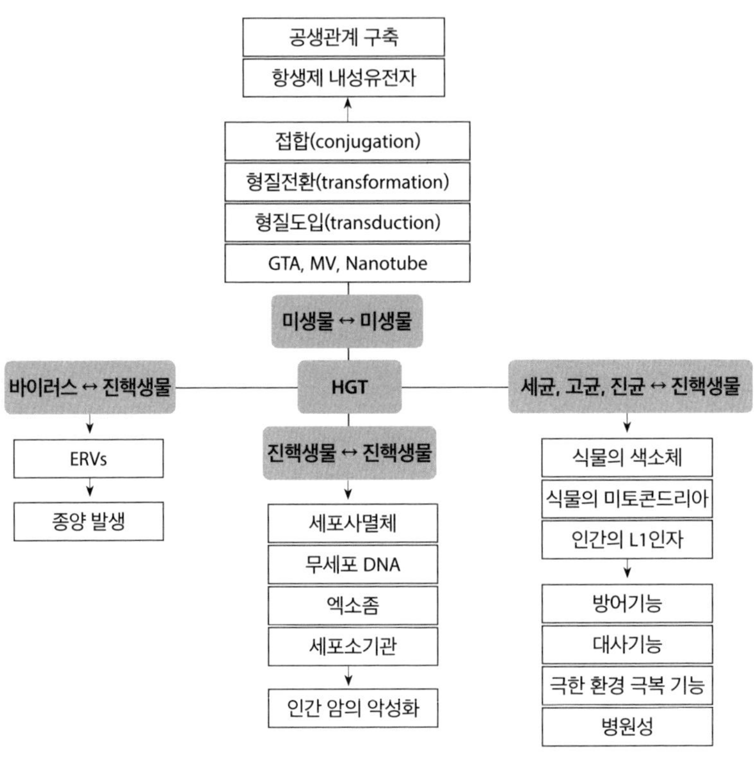

그림 2. 다양한 생물체 간의 HGT와 그 기능적 특성

이런 결과들에 의해 암세포들은 엑소좀, cfDNA, 세포사멸체 등을 통해 멀리 떨어진 암세포들과도 소통하고 있는 것으로 보인다. 이렇게 비교적 연구가 많이 된 암세포뿐만 아니라 정상적인 인간 유전체에도 반 정도가 다른 생물체로부터 유래한 레트로트랜스포존과 같은 삽입 DNA들이고, 정상 인간세포에도 다양한 HGT가 일어난 과거가 있으므로 앞으로도 인간세포의 특성과 진화에 HGT가 계속 관여할 것으로 예상된다.

진화의 또 다른 주역: 전이인자

1. 전이인자transposable elements, TE의 종류와 특성

전이인자TE는 유전체와 생물학적 다양성을 일으키는 데 주된 역할을 담당하여 종 분화와 진화에 크게 기여하였다(18,19).

이 TE는 트랜스포존transposon 또는 MEmobile element라고도 하며 동식물의 게놈에 다수 존재하는데, 그중 포유동물에서는 전체 게놈의 반 정도를 차지하고, 식물에서는 그보다 더 많아 90%에 달하는 경우도 있다(19). TE는 게놈의 여러 부위로 삽입될 수 있는 DNA 조각으로 DNA트랜스포존DNA transposon과 레트로트랜스포존retrotransposon으로 나눌 수 있다(19).

DNA트랜스포존은 1948년 미국의 유전학자인 바바라 맥클린톡Barbara McClintock이 옥수수에서 특정 유전자가 염색체상의 한 위치에 고정되지 않고 돌아다닌다는 사실을 발견하여 이를 점핑 유전자jumping gene로 이름 붙여 알려지게 되었다. DNA트랜스포존은 DNA상에서 이동에 필요한 절단과 삽입기능"cut-and-paste"을 가진 전이효소transposase의 유전자를 가지고 있으며 클래스 IIclass II TE로 분류되기도 한다.

이 DNA트랜스포존은 게놈의 확장과 염색체의 재배치에 중요한 역할을 담당한다. 이들은 선택적 진화exaptation 과정을 통해 게놈상에 조절염기서열, 엑손, 그리고 전혀 새로운 유전자의 생성에 관여하여 진화에 유리하게 작용할 수 있다(18).

레트로트랜스포존은 RNA로 전사된 후 역전사 과정을 통해 이중나선 DNA로 전환이 된 후 다른 곳으로 삽입되는 기전"copy-and-paste"을 나타내고 이를 클래스 Iclass I TE로 분류한다. 이 레트로트랜스포존은 진화과정 중에 대량으로 확산되고 게놈 진화와 여러 유전자의 기능을 조절하는 역할을 한다(19).

박테리아의 TE는 대부분 DNA트랜스포존이고 이에 속하는 삽입인자insert sequence, IS가 세균과 일부 고균에서 보고되어 있다. 이 삽입인자는 약 700~2,500bp의 DNA로 구성이 되고 전이효소 유전자와 양 끝에 15~25bp의 역반복서열inverted repeat을 가지고 있으며, IS1, IS2, IS911 등이 대표적으로 알려져 있다. 진핵생물의 TE는 대부분 레트로트랜스포존이지만, DNA트랜스포존도 존재한다.

이런 TE들은 상호 협력하여 인접한 유전자의 발현에 영향을 미치기도 하고 새로운 단백질을 합성할 수 있는 유전자를 만들기도 한다. 예를 들면 두 종의 서로 다른 TE에 의해 새로운 증폭인자가 생성되어 proopiomelanocortinPOMC 유전자의 발현을 조절한다는 보고가 있다(18). 새로운 단백질 합성의 예는 유악류jawed vertebrates에서 매우 다양한 항체 종류가 만들어질 수 있게 된 것으로, 이는 TE에서 유래한 V(D)J 재조합을 일으킬 수 있는 recombinase 효소 덕분이다. 이 효소의 유전정보를 가진 RAG1과 RAG2 유전자들은 Transib superfamily DNA트랜스포존에서 유래한 것이다(18).

이런 TE들에 의해 새로운 단백질의 합성이 일어날 뿐만 아니라 종의 분화와 새로운 기능의 출현까지 그 영향력이 확장되기도 한다. 최근 52종의 어류와 서식 환경과의 관계를 조사한 결과에 의하면 담수어는 DNA트랜스포존, 연골어류와 칠성장어는 레트로트랜스포존, 해양 경골어류는 satellite DNA, 특히 microsatellites가 다량 포함되어 있음이 밝혀졌다(18). 이 결과가 의미하는 것은 이들 어류의 진화 역사에서 과거 서식환경의 기온, 홍수와 가뭄 등 기후 조건의 변화에 대응하기 위하여 TE들의 기능적 활성화가 활발하게 일어나서 이런 변화된 조건을 극복할 수 있는 새로운 종으로의 진화와 다양성이 일어났을 것으로 추정된다.

따라서 주변 환경에서 유래하는 스트레스와 그에 대응하여 펼쳐지는 TE들의 활성화가 스트레스 극복의 기능을 발휘할 것으로 보인다. 이 과정에서 TE 자체도 적합한 기능을 나타낼 수 있도록 여러 변이가 일어나게 되므로 유전자의 변화와 환경의 변화들이 서로 밀접한 연관관계가 있음을 알 수 있다.

이러한 TE의 역할에 의해 숙주와 기생생물 사이에도 서로 영향을 미쳐 공진화가 일어나게 되었다(20). 즉 기생생물에 의한 숙주선택 과정에는 숙주에게 기생생물의 감염을 막으려는 다양한 방어기전이 일어나고 그에 따라 기생생물에도 그 방어반응을 극복하고자 하는 현상이 양자 간에 지속적으로 일어나게 된다. 이런 과정에 TE가 관여를 하여 생명체가 처음 출현한 후 지난 수십억 년 동안 지속적으로 생물학적인 다양성을 이루는 원동력이 되었다. 이러한 숙주와 기생생물의 공진화 현상을 가늠할 수 있는 유전적 흔적을 유전체 서명genomic signature이라 하고, 이를 추적 조사하여 공진화의 과정이 연구되고 있다(20). 유전체 서명은 유전체상에 특정 염기서열이 특징적인 확률로 나타나는 유전적 변이genetic variation를 의미하며 진화상 인접한 생물체 간에는 이 유전체 서명이 유사한 형태를 띤다. 이런 유전체 서명을 이용한 숙주-기생 생물 간의 공진화 연구는 인간에 병을 일으키는 기생생물 간의 공진화 현상 연구에도 적극 활용될 전망이다. 특히 현대는 사람 간 교류와 이동이 대규모로 이루어지고 있고, 기후변화가 가속화되고 있으며, 삼림파괴와 조림이 동시에 급속히 이루어질 뿐만 아니라 농업과 식품의 생산방식의 대규모 변화, 인간과 가축의 밀집도가 극도로 증가된 상황이다. 따라서 인간에 병을 일으킬 수 있는 모기와 이, 빈대 등의 숙주와 그 기생생물 간에 새로운 접촉과 확산, 그리고 변화의 압력이 매우 높은 상태다. 이에 따라 양자 간에 상호 영향을 미치는 공진화도 더불어 증가될 전망이다. 그중에서도 말라리아 원충과 모기, 뎅기열, 태아의 소두증바이러스와 그 숙주인 모기, 그리고 회귀열을 일으키는 스피로헤타와 그 숙주인 진드기, 이, 빈대 등에서 기생생물과 숙주 간에 공진화가 활발히 일어날 가능성이 제기된다(18). 인체 대장 내부에 높은 밀도로 서식하고 있는 대장 미생물 군집에서도 미생물 간의 접촉과 상호작용이 활발하게 일어나서 공진화가 가능하여 결과적으로 공통 종분화co-speciation를 일으키게 된다는 가설이 제기되었다(21).

그뿐만 아니라 숙주와 바이러스 사이에도 끊임없는 공진화가 지속된다. 이런 공진화를 추측할 수 있는 근거로써 바이러스의 기원에 대해 바이러스가 숙주의 TE에서 유래했다는 가설이 있다. 즉 숙주세포로부터 독립되어 떨어져나온 TE가 캡시드 단백질 유전자를 획득하여 바이러스가 되었다는 가설로서 원시 바이러스 기원 TE들이 세포의 게놈 속에 여러 차례 삽입되면서 점차 바이러스로 진화하였을 것으로 추측되었다(22). 이를 뒷받침하는 근거가 *Polinton*(또는 *Maverick* 라고도 함)이라는 TE로서 이 TE는 세포 게놈과 바이러스 게놈 둘 다에 높은 상동성을 나타낸다. 따라서 이 TE는 세포게놈을 여러 차례 들락거리면서 아데노바이러스와 같은 여러 종의 바이러스로 진화하였을 것으로 추정된다(22).

그리고 내재성 바이러스 인자endogenous viral elements, EVEs는 ERVsendogenous retroviruses라고도 하며 바이러스 유전자 또는 바이러스 게놈에서 유래하여 숙주 게놈 속으로 삽입되었다. 이런 인자들의 대부분은 레트로바이러스에서 유래했지만, *Hepadnavirus*, *Adeno-associated virus*, 그리고 *Herpesvirus*와 같은 다른 바이러스 군도 포함된다(22). 이런 EVEs는 바이러스-숙주 간의 공진화를 보여줄 수 있으므로 EVEs를 조사함으로써 렌티바이러스*Lentivirus*가 영장류와 더불어 수백만 년 동안 공진화했음을 알게 되었다(22). 그리고 EVEs는 게놈상에 삽입이 잘 일어나므로 척추동물과 오랫동안 공진화를 하여 지금은 인간 게놈의 많은 부분을 차지하고 있으며, 더 나아가 숙주의 핵심적이고 필수적인 유전자로서의 기능을 가진 것들도 있다. 이런 필수기능을 가진 유전자의 예로서 포유동물에서 신시틴syncytin 유전자로 작동하는 EVEs를 들 수 있다. 이 신시틴 유전자는 태반의 발생과정에 핵심 역할을 담당하여 여러 진핵생물의 배 발생, 줄기세포의 분화능력, 그리고 많은 세포의 분화에도 관여하는 중요한 기능을 가지고 있다(22).

2. 식물에서 TE의 작용기전

TE는 식물 유전체에 동물보다 더 많이 존재하여 식물의 유전체 형성에 지대한 영향을 미치고 식물과 관련된 미생물의 유전체 크기와 구조를 결정하는 데도 큰 역할을 한다. 즉 식물과 식물 관련 미생물 유전체의 구조적 다양성을 야기할 뿐만 아니라 염색체의 변형을 일으켜서 유전자 발현도 변화시켜 결과적으로 유전체genome와 전사체transcriptome의 다양성을 일으키는 원동력이 되고 있다(23,24). 따라서 TE는 고정된 상태의 식물이 변화하는 환경에 적응하는 데 크게 기여한 것으로 보인다. TE에 의해 일어나는 유전체와 전사체의 다양성은 식물에 변화를 유도하고 이는 다시 식물에 기생하는 병원균과의 끊임없는 공격과 방어기전의 진화를 일으키기도 한다(25). 예를 들면 벼와 벼도열병을 일으키는 진균인 *Magnaporthe oryzae* 사이에 공격과 방어의 면역기전에 관계된 각자의 유전자들이 TE에 의해 유전적 다양성이 활발히 일어나서 벼와 벼도열병균 간에 지속적인 공진화가 일어난 것으로 추정된다(23).

식물에서 연구된 TE의 작용기전들은 표 2와 같이 요약되고, 이 작용기전은 식물에 국한되지 않고 미생물과 동물, 인간에도 적용될 것으로 예상된다(23).

표 2와 같이 식물에서 TE는 유전자 내부에 삽입되거나 반복서열에 의한 점돌연변이를 유발시켜 유전자의 기능을 손상시킬 수 있다. 또한 TE의 삽입에 의해 비정상적인 염색체 재배열이 유도되면 전좌

표 2. 식물에서 TE의 작용기전

1. 유전자의 손상과 생성작용
① TE가 유전자 내부에 삽입되어 유전자 기능 파괴 ② TE에 의한 점 돌연변이(Repeat-Induced Point Mutation, RIP) 유발 ③ TE에 의한 비정상적인 염색체의 재배열 유발: 전좌, 역좌, 중복, 결실 ④ 새로운 유전자의 생성: 역전사 과정을 통해 인트론 없는 유전자 생성(retroduplication)
2. 유전자의 전사 활성 변화
① TE가 프로모터에 삽입되어 전사 억제 ② TE가 유전자의 상위 부위에 삽입되어 새로운 전사조절 기능 생성 ③ TE에 의한 DNA 메틸화 패턴의 변화에 의해 전사 활성 조절

translocation, 역좌inversion, 중복duplication 그리고 결실deletion과 같이 염색체상에서 큰 변화를 일으켜서 변화된 부위에 위치한 유전자 기능도 대폭 변동이 일어나게 된다. 그리고 특정 유전자로부터 전사가 된 후 인트론이 제거된 mRNA가 TE의 일종인 레트로트랜스포존에서 유래한 역전사효소에 의해 DNA로 역전사된 후 게놈 속으로 다시 들어가는 retroduplication이 일어날 수 있어서 TE가 인트론이 제거된 유전자의 생성에 관여할 수 있다. 또한 유전자 발현의 변화도 여러 기전에 의해 유발된다. 즉 프로모터 부위에 TE가 삽입되어 전사가 억제되거나 반대로 유전자 앞에 삽입되면 새로운 전사 조절기능이 생성될 수가 있다. 이 외에도 TE 삽입에 의해 DNA 메틸화를 변화시켜 유전자 발현이 달라지기도 한다. 이렇게 TE들은 식물 게놈의 구조와 유전자 발현에 많은 영향을 미치므로 진화의 핵심기전으로 작용할 것으로 예상되며, 이를 뒷받침하는 연구 결과로서 TE들이 게놈상에 무작위로 분포하지 않고 특정 위치에 집중적으로 모여 있다는 사실이 알려져 있다. 예를 들어 식물의 병원성 미생물에서 병원성을 나타내는 유전자 부위에 TE들이 밀집해 있다는 보고가 다수 있어 식물의 방어와 면역에 대응하여 일어나는 병원성 미생물의 신속한 진화가 이러한 TE들에 의해 일어날 것으로 추측되고, 식물에서도 유사한 기전이 작동할 것으로 예상된다(23).

3. TE의 일반적인 기능과 그 작용기전

식물뿐만 아니라 다른 생물에서도 연구된 TE의 일반적인 특성과 기능을 요약하면 표 3과 같다(26).

표 3. 일반적인 TE의 특성과 기능

특성과 기능	예
1. 다양한 형태와 구조적 특성	• 레트로트랜스포존, DNA트랜스포존, 활동성과 비활동성 TE 등(그림 3 참조)
2. 게놈상 특정 부위에 분포	• RNA polymerase III가 전사하는 유전자들의 상위 부위: 점균류와 분열효모의 레트로트랜스포존
	• 인간 유전자의 non-coding region: 인간의 L1 레트로트랜스포존
3. 돌연변이의 유발	• *D. melanogaster*의 다양한 돌연변이 종: TE의 삽입에 의해
	• 실험용 생쥐의 돌연변이: LTR 인자에 의해
	• 인간 게놈의 다형성, 유전병과 암의 유발: 약 100종의 활동성 L1 인자 또는 *Alu* 인자의 삽입에 의해
	• 옥수수게놈의 돌연변이: TE의 삽입에 의해
4. 게놈의 개조와 재구축 기능	• 쌀 게놈의 개조: DNA트랜스포존인 MULEs에 의해
	• 초파리게놈의 말단소체(telomere) 유지: LINE-유사 레트로트랜스포존에 의해
5. 유전자의 전사조절 기능	• 유전자의 프로모터, 증폭자(enhancer), 전사결합 부위에 TE의 삽입에 의한 전사조절 기능 • 프로모터 상위에 삽입된 TE에 의한 메틸화 패턴의 변화와 전사 기능의 조절
	• TE에 의한 세포 내 새로운 전사조절 네트워크의 구축
6. TE에서 생성된 RNA의 기능	• TE의 DNA transposase: 척추동물 면역계의 V(D)J 재조합에 관련된 Rag1과 Rag2 효소
	• LTR 레트로트랜스포존과 ERVs의 gag와 env 단백질: 태반 발달과 외부 레트로바이러스에 대한 방어 역할, 그리고 뇌의 발달에 기여함
	• LTR 레트로트랜스포존의 gag유전자로부터 생성된 Arc유전자: 기억과 시냅스 가소성에 관여함
	• Alternative exon으로 작용: *Alu* 인자
	• Exon 재배치(shuffling): L1, SINE, *Alu* 인자
	• Retrogene의 생성: L1인자의 역전사효소에 의해
	• 인간과 생쥐에서 retroviral LTR에 의해 long non-coding RNA 생성: 줄기세포의 다분화능과 발생과정에 관여함
	• TE로부터 생성된 microRNA와 small RNA: 세포의 다양한 기능조절 작용

표 3. 일반적인 TE의 특성과 기능(계속)

특성과 기능	예
7. TE 활동성의 조절	• 자가조절기전에 의한 TE 카피의 조절
	• 숙주의 small RNA, KRAB zine-finger repressor, 크로마틴, 그리고 DNA 메틸화에 의한 TE 활동성 조절
	• 섬모충류(*Ciliates*) 게놈: 체세포의 대핵(macronucleus)에서 TE가 상실되고 생식세포의 소핵(micronucleus)에서는 TE가 유지됨
	• 초파리의 P-element: 체세포와 생식세포에서 스플라이싱이 달라짐
8. TE에 의한 세포손상과 질병 유발	• 트랜스포존의 전사에 따른 세포 내 정상 전사와 mRNA 생성 과정의 혼란 야기: ① LTR과 L1프로모터의 재활성화에 의해 암유전자의 발현 유도, ② L1 ORF2P의 endonuclease 활성에 의해 DNA 절단과 게놈 불안정성 유발, ③ TE에서 생성된 RNA와 DNA 카피의 과도한 축적에 의한 면역반응으로 자가면역질환 유발
	• TE의 역전사반응에 의해 생성된 cDNA와 세포질 DNA에 의한 염증반응: 아이카디-구티에레스증후군 유발
	• TE에서 생성된 envelope(Env) 단백질: 신경손상질병인 다발성경화증 유발

표 3에 나타난 바와 같이 TE들은 형태가 다르며 유전체상에 무작위로 분포하지 않는다. TE가 삽입이 되면 게놈 크기가 커지고, 결실이 되면 반대로 줄어든다. 따라서 TE의 활동에 따라 게놈의 크기와 재배열 등이 일어나서 게놈의 개조 또는 재구축 현상이 일어난다. 그리고 TE들은 돌연변이와 게놈 재배열, 유전자의 발현조절기능을 가지고 있다. 이런 기능들은 새로운 자리로 이동하거나 새로운 유전자나 RNA를 생성시키는 기전, 또는 조절 네트워크를 변형시키는 기전에 의해 발현된다. 좀 더 구체적으로 살펴보면 표 2에서 설명한 바와 같이 TE가 염색체에 삽입되어 기존 유전자에 돌연변이가 생기거나 mRNA까지 전사가 일어나면 숙주세포의 유전자 발현에 혼란을 초래할 수 있다. 그리고 TE 삽입에 의해 새로운 프로모

터나 증폭자가 생겨 전사가 증가되는 경우도 있고, 반대로 TE 삽입의 결과 주변 염기서열에 메틸화가 일어나서 전사가 억제되는 경우도 발생할 수 있으므로 결국 세포의 정상적인 유전자 발현에 큰 변화를 일으킬 수 있다. 그 결과 인간에서 유전병과 암 발생에도 관여한다. 즉 L1이 많이 모여 있는 부위가 인간 대장암 발생과 관련 있다는 보고가 있고 유전병으로는 혈우병, 근육위축증 등이 알려져 있다(26). 또한 삽입된 후 TE 사이에 재조합이 일어나서 유전자의 역전이나 결실이 일어나는 경우 등 매우 다양하게 숙주세포의 유전체와 그 활성에 영향을 미치게 된다. 그뿐만 아니라 염색체의 분리와 안정성에 중요한 동원체centromere에 TE가 삽입되면 새로운 동원체가 형성되기도 한다(27).

이런 TE들은 다음 세대로의 전달뿐만 아니라 동시대의 생물체 간에도 HGT의 일종인 수평적 트랜스포존 전달horizontal transposon transfer기전에 의해 여러 생물체 간의 유전정보교환에 활발하게 관여하고 있다. 대표적으로 잘 알려진 예가 앞에서 설명한 항생제 내성유전자의 확산이 있다. 세균에서는 TE들이 염색체 DNA와 플라스미드 DNA 사이를 활발히 이동하여 다제내성을 가진 유전자를 생성하게 된다. 특히 병원성 미생물과 숙주, 그리고 기생생물과 숙주 사이에 이런 현상이 일어나서 분류상 연관성이 먼 생물 간에도 TE를 통한 유전정보의 교환이 일어나고 있음이 알려졌다. 따라서 TE들은 게놈의 불안정성뿐만 아니라 게놈의 변혁에도 크게 영향을 미쳐 염색체의 재구축과 유전자 발현에 큰 변화를 야기해 질병을 일으키거나 종의 다양성을 유발하기도 한다.

이와 같이 TE들은 그 자체가 HGT에 직접 관여하기도 하고, 새로운 바이러스 또는 바이로이드의 생성에도 관여할 가능성이 높다고 예상된다. 이런 TE 중에서 인간 유전체와 상관관계를 가진 TE들의 연구가 진행되고 있으므로 앞으로 인간에게 미치는 영향도 규명될 것으로 추정된다.

4. 인간 TE의 종류와 그 기능

인간 게놈 중 약 1.5%만 단백질 정보를 가진 엑손exon이고 나머지 98.5%는 초기에 정크 DNAjunk DNA로 알려졌으나 현재는 이 정크 DNA도 여러 가지 세포활동에 중요한 역할을 하고 있는 것으로 판명되었다. 이 98.5%의 정크 DNA 중 45% 정도가 TE이다.

앞에서 설명한 바와 같이 TE는 이동할 때 중간체의 종류에 따라 분류되어 RNA 중간체를 경유하여 "복사 후 붙이기copy-and-paste" 기전으로 이동하는 종류를 클래스 I TE라 한다. 이에 비해 DNA트랜스포존과 같이 RNA 중간체를 경유하지 않고 DNA 조각이 "자른 후 붙이기cut-and-paste" 기전으로 이동하는 것을 클래스 II TE라 한다(그림 3)(18,26).

이 클래스 II TE들은 자신의 게놈 DNA 조각을 이동시키는 방식에 따라 다시 세 종류로 세분화된다. 즉 *Crypton*과 *Terminal Inverted Repeats*TIR들은 게놈 DNA를 직접 절단한 후 다른 부위에 붙이는 방식으로 전달되고, *Helitron*과 *Maverick/Polinton*은 TE DNA가 타깃 부위에 복제되어 전달되는 방식replicative transposition을 사용한다. 이에 비해 MITEs 그룹은 자체적으로 전이효소가 없기 때문에 다른 게놈으로 이동하기 위해서는 다른 TE의 전이효소를 이용해야 한다(18).

그러나 이 클래스 II TE인 DNA트랜스포존은 박쥐를 제외한 대부분의 포유동물에서는 이동하지 않는 것으로 알려졌다(26). 인간에

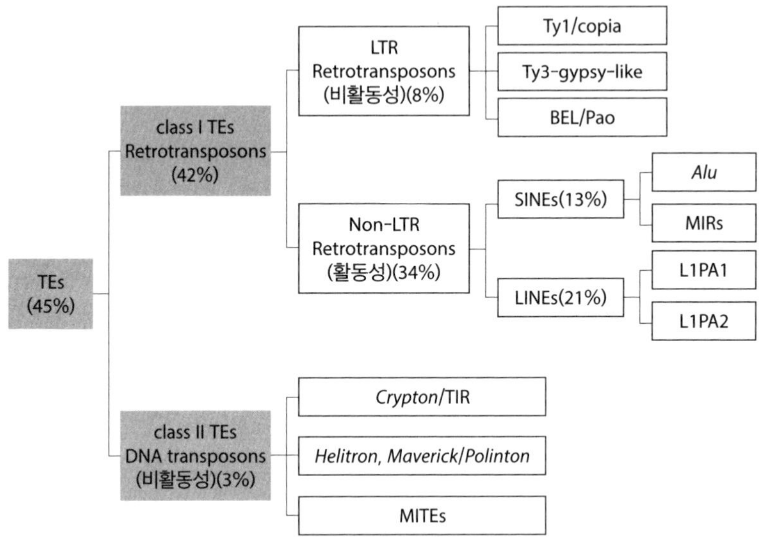

*괄호 안의 숫자는 인간 게놈에서 차지하는 비율을 나타낸다.

그림 3. 인간 TE의 종류

서는 DNA 게놈 전체의 약 3%를 차지하고 있으며 몇 종의 유전자들이 DNA트랜스포존에서 유래한 것으로 보고되어 있다. 그 예로서 RAG1recombination activating gene1과 PGBD5PiggyBac transposable element-derived 5 등이 포함된다(18). PGBD5는 DNA 전이효소 활성을 가진 DNA트랜스포존이 약 5억 년 전에 인간 유전체에 합류한 것으로 추정된다. 이 PGBD5의 돌연변이는 신경발달이상 증세를 나타내므로 이 유전자가 신경발달과정에 중요한 기능을 담당하고 있음을 짐작할 수 있다(26). RAG1은 과거 *Transib* DNA트랜스포존에서 유래된 것으로 이 유전자의 전위transposition활성이 지금은 면역세포인 B와 T전구 세포에서 V(D)J 재조합 기전에 사용되고 있다(27,28).

이에 비해 클래스 I TE에 속하는 레트로트랜스포존(또는 retroposon)들은 DNA로부터 RNA를 먼저 만든 후 이 RNA를 역전사시켜 이중가닥 DNA를 합성한 다음, 호스트 게놈 속으로 삽입이 일어나는데 인간 유전체에서 아직까지 활발히 활동하고 있다. 이 클래스 I TE들이 인간 게놈의 40% 이상을 차지하고 있으며 다시 Long-Terminal Repeats$_{LTR}$을 가진 것과 없는 것$_{non\text{-}LTR}$ 두 종류로 나눌 수 있다. 이 LTR은 레트로트랜스포존의 양쪽 말단에 긴 반복서열로 존재한다. LTR을 가진 LTR 인자는 내재성 레트로바이러스$_{endogenous\ retroviruses,\ ERVs}$라고도 하며, 인간 유전체의 약 8%를 차지한다(18,19,26). 이 LTR 인자들은 다시 Ty1/copia$_{Pseudoviridae}$, Ty3-gypsy-like$_{Metaviridae}$ 그리고 BEL/Pao 세 종류로 나뉜다. 그러나 LTR 인자들도 클래스 II DNA트랜스포존과 유사하게 인간 유전체에서 비활동적이다. 따라서 non-LTR element가 인간에서 이동성을 가진 활동적 TE이다. 여기에는 SINEs$_{short\ interspersed\ nuclear\ elements}$와 LINEs$_{long\ interspersed\ nuclear\ elements}$가 포함된다(그림 3). 인간 게놈 중 LINEs는 약 21%, SINEs는 약 13%를 차지한다. LINEs의 대표적인 것이 LINE-1(또는 L1)으로서 인간 게놈에 500,000카피 이상의 LINE-1이 포함되어 있다. 이 LINEs는 자체적으로 역전사효소와 엔도뉴클레아제$_{endonuclease}$ 효소 유전자를 가지고 있어서 자력으로 역전이$_{retrotransposition}$가 가능하다. 이에 비해 SINEs는 다른 부위로 이동하기 위해서는 역전사효소가 필요하다(18). 그러나 LINE-1 인자들도 재배열, 점돌연변이, 그리고 5′말단 부위의 손상 등에 의해 대부분 비활동성이고 대략 80~100 LINE-1들이 그 활동성을 유지하고 있는 것으로 알려져 있다(26). 이 활동성 LINE-1들은 다시 L1PA1과 L1PA2 그룹으로 구분된다.

이러한 LINE-1 인자들이 게놈에 삽입이 되면 정상적으로 작동할 수 있는 염기서열에 혼란이 일어나서 여러 유전병을 야기할 수 있다. 또한 여러 암 종에서도 LINE-1이 활발히 작용하므로 세포 내 돌연변이원이 되고, 염증성 질환 등에 관여한다고 알려져 있다. 그리고 인터페론 반응을 유발하기도 하므로 종양의 면역치료에 활용될 가능성도 있다(28).

인간 게놈에서 활동성인 LINE-1은 그 길이가 약 6kb이고, 5′과 3′-UTR을 가지고 있으며, ORF1P와 ORF2P 두 단백질을 합성한다(26). 이 두 단백질은 LINE-1의 이동에 필히 요구된다. ORF1P는 약 40KDa 단백질로서 RNA 결합능과 샤페론chaperone 활성을 가지고 있다. 이에 비해 ORF2P는 약 150KDa 단백질이고, 엔도뉴클레아제와 역전사효소 활성을 가지고 있다. LINE-1은 그 자체에 전사촉진자를 가지고 있고, RNA pol II에 의해 RNA로 전사가 되고, 전사된 LINE-1 RNA는 세포질로 이동하여 ORF1P와 ORF2P 단백질로의 번역이 일어난다. 그런 다음 이 단백질들은 LINE-1 RNA와 결합하여 RNP를 형성하고 이 RNP는 target-primed reverse-transcriptionTPRT이라고 알려진 역전사와 삽입의 동시 반응에 의해 DNA로 전환된 후 게놈 속으로 삽입된다(26).

이에 비해 SINEs는 LINE-1의 엔도뉴클레아제와 역전사효소의 도움을 받아 움직일 수 있는 레트로트랜스포존으로서 대표적으로 *Alu* 인자와 mammalian-wide interspersed repeats elementsMIRs들이 있다(27). SINEs는 세포의 RNA중합효소 III의 전사체인 tRNA와 7SL RNA에서 유래한 레트로트랜스포존으로서 그 길이는 75~500bp이고 인간 게놈의 약 13%를 차지할 정도로 넓게 확산되어 있다. 이 SINEs들은 정상적으로 건강한 성인세포에서는 전사가 되지 않으나, DNA바이러스의 감염과 같은 여러 스트레스 상황에서는 그 전사가 증가한다(28,29). 이 SINEs 종류는 인간인 경우 인자 내부에 *Alu* 1 제한효소 자리를 가지고 있는 300bp 정도의 *Alu* 인자가 대표적으로 알려져 있고, 이는 다시 *Alu* J, *Alu* S, *Alu* Y, 세 그룹으로 분류된다. 인간 유전체 속에 약 10^6카피의 *Alu* 인자가 있는 것으로 밝혀졌다. 이 *Alu* SINE들은 7SL RNA로부터 유래한 것이다. 쥐의 경우는 B1, B2, B4 그리고 identifier$_{ID}$ 네 그룹으로 나누어진다. 이 중 B1 인자들은 7SL RNA로부터 진화한 것이고, B2와 ID SINEs는 tRNA로부터, 그리고 B4 SINE은 tRNA-7SL chimeric SINE이다(29). 이 B1 인자들은 쥐의 유전체에 $1\sim4\times10^5$카피가 존재한다.

MIRs는 그 길이가 260bp이고 모든 포유동물에서 발견되고 인간 유전체에는 약 37만 카피가 존재한다. 이 MIRs는 현재 역전사효소 활성을 상실하여 비활동성이다.

SINE 인자들은 RNA중합효소 III에 의해 전사되는데 이 RNA중합효소 III는 세포에 기본적으로 필수적인 tRNAs, 5S rRNA 그리고 U6 snRNA를 합성한다. SINE RNAs는 DNA바이러스의 감염에 의해 증가하며, 그 외 독소나 RNA바이러스에 의해서도 증가할 가능성이 있다(29). 그리고 CD4+T세포에서는 HIV-1 감염에 의해 *Alu* DNA 카피 수가 증가했다는 보고(29)가 있어서 감염에 대응하여 *Alu* 인자의 이동이 일어난 것으로 추정된다.

이러한 레트로트랜스포존들은 유전자상의 변화를 일으켜 정상 유전자의 기능을 상실하게 하여 여러 질환의 발생과 관련이 있는 한편, 이와 반대로 이익이 되는 경우도 있다.

먼저 이익이 되는 경우는 전사조절인자로 작용하는 경우로서 대표적으로 zinc-finger protein$_{ZFP}$의 유전자들이다. 이 유전자들은 초기 진화 단계에 인간 게놈에 삽입된 TE를 억제시키기 위해 여러 가지가 생성된 것으로 타킷 TE들의 이동과 전사가 더 이상 일어나지 않게 되어도 아직 인간 게놈에 풍부하게 남아 있다. 이렇게 다양하게 얻어진 ZFP들은 현재 특정 DNA 서열을 가진 정상 유전자들의 발현을 조절하는 중요한 전사조절인자의 역할을 담당하게 되었다(28). 이런 현상은 레트로트랜스포존에 의해 결과적으로 발생한 순기능의 하나가 된다.

이와 대조적으로 TE에 의한 여러 질환과의 관련성은 다음과 같다. 이 TE들이 생식선세포의 게놈에 삽입이 되어 유전자들의 기능에 혼란을 야기시키면 여러 유전병 증세를 나타낼 수 있는데, 이런 유전병들은 현재 약 120종이 알려져 있다(28,30). 이런 질환을 일으키는 TE들은 주로 LINE 1 또는 *Alu* 인자로서 단백질 정보를 가진 엑손 부위에 삽입되어 유전정보 자체를 교란시키거나 엑손 부근에 삽입되어 mRNA 스플라이싱을 방해하여 일어난다. 이러한 TE 삽입에 의해 발생한 질환의 첫 번째 예는 1988년 보고된 혈우병hemophilia으로서 LINE 1인자가 X염색체상에 있는 혈액응고인자 VIIIF8 유전자의 엑손에 삽입되어 F8의 단백질 번역과정을 방해한 것이다. 이 발견은 인간에서 TE가 작동한다는 최초의 보고로서 획기적인 사실이었다. 그리고 *Alu* 인자인 경우는 CD58유전자에 삽입되어 다발성경화증을 쉽사리 일으키고 두 군데 DNA 부위에 삽입된 후 재조합에 의해 유전병이 발생되기도 한다. 즉 ubiquitin conjugating 효소인 E2T 부위UBE2T에 *Alu* 인자가 인접하게 두 번 삽입된 후 *Alu*-*Alu* 재조합이 일어나면 UBE2T의 2~6엑손들이 결손되면서 희귀 유전질환인 판코니 빈혈Fanconi anemia을 야기시킨다(28).

LINE-1(또는 L1) 발현과 종양과의 관련성도 보고되었다. 대표적으로 L1 프로모터에서 저메틸화hypomethylation가 일어나서 ORF1P 유전자의 발현을 증가시켜 암의 악성화가 유발된다는 보고가 있다(28). 이 ORF1P의 과발현은 난소암, 폐암, 대장암, 췌장암, 식도암 등과 같이 사망률이 높은 암들의 악성화와 관련이 있다. 이런 암에서 5′결손 L1, 또는 5′역전 L1의 삽입이 관찰되므로 L1 삽입에 의해 새로운 전사조절서열이 생성된 것으로 보인다.

그 외 염증질환과의 관련성은 *Alu*, L1 등이 자가면역질환인 루프스systemic lupus erythematosus 등에서 보고되었고, L1역전사효소에 의한 인터페론 신호전달 반응이 노화와 연관된 염증을 유발한다고 알려졌다(28).

그리고 TE와 신경계통질환과의 관련성도 보고되었는데 뇌에서 레트로트랜스포존 유래 생성물에 의해 신경퇴행성 질환들이 발생될 가능성이 최근에 제기되었다(31). 즉 치매와 같은 신경퇴행성 질환에서 레트로트랜스포존이 증가되어 있고, 이 레트로트랜스포존에서 유래한 RNA와 단백질들이 독성을 나타내어 염증과 항바이러스 반응을 유발하여 이런 뇌신경질환의 발생에 관여할 것으로 추측된다. 따라서 TE들은 인간 게놈상에서 단지 정크 DNA로 존재하는 것이 아니라 유전병이나 암, 염증질환 등 다양한 질환의 발생과도 밀접하게 연관되어 있다.

인간 게놈에서 TE의 역할과 그 영향은 오랜 진화과정에서 자가증식기능을 가진 다양한 TE들에 의해 인간 게놈에는 수많은 변화들이 일어났고, 그 후 이런 TE들이 그대로 남아 있어 게놈의 많은 부분을 차지하고 있는 현재의 인간 게놈 상태를 이루게 되었다. 그러나 이런 TE들이 지금은 대부분 그 이동기능을 상실하였고, 일부 레트로트랜스포존들이 아직 활동하고 있어서 유전병을 야기하기도 한다(30,32). 그리고 L1 자체의 발현이 증가되면 이런 과발현 L1들이 내재적인 발암원으로 작동하여 종양을 유발하기도 하고 세포성 인터페론 반응을 촉발하여 염증질환을 일으키기도 한다(28,32).

이와 같이 현재 알려진 TE들의 기능은 매우 제한적이지만 향후 TE들의 기능이 좀더 규명되면 다른 종류의 질환과의 관련성도 알려질 가능성이 높다. 지금은 비활동적으로 된 대부분의 TE들이 인간 게놈에서 어떤 역할을 하는지에 대해서도 앞으로 더 연구되어야 할 것이다. 아마도 인간 게놈의 안정성을 유지하거나 외부에서 침입하는 TE 또는 레트로바이러스 등에 대해 완충 역할을 할 가능성도 예상된다.

5. 게놈은 하나의 생태계

이와 같이 여러 종류의 TE들로 대변되는 게놈상의 구조와 그 구조의 변이 관점에서 바라보면 게놈을 하나의 생태계로 볼 수 있다. 즉 다양한 TE들이 서로 간의 미묘한 상호작용과 세포구성 인자들과의 교류를 통해 증식하고 자신의 영역을 확대하거나 새로운 영역으로 전개해가는 복잡하면서 끊임없는 진화의 양상을 띠고 있는 생태계라는 가설이 설득력이 있다. TE들은 게놈상에 무작위적으로 넓게 펼쳐져 있는 것이 아니고 특정 지역에 선택적으로 삽입되어 모여 있는 양상을 나타낸다. 즉 대부분의 TE들은 부위 선택성을 가져서 숙주에게 피해를 적게 하면서 자신의 확대를 추구하고 있다(26,27). 예를 들면 어떤 레트로트랜스포존들은 점균류에서부터 효모까지 다양한 생물체에서 발견되지만 공통적으로 RNA중합효소 III에 의해 전사되는 유전자들의 앞 부위에 모여 있어서 숙주 유전자의 전사에 영향을 주지 않으면서 자신의 전사는 가능하도록 하고 있다.

이러한 TE의 분포와 밀집도에는 자연선택과정과 유전적 부동 genetic drift도 중요한 요인이 된다(26,27). 즉 숙주에 해로운 TE의 삽입은 신속하게 제거되고, 그 대신 숙주의 적응성이나 게놈의 기능에 영향을 거의 미치지 않는 TE의 삽입은 유지가 될 가능성이 높다. 예를 들어 인간 LINE1 레트로트랜스포존인 경우 유전자의 엑손에 쉽게 삽입이 되지만, 엑손에 그대로 남아 있는 경우는 극히 드물다. 이와 유사하게 LTR 레트로트랜스포존도 전사가 되는 DNA 영역에 삽입되면 유전자 스플라이싱과 폴리아데닐화polyadenylation에 방해를 일으키므로 전사가닥의 삽입은 유지되지 못하고 있다(26). 이런 결과들이 암시하는 것은 TE의 삽입이 일어나고 유지되는 것은 TE 자체의 특성과 더불어 숙주에서 작동하는 진화적인 동력에 의해 좌우되는 현상이라는 사실이다.

미생물 사이 또는 미생물과 동식물 사이의 상호작용과 공진화

앞에서 살펴본 HGT와 TE에 의해 미생물 그룹 내에서 또는 미생물과 동식물 사이에 일어나는 상호작용과 공진화 현상을 살펴보면 다음과 같다.

1. 박테리아와 박테리오파지의 공진화

박테리아와 그것에 감염되는 박테리오파지 간에는 박테리아의 방어 면역기능과 파지의 감염기능 간에 치열한 공방전이 일어나고, 이 과정에서 유전적인 변화가 동반되어 두 생물 종 간에 공진화가 일어난다. 이러한 박테리아와 파지 간의 공진화 현상을 실험실 조건이 아닌 자연 상태의 환경에서 최근 연구가 되었다(24). 즉 어류의 병원균인 *Flavobacterium columnare*와 박테리오파지를 대상으로 하여 양식장에서 2007년부터 2014년에 걸쳐 그들의 형태와 유전적 변화를 추적 조사하여 공진화 현상을 규명하였다(24). 이 연구에서 파지 유전체와 박테리아의 면역 활성을 가진 CRISPR 부위를 분석한 결과, 박테리아가 면역기능을 변화시키면, 이에 따라 파지도 게놈 크기를 증가시켜 감염시킬 수 있는 호스트의 범위를 확대시킨다는 사실이 밝혀졌다.

인체 장내 미생물의 분포를 보면 박테리아가 거의 90%를 차지하고, 장내 바이러스도 동물바이러스는 극소수에 불과하고 대부분은 박테리오파지가 차지한다. 따라서 장내에서 가장 많이 존재하는 박테리아와 박테리오파지 간의 상호작용과 공진화 현상은 장내 미생물 간에 자연스럽게 일어나는 현상이 될 것이다. 장내 박테리오파지는 대부분 용원성 사이클의 프로파지prophage 상태로 숙주 박테리아의 게놈 속에 삽입되어 있다(33). 프로파지를 가진 대장 박테리아들은 프로테오박테리아와 후벽균이 의간균이나 방선균보다 높게 나타났다. 이런 프로파지들은 박테리아들에게 병독성과 항생제 내성을 나타내도록 하거나 대사기능을 증가시키기도 하여 새로운 형질을 가지게 한다. 예를 들면 *Vibrio cholerae*, *Clostridium botulinum*, *Corynebacterium diphtheriae* 균들은 파지가 삽입되어 파지유전자로부터 외독소extoxin들이 생성되어 병독성균으로 그 형질이 전환된 것이다(33). 이런 병원균 외에도 *Staphylococcus aureus*, *Streptococcus pyogenes*, *Salmonella enterica* 등의 세균들도 프로파지에 의해 독소나 효소, 부착인자adhesin, 그리고 면역조절인자들을 공급받아 병원균으로 변화되었다. 이러한 현상에 의해 프로파지들은 숙주인 박테리아의 형질과 특성의 진화에 중요한 역할을 할 것으로 예상된다.

파지들은 HGT를 통해 미생물 집단의 구조와 기능을 변화시키기도 한다. 그 기전은 형질도입과 형질전환, 그리고 온건성temperate 파지에 의한 특수형질도입specialized transduction이 알려져 있다. 그리고 프로파지들은 자신의 숙주 박테리아들을 다른 파지의 침입으로부터 방어하는 기능도 있다. 즉 다른 파지들의 흡착이나 DNA 침투, 전사 등을 억제하여 다른 파지의 감염을 방어하는 역할도 한다.

프로파지들이 용원성 사이클에서 용균성 사이클로 유도되는 것은 주변 환경과 바이러스의 숫자와 관련이 있다. 예를 들면 대장균 파지인 경우 활발히 분열하는 대장균이 있는 환경에서는 약 0.1%가 용원성인 데 비해, 영양분이 부족한 환경의 대장균인 경우는 약 50%, 그리고 쥐의 대장환경에서는 약 20%로 크게 증가한다(33). 이런 대장파지들은 대부분 질병을 유발하지 않고 상리공생관계를 유지하고 있지만, 장내 박테리아 군집의 변화가 일어나서 장질환이 유발될 때 파지 군집도 변화가 일어난다. 즉 크론병이나 궤양성 장염이 일어나는 경우는 파지 집단이 증가하고, 제1형 당뇨병에서는 파지 집단과 다양성이 감소하는 현상이 있어서 이런 질병과의 관련성이 예상되나 아직까지 그 정확한 연관관계는 규명되지 않았다(33). 이와 같이 박테리아와 파지 간에는 파지가 박테리아 세포를 용해할 뿐 아니라 박테리아 게놈상에 상주하여 박테리아의 생활사와 생리활성에 큰 영향을 미칠 정도로 그 상호작용이 밀접하므로 두 생명체 간의 다양한 공진화가 예상된다.

2. 박테리아와 식물의 공진화

식물은 여러 가지 스트레스뿐만 아니라 해충에도 노출되어 있다. 따라서 식물은 면역반응을 매개하는 수용체를 발현하도록 진화하였다. 공생에 성공한 미생물은 이러한 면역반응을 억제시킬 수 있는 면역억제제를 분비한다. 이렇게 식물과 식물병원성미생물은 끝없이 공진화를 하고 여기에 TE가 관여한다(23,25). 이와 같이 비운동성의 식물이 스트레스나 외부 침입생물에 대한 방어기전으로 TE를 활용하므로 식물게놈상 TE가 차지하는 비율이 90%에 육박하는 것도 있다.

식물과 병원성 미생물 간의 진화에 TE가 관여된 구체적인 예로는 벼와 벼도열병을 일으키는 진균이 대표적이다. 벼도열병 진균인 *Magnaporthe oryzae*에는 병원성 유전자인 *Avr-Pita*가 있다. 이 유전자에서 합성된 *Avr-Pita* 인자는 벼의 Pita 면역수용체에 결합되면 그 병원성이 억제된다. 따라서 벼도열병 진균의 *Avr-Pita* 유전자는 점돌연변이와 결실, 또는 삽입과 같은 게놈 불안정성을 증가시켜 벼의 Pita 면역수용체에 결합되지 않도록 하여 벼의 면역방어기전을 회피한다. 이 회피과정에 TE가 관여할 가능성이 높다. 왜냐하면 이 유전자 주위에 TE가 포진하고 있고 이 TE들은 *Avr-Pita* 유전자의 상실과 다른 염색체로의 전좌를 일으키고 *Avr-Pita* 프로모터에 TE가 삽입되면 Pita를 가진 식물에도 병원성을 나타낸다는 보고가 있기 때문이다(23). 또한 TE들은 *M. oryzae*의 *Avr-Pita* 외의 다른 병원성 유전자들의 상실과 획득, 전좌 등에도 관여한다고 알려져 있다(23). 이와 유사한 TE의 작용기전이 밀의 잎사귀에서 얼룩무늬병septoria leaf blotch을 일으키는 병원성 진균인 *Zymoseptoria tritici*에서도 발견되었다. 그리고 양배추와 같은 십자화과 채소Brassica에서 꽃, 잎, 줄기에 흑갈색의 화부병stem canker을 일으키는 *Leptosphaeria maculans* 진균의 병원성 유전자에는 TE들이 점돌연변이를 유발하여 숙주식물의 면역체계를 회피하도록 진화되어 있다. 그 외 여러 식물의 시들음병의 원인진균인 *Verticillium dahliae*에는 TE에 의해 대규모의 염색체 재배열이 일어나서 이 진균이 여러 식물에 감염되어 병원성을 나타낼 수 있는 다양성을 가지게 되었다(23).

이런 병원성 미생물에 대응한 식물의 방어기전에도 TE들이 관여하여 중요한 역할을 담당할 것으로 보인다. TE를 포함한 반복서열의 함량은 식물체에 따라 차이가 나서 애기장대*Arabidopsis thaliana*는 20% 미만인 반면, 밀과 옥수수 같은 곡물류는 약 80%가 된다. 이런 TE들은 식물의 게놈 구조와 진화에 깊숙이 관여되어 있고 *A. thaliana* 게놈에서는 유전자가 희소한 동원체centromere 주위에 밀접되어 있다. 이런 현상은 쌀과 같은 다른 식물에서도 관찰된다. 이 TE들은 식물 게놈의 구조적 다양성을 초래할 것으로 예상되고, 특히 병원성 미생물에 대한 지속적인 방어기전의 근간이 될 것으로 보인다. 병원성 미생물에 대한 면역반응을 담당하는 식물의 유전자들은 집락을 형성하며 이를 면역클러스터immune cluster라고 한다(23). 이 면역클러스터들은 역동적인 진화를 계속하고 있어서 다형성polymorphism, 유전자 카피 수의 변화, 그리고 활발한 재조합 등이 일어나는 부위다. 특히 면역수용체의 유전자들이 이런 역동적인 변화의 부위에 위치해 있다. 예를 들어 토마토, 밀, 보리 등에서 병원성 미생물에 대한 방어인자로 작용하는 면역수용체의 유전자들이 재조합이 활발하게 일어나는 부위에 놓여 있고, 이들 유전자의 인접 부위에 TE들이 발견된다. 따라서 이 TE들이 유전자의 중복 등의 재조합기전에 관여할 것이다. TE에 의한 유전자의 중복 현상은 *Tobamovirus*에 대한 고추, *Fusarium* 진균에 대한 토마토, 감자역병균*Phytophthora infestans*에 대한 감자 등의 식물에서 면역에 관련된 L, I2, R3a 같은 면역수용체 유전자에서 보고되었다(23).

이런 중복유전자들은 고추인 경우 인트론 수가 감소되어 있으므로 이 유전자들은 TE의 도움을 받는 retroduplication에 의해 생성되었을 것으로 추정된다. 이런 retroduplication에 의해 일어나는 인트론이 없는 유전자의 중복 생성은 식물의 병원성 미생물이 가진 병원성 유전자에서도 발견된다. 따라서 TE에 의한 동일한 기전이 식물과 그 병원성 미생물에 함께 작동한다는 사실을 나타내고 밀접한 공진화 현상을 암시하고 있다. 그리고 TE들은 면역수용체 유전자의 발현에 직접적으로 관여하거나, 크로마틴 구조 변경에 따른 간접적 발현의 변화를 일으키기도 한다. 예를 들어 *A. thaliana*의 면역수용체 유전자인 AtRLP18은 병원균인 *Pseudomonas syringae*에 방어 역할을 담당하는데 이 유전자의 엑손에 TE가 삽입되면 변형된 단백질인자가 합성이 되어 *P. syringae*에 대한 감수성이 증가된다. 그리고 오이의 ML08유전자에 TE가 삽입되면 비정상적인 스플라이싱이 일어나서 ML08유전자의 기능이 상실되어 병원성의 흰곰팡이mildew에 대한 면역반응이 유발되기도 한다(23).

이와 같이 TE는 식물과 식물의 병원성 미생물 간에 공격과 방어의 지속적이고 끊임없는 생명 현상에 대한 분자기전으로 작동하여 두 생물체 간의 상호작용과 긴밀한 공진화를 이끌고 있다.

3. 인체 박테리아와 바이러스 간의 상호작용과 공진화

인체 박테리아 중 가장 많이 분포해 있는 대장 박테리아와 바이러스 간의 상호작용과 공진화 현상을 살펴보면 다음과 같다.

장내에서 장내 박테리아와 바이러스의 상호작용은 바이러스 감염을 촉진하거나 반대로 차단할 수 있다. 즉 박테리아는 장 점막의 글리코실화 패턴을 변형하여 바이러스의 위장관 내막 부착에 영향을 미친다. 박테리아 성분인 리포다당류lipopolysaccharide, LPS 또는 올리고

당 형태의 복합탄수화물인 조직혈액형항원histo-blood group antigens, HBGA은 바이러스 입자를 안정화하고 그들의 세포 부착 효율을 향상시킨다. 장내 바이러스가 위장관을 통과할 때 바이러스와 숙주세균과의 상호작용이 일어나고 이는 감염에 중요한 영향을 끼친다. 즉 장내에서 바이러스는 점액층에서 숙주 상피까지 통과하면서 다양한 박테리아를 만나게 된다. 이런 과정에서 위장관 바이러스는 숙주의 장내 박테리아와 상호작용하여 감염을 촉진할 수 있도록 진화했다. 예를 들면 LPS를 포함한 세균성 지질 다당류는 소아마비바이러스의 열 안정성을 증가시키고 세포 표면의 소아마비바이러스 수용체와 결합을 증대시켜 감염성을 증가시킨다. 그리고 *Enterobacter*를 포함한 조직혈액형항원 발현 박테리아는 노로바이러스*Norovirus*가 숙주 세포에 부착되도록 하여 감염을 촉진한다. 또한 레오바이러스는 박테리아 외피 성분인 LPS 또는 펩티도글리칸과 상호작용하여 바이러스의 열 안정성을 향상시켜 바이러스 부착 및 감염을 증가시킨다. 그 외에도 폴리오바이러스의 경우, 캡시드 구조의 안정과 수용체 결합은 세균이 분비하는 지질 다당류의 도움을 받는다. 그리고 노로바이러스는 장내 박테리아에 의해 생성된 조직혈액형항원을 활용하여 B세포에 효율적으로 감염이 된다(33,34).

이와 반대로, 장내 박테리아는 바이러스 입자와 결합하여 대변으로 바이러스를 배출시키거나, 숙주의 상피세포 또는 면역세포와의 상호작용을 통해 바이러스 감염을 저해할 수 있다. 그 기전은 특정 인터페론과 같은 사이토카인의 생산을 촉진하거나, 림프구 집단을 바꿈으로써 면역기능을 조절하는 것이다. 그리고 장내 박테리아와 숙주세포의 상호작용은 위장관 장벽의 결합력을 향상시키고, 뮤신, 활성산소, 디펜신 등을 합성하여, 바이러스의 감염능력을 저해시키거나 숙주의 위장관 점막의 글리코실화를 조절하여 바이러스의 감염을 억제시킬 수 있다(34).

따라서 장내 박테리아 균총은 위장관 바이러스 감염의 핵심 요소로서 바이러스 감염을 촉진하거나 억제할 수 있으며, 그 기전은 숙주의 장점막 세포 사이의 분자 간 상호작용, 글리코실화 패턴의 변화, 그리고 면역 조절, 바이러스-박테리아 간의 상호작용, 바이러스의 부착능력 조절 등 복잡한 양상으로 나타난다. 이와 같이 박테리아와 바이러스의 상호작용은 공진화를 통하여 감염의 다양성을 보이게 되었다(34,35).

로타바이러스*Rotavirus*, RV와 노로바이러스*Norovirus*, NoV는 급성 바이러스성 위염, 장염의 주원인이다. 최근 연구에 따르면, 숙주의 유전인자 및 조직혈액형항원의 당사슬 패턴, 장내 미생물 균총 구성이 RV 및 NoV에 대한 면역 감수성과 관련이 있다고 알려졌다(34). 즉 숙주의 당사슬 패턴, 장내 미생물, 바이러스 3자 간의 상호작용에 의해 RV 및 NoV의 감염 양상이 달라지고, 개인별 장내 미생물 균총의 차이에 따라 RV 및 NoV의 면역 감수성도 변화된다고 보고되었다(34). 이러한 바이러스-숙주-장내 미생물 관계는 특히 조직혈액형항원과 장내 미생물의 상호작용에 근거한 바이러스성 위장관질환의 예방 및 보조 치료 요법에 사용될 수 있는 새로운 표적으로 대두되고 있다.

일반적으로 바이러스는 미생물 균총을 활용하는 방향으로 진화해왔으므로 위장관 바이러스도 박테리아들이 풍부한 위장관 환경을 활용하도록 진화하였다. 즉 다양한 바이러스들이 장내 박테리아를 이용하여 세포 부착, 감염, 자기 복제, 내성을 향상시킨다는 사실이 보고되었다(33). 한편 박테리아도 바이러스에 다양한 영향을 끼칠 수 있어서 바이러스의 감염 양상을 변화시킬 수 있다. 그러나 장내 특정 위치의 박테리아가 바이러스 감염에 미치는 영향은 아직 연구되지 않았다. 그리고 진균과 같은 장내 미생물의 다른 구성원은 바이러스 감염에 어떠한 영향을 미치는지 잘 알려지지 않았으나 최근에 모기의 장에 자낭균류에 속하는 *Talaromyces* 진균이 존재하면 뎅기 바이러스의 감염이 촉진됨이 밝혀졌다(35). 따라서 향후 숙주와 진균을 포함한 장내 미생물, 바이러스 간의 상호작용이 좀 더 규명되면 바이러스에 의한 질병의 새로운 치료제를 개발하는 데 활용될 수 있을 것이다.

그리고 질에서 서식하는 젖산균과 몇 종의 바이러스 간에도 상호작용과 공진화 현상이 보고되어 있다(36). 이 젖산균은 항바이러스 기능을 가진 과산화수소$_{H_2O_2}$와 젖산$_{\text{lactic acid}}$을 생성한다. 이 과산화수소는 *Human immunodeficiency virus type1*$_{\text{HIV-1}}$과 *Human alpha-herpesvirus 2*$_{\text{HHV-2}}$에 독성을 나타내고, 젖산은 질의 pH를 4.5 이하의 산성으로 유지시킨다. 이런 산성조건은 요도염을 일으키는 *Chlamydia trachomatis*나 세균성질염의 원인균인 *Gardnerella vaginalis* 같은 병원균뿐만 아니라 HIV-1, HHV-2 그리고 *Human papillomavirus type 16*$_{\text{HPV-16}}$ 같은 바이러스들도 증식하지 못하게 한다. HPV-16 바이러스인 경우는 바이러스의 형질전환에 필요한 E5 단백질이 낮은 pH에 취약하다고 알려졌다(36). 이와 같이 질에서 젖산균이 우점종인 경우는 인간에 특이한 현상으로 다른 영장류에서는 나타나지 않는다. 따라서 다른 영장류의 질 pH는 7.0 정도로 인간보다 높으므로 인간은 영장류와 다른 진화 경로를 거친 것으로 보인다. 이런 젖산균이 감소하고 질의 구성 박테리아가 변화되면서 pH가 5.5로 증가되면 세균성질염이 유발되고 HHV-2, HIV-1, HPV 바이러스의 감염률도 증가된다. 이런 사실에 의해 인체 질 내부에서 젖산균을 비롯한 박테리아 군집과 바이러스 사이에 밀접한 상호작용과 공진화가 일어나고 있음을 알 수 있다(36).

4. 바이러스와 숙주 사이의 상호작용과 공진화

바이러스의 침입에 대한 숙주의 방어기전도 진화를 하여 다음과 같은 다양한 항바이러스 방어기전이 수립되었다.

바이러스의 침입을 방지하기 위해 놀랍게도 다른 바이러스를 이용하는 전략이 수립되어 숙주 내부의 바이러스를 이용하여 외부 바이러스의 침입을 방어하는 현상이 존재한다. 이런 현상은 원핵생물뿐만 아니라 동식물에서도 광범위하게 관찰된다. 예를 들면 양과 코알라에서 세포 게놈에 내재화된 레트로바이러스는 외부 레트로바이러스의 침입을 막는 역할을 한다(22).

숙주가 가지고 있는 또 다른 항바이러스용 방어체계는 CRISPR clustered regularly interspaced short palindromic repeats-Cas CRISPR-associated sequences로서 적어도 5종의 TE로부터 유래한 것이다(22). 이 CRISPR-Cas 시스템은 세균과 고균이 외부에서 유입되는 바이러스 같은 유전물질로부터 자신을 보호하는 획득면역기능을 가지고 있다. CRISPR는 세균과 고균의 염색체에 존재하는 염기서열로서 spacer와 짧은 정방향반복서열로 구성되어 있고, 이 CRISPR 서열 부근에 파지의 DNA를 분해하는 Cas 유전자군이 있다. 파지 DNA가 세균과 고균 내로 삽입되면 Cas 단백질이 파지 DNA 일부를 CRISPR 안에 새로운 spacer로 삽입시키고, 이 CRISPR가 전사된 후 절단되어 Cas 단백질과 복합체를 형성한다. 그런 다음 이 복합체의 파지 spacer RNA와 상보적인 DNA

를 가진 파지가 들어오면 RNA: DNA 이중쇄가 형성되면서 핵산분해 효소에 의해 분해된다. 따라서 CRISPR-Cas 시스템은 한 번 감염된 경험이 있는 박테리오파지의 DNA를 인식하여 분해하므로 이 파지에 대해 면역성을 갖게 되어 항바이러스성 방어기전을 나타낸다. 그 외에도 antisense RNA, 제한효소 등의 유전자 발현 억제 기전들이 항바이러스 기전으로 사용되고 있다.

또한 종양괴사인자tumor necrosis factor같이 항바이러스 사이토카인들이 대부분의 진핵생물에서 생산되고 있으며 척삭동물chordates에서는 인터루킨interleukin과 인터페론interferon이 항바이러스용으로 이용되고 있다(22). 인간의 경우는 APOBEC3 효소가 레트로바이러스의 역전사를 방해하는데 HIV는 이 APOBEC3를 분해하는 인자를 생성하여 인간의 방어기전을 극복하기도 한다(22,35). 또한 인간은 바이러스가 창궐하는 환경에서는 leukocyte antigen I과 II를 다양화시켜 바이러스를 방어하기도 한다(22).

그 외에 바이러스와 동물과의 상호작용과 공진화 현상으로 다음과 같은 연구 결과가 있다.

아데노바이러스가 척추동물과 더불어 종분화와 공진화를 일으키고 허피스바이러스는 척추 및 무척추 동물과 공진화를 야기시킨다(22). 거대바이러스로 알려진 NCLDV*Nucleo-Cytoplasmic Large DNA viruses*인 경우는 바이러스와 숙주 게놈 사이의 HGT에 의해 유전자의 획득과 상실이 크게 일어나면서 격동진화turbulent evolution 현상이 일어나기도 한다. 그리고 *Circovirus*를 포함한 CRESS DNAcircular Rep-encoding ss DNA virus들은 돌연변이와 재조합, 그리고 숙주 게놈으로의 삽입 등이 여러 종의 숙주에 빈번하게 일어나면서 숙주와 공진화를 일으킨다고 알려져 있다(22). 최근에 발견된 *adomavirus*는 어류의 기생 바이러스인

adenovirus, *papilloma virus*, *polyomavirus*들과 숙주인 어류 사이에 활발하게 일어난 HGT에 의해 새롭게 출현한 바이러스인 것으로 추정된다(37). 따라서 이와 같이 바이러스와 동물과의 기생관계는 관련 생물체들의 공진화를 이끌게 된다.

5. 숙주와 장내 미생물의 상호작용과 공진화 연구모델

예쁜꼬마선충*Caenorhabditis elegans*은 선충의 일종으로 1mm 크기의 투명한 몸체를 가지고 있고 장내에 박테리아, 진균, 바이러스 등 다양한 미생물이 존재하는데, 이러한 미생물의 구성은 감염을 통해 변화가 일어난다. 따라서 예쁜꼬마선충의 장은 다양한 미생물 간 상호작용을 연구하는 모델 시스템으로 적합하다(38). 특히 병원성 박테리아와 예쁜꼬마선충의 상호작용은 병원성 박테리아에 대응하여 예쁜꼬마선충은 여러 단계의 진화를 거쳐 물리적 방어기능을 갖게 되었다. 이런 방어기능에는 다양한 항균 펩타이드, 라이소자임, 렉틴, 활성산소 등을 사용하여 박테리아 독소를 해독하거나 침입하는 박테리아를 직접 죽이는 면역기능이 포함된다. 따라서 예쁜꼬마선충은 병원성 박테리아에 대항하여 여러 항균기능을 창출시켰다. 그러므로 예쁜꼬마선충은 진핵생물과 장내 미생물과의 상호작용과 병원체의 병인 규명, 그리고 이들 간의 공진화 과정에 대한 구체적인 연구가 가능한 모델이다. 이 예쁜꼬마선충 외에도 초파리*Drosophila melanogaster*, 제브라피쉬zebrafish, 생쥐, 돼지 등이 연구모델로 사용되고 있다. 특히 무균동물 모델은 특정 장내 미생물이 생체기능에 미치는 영향을 조사하는 데 중요한 모델이다. 그리고 예쁜꼬마선충과 초파리 같은 무척추동물은 장내 미생물 군집이 인간보다 훨씬 단순하여 숙주와 장내 미생물 간의 상호작용 및 공진화와 장내 미생물의 기능을 비교적 용이하게 연구할 수가 있다.

참고문헌

1. Soucy, S.M., Huang, J. and Gogarten, J.P., Horizontal gene transfer: building the web of life. *Nat. Rev. Genet.* 16, 472-482(2015).
2. Husnik, F. and McCutcheon, J.P., Functional horizontal gene transfer from bacteria to eukaryotes. *Nat. Rev. Microbiol.* 16, 67-79(2018).
3. Domingues, S. and Nielsen, K.M., Membrane vesicles and horizontal gene transfer in prokaryotes. *Curr. Opin. Microbiol.* 38, 16-21(2017).
4. Wintersdorff, C.J.H., Penders, J., Niekerk, J.M.V. et al., Dissemination of antimicrobial resistance in microbial ecosystems through horizontal gene transfer. *Front Microbiol.* 7, 173(2016).
5. Emamalipour, M., Seidi, K., Vahed, S.Z. et al., Horizontal gene transfer: from evolutionary flexibility to disease progression. *Front Cell Dev. Biol.* 19, 229(2020).
6. Hall, R.J., Whelan, F.J., McInerney, J.O. et al., Horizontal gene transfer as a source of conflict and cooperation in prokaryotes. *Front Microbiol.* 11:1569(2020).
7. Sun, D., Pull in and push out: mechanisms of horizontal gene transfer in bacteria. *Front Microbiol.* 9:2154(2018).
8. Frazão, N., Sousa, A., Lässig, M. et al., Horizontal gene transfer overrides mutation in *Escherichia coli* colonizing the mammalian gut. *Proc. Natl. Acad. Sci. USA* 116, 17906-17915(2019).
9. Zeng, X. and Lin, J., Factors influencing horizontal gene transfer in the intestine. *Anim. Health Res. Rev.* 18, 153-159(2017).
10. Lerminiaux, N.A. and Cameron, A.D.S., Horizontal transfer of antibiotic resistance genes in clinical environments. *Can. J. Microbiol.* 65, 34-44(2019).
11. Boto, L., Pineda, M., and Pineda, R., Potential impacts of horizontal gene transfer on human health and physiology and how anthropogenic activity can affect it. *FEBS J.* 286, 3959-3967(2019).
12. Anderson, M.T. and Seifert, H.S., Opportunity and means: horizontal gene transfer from the human host to a bacterial pathogen. *mBio* 2, e00005-11(2011).
13. Liu, L., Chen, X., Skogerbø, G. et al., The human microbiome: a hot spot of microbial horizontal gene transfer. *Genomics* 100, 265-270(2012).
14. Sitaraman, R., Prokaryotic horizontal gene transfer within the human holobiont: ecological-evolutionary inferences, implications and possibilities. *Microbiome* 6, 163-

176(2018).

15. Shafer, W.M. and Ohneck, E.A., Taking the gonococcus-human relationship to a whole new level: implications for the coevolution of microbes and humans. *mBio* 2, e00067-11(2011).
16. Tiwari, P. and Bae, H., Horizontal gene transfer and endophytes: an implication for the acquisition of novel traits. *Plants(Basel)* 9, 305(2020).
17. Nejman, D., Livyatan, I., Fuks, G. et al., The human tumor microbiome is composed of tumor type-specific intracellular bacteria. *Science* 368, 973-980(2020).
18. Carducci, F., Biscotti, M.A., Barucca, M. et al., Transposable elements in vertebrates: species evolution and environmental adaptation. *The European Zoological Journal* 86, 497-503(2019).
19. Kazazian, Jr. H.H., Mobile elements: drivers of genome evolution. *Science* 303, 1626-1632(2004).
20. Ebert, D. and Fields, P.D., Host-parasite co-evolution and its genomic signature. *Nat. Rev. Genet.* doi.org/10.1038/s41576-020-0269-1(2020).
21. Groussin, M., Mazel, F. and Alm, E.J., Co-evolution and co-speciation of host-gut bacteria systems. *Cell Host Microbe.* 28, 12-22(2020).
22. Kaján, G.L., Doszpoly, A., Tarján, Z.L. et al., Virus-host coevolution with a focus on animal and human DNA viruses. *J. Mol. Evol.* 88, 41-56(2020).
23. Seidl, M.F. and Thomma, B.P.H.J., Transposable elements direct the coevolution between plants and microbes. *Trends Genet.* 33, 842-851(2017).
24. Laanto, E., Hoikkala, V., Ravantti, J. and Sundberg, L.R., Long-term genomic coevolution of host-parasite interaction in the natural environment. *Nat. Commun.* 8, 111 (2017).
25. Trivedi, P., Leach, J.E., Tringe, S.G., Sa, T. and Singh, B.K., Plant-microbiome interactions: from community assembly to plant health. *Nat. Rev. Microbio.* 18, 607-621(2020).
26. Bourque, G., Burns, K.H., Gehring, M. et al., Ten things you should know about transposable elements. *Genome Biol.* 19, 199(2018).
27. Klein, S.J. and O'Neill, R.J., Transposable elements: genome innovation, chromosome diversity, and centromere conflict. *Chromosome Res.* 26, 5-23(2018).
28. Burns, K.H., Our conflict with transposable elements and its implications for human disease. *Annu. Rev. Pathol.* 15, 51-70(2020).
29. Dunker, W., Zhao, Y., Song, Y. et al., Recognizing the SINEs of infection: regulation of retrotransposon expression and modulation of host cell processes. *Viruses* 9, 386

(2017).

30. Payer, L.M. and Bruns, K.H., Transposable elements in human genetic disease. *Nat. Rev. Genet.* 20, 760-772(2019).
31. Thomas, E.O., Zuniga, G., Sun, W. et al., Awakening the dark side: retrotransposon activation in neurodegenerative disorders. *Curr. Opin. Neurobiol.* 61, 65-72(2020).
32. Hancks, D.C. and Kazazian Jr, H.H., Roles for retrotransposon insertions in human disease. *Mob. DNA* 7, 9(2016).
33. Keen, E.C. and Dantas, G., Close encounters of three kinds: bacteriophages, commensal bacteria, and host immunity. *Trends Microbiol.* 26, 943-954(2018).
34. Monedero, V., Buesa, J. and Rodríguez-Díaz, J., The interactions between host glycobiology, bacterial microbiota, and viruses in the gut. *Viruses* 10, 96(2018).
35. Berger, A.K. and Mainou, B.A., Interactions between enteric bacteria and eukaryotic viruses impact the outcome of infection. *Viruses* 10, 19(2018).
36. Lima, M.T., Andrade, A.C.S., Oliveira, G.P. et al., Virus and microbiota relationships in humans and other mammals: An evolutionary view. *Human Microbiome Journal* 11, 100050(2019).
37. Welch, N.L., Yutin, N., Dill, J.A. et al., Adomaviruses: an emerging virus family provides insights into DNA virus evolution. *bioRxiv*. http://doi.org/10.1101/341131(2018).
38. Jiang, H. and Wang, D., The microbial zoo in the *C. elegans* intestine: bacteria, fungi and viruses. *Viruses* 10, 85(2018).

제4장

새로운 상호연결성의 세계관

1~3장에서 무수히 많은 미생물의 명칭을 거론하면서
장황하게 설명한 것은 이 지구상에는 미생물이 엄청나게
많을 뿐만 아니라 상상 밖의 다양한 기능을
가지고 있다는 사실을 드러내보일 의도였다.
이렇게 많아 보이는 미생물도 인간이 관심을 가진 건강과 질병,
그리고 먹거리와 관련된 것들이 대부분이다.
그러므로 알려진 미생물은 대체로 인간과 관련된 것에
한정이 되어 이 책에서 언급하지 못한 미지의 세계 속에 있는
전체 미생물의 다양성과 수에 비교하면
극히 일부에 지나지 않는다. 따라서 대부분의 미생물은
아직 베일 속에 가려져 있고 우리가 모르는 세계에 속해 있다.
이런 미생물들이 무슨 역할을 하고 있는지는
우리의 상상을 초월한다. 그리고 이 미생물들이 구축하고 있는
거대한 상호작용의 그물망은 그 방대함과 비밀스러움이
현재의 과학기술과 사고 범위를 벗어나 있다.
그러나 미지의 미생물들은 눈에 보이지 않지만
지구의 주인으로서 이 지구 전체를 관장하고 있을 것이다.
미생물이 주관하는 영향력은 지구의 대기 상층부나 해저와 같이
인간의 손길이 미치지 않는 저 먼 곳에서부터
바로 우리 주변에서, 더 가까이 우리 몸속에서도
그 강력한 힘을 발휘하고 있다. 그러나 우리는 미생물이 구사하는
그 막강한 힘을 보지 못하고 깨닫지 못하고 있을 뿐이다.
마치 우리가 공기 속에 살고 있지만
그 존재를 망각하고 있는 것과 마찬가지다.

인간의 눈에 드러난 미생물

인간이 눈에 보이지 않는 미생물의 실체를 파악한 것은 현미경 덕분이다. 이 현미경은 네덜란드의 자하리아 얀센Zacharias Jansen이 1590년 오목거울과 볼록거울을 이용하여 원시적인 형태의 현미경을 발명하면서 시작되었다(1). 그 당시 현미경의 확대율은 10배가 채 되지 않았지만 이 도구를 이용하여 사람들은 눈에 보이지 않는 미시세계를 호기심으로 탐구해가기 시작하였다. 그렇게 하여 1663년 영국의 로버트 훅Robert Hooke이 세포의 존재를 발견하였다. 그 당시 로버트 훅은 현미경으로 코르크조각을 관찰한 결과 무수히 많은 벌집 형태의 작은 방들을 보았고, 이 작은 방들을 세포cell라고 명명하였다. 이것은 살아있는 생명체의 세포는 아니었으나 그후 다양한 동식물에서 세포들이 발견되어 동식물을 이루는 기본구조로서 1839년 '세포설Cell Theory'로 정립이 된 후 지금까지 생명과학 연구의 핵심대상이 되고 있다.

그리고 마침내 미생물이 인간의 눈에 그 정체를 드러낸 것은 1676년 네덜란드의 레이우엔훅Antonie van Leeuwenhoek에 의해서다. 그가 직접 제작한 현미경은 50배에서 300배율에 달해 그 당시 세계 최고 수준이었다. 이 개선된 현미경을 이용하여 레이우엔훅은 물속과 자신의 치석 등에서 꿈틀거리는 수많은 미세한 생명체들을 발견하였다. 이 생명체들은 다양한 형태와 움직임을 보였고 이들은 그 후 세균으로 명명된 미생물이었다. 그 형태에 따라 구균, 간균, 나선균으로 이름 지어졌다. 이 발견으로 크기의 장벽을 넘어 인간 눈에 보이지 않는 미생물들의 세계가 펼쳐지게 되었다.

미생물은 병원성이라는 인식

그러나 이런 미생물의 정체가 무엇인지, 왜 존재하는지, 인간과는 어떤 관계인지 등 수많은 의문을 레이우엔훅과 그 당시 사람들은 밝힐 수 없었기 때문에 미지의 신비로운 생명체로 남아 있었다. 이 미생물의 정체에 대한 실마리는 200년이 지난 19세기 중반 위대한 미생물학자인 프랑스의 루이 파스퇴르Louis Pasteur(1822~1895)와 독일의 로버트 코흐Robert Koch(1843~1910)에 의해 풀리기 시작하였다(1,2). 이들에 의해 미생물의 특성, 즉 발효와 같은 유익성과 병원균으로의 해악성, 두 가지 상반된 면이 밝혀졌다. 미생물과 인간 간의 관계 중 공생과 질병 유발에 대한 초기 형태의 상호관련성이 베일을 벗기 시작한 것이다.

파스퇴르는 알코올 발효에 관여하는 효모라고 명명된 미생물의 존재와 기능을 발견하였고, 포도주를 57℃ 정도에서 수분 간 가열하여 발효에서 산패로의 진행을 막을 수 있는 파스퇴르법pasteurization, 저온살균법을 1863년 창안하였다. 파스퇴르에 의해 효모가 인간에게 어떠한 유익한 점을 주는지, 그리고 그 효모의 기능과 생존을 조절할 수 있는 방안을 발견하여 인간과 미생물 사이의 상호관계와 상호연결성에 대한 새로운 세계로의 첫걸음을 떼게 되었다. 이는 인간의 눈길과 사고범위가 눈에 보이지 않는 미지의 세계로 더듬어 나아가면서 확장되는 계기가 되었다. 그러나 그 미지의 세계가 얼마나 광대하고 복잡한지는 그 당시 사고역량과 지식으로는 상상조차 할 수 없었다. 비슷한 시기인 1862년 파스퇴르는 그 시대에 큰 논쟁 대상이었던 생물체의 발생에 관해 자연발생설이 허구이고 생물은 생물에서 발생한다는 생물속생설을 미생물을 이용한 실험으로 증명하였다. 이 실험으로 인해 생물체의 본성과 개념을 좀 더 객관적이고 과학적인 영역으로 편입시키게 되었다. 이것은 생명이란 무엇인가에 대한 인간의 탐구 방향을 현재의 모습으로 확립하는 결정적인 순간이었다. 여기에 미생물이 인간과 손을 잡고 인간의 자기 발견의 중요한 과정에 함께 하기 시작하였다. 그러나 그 미생물이 내민 손이 얼마나 광대하고 멀리 뻗어 있는지는 아직 가늠조차 하기 어려웠다. 파스퇴르는 계속 미생물 세계를 탐구하여 1865년 누에에 발생하는 질병이 역시 미생물에 의해 유발되는 것임을 밝혀냈으며, 1881년 가축에 치명적인 탄저병을 치료하기 위한 생균 백신 접종에 성공하였다. 그뿐만 아니라 닭콜레라 백신, 광견병 백신(1885년)을 개발하여 미생물에 의해 발생하는 전염병의 퇴치 가능성을 보여주어 인간 질병 치료법의 확립에 큰 공헌을 하였다. 이와 같은 파스퇴르의 업적에 의해 동물과 인간의 질병에 세균이 원인이라는 사실이 알려지면서 세균의 병원성과 같은 부정적인 측면이 사람들의 기억에 남게 되었다.

세균은 병원균이라는 각인이 더욱 깊고 확고하게 사람의 뇌리에 새겨진 것은 또 다른 걸출한 미생물학자인 코흐의 업적에 의해서다. 코흐는 1876년 가축에서 탄저균을 발견한 후, 인간의 질병까지 그 연구범위를 확장해갔다. 그 후 결핵을 연구하여 1882년 결핵균을 분리하여 사람에게 치명적인 결핵이 세균에 의한 것임을 증명하였다.

이에 그치지 않고 코흐는 콜레라균(1884년), 아프리카 재귀열 병원체(1904년) 등을 계속 발견하여, 각종 전염병에는 각기 특정한 병원균이 있음을 주장하고 세균학의 연구방법론과 '코흐의 원칙'이라는 병원균을 규정하는 근본원칙을 수립하였다. 이 두 사람의 영향으로 많은 질병의 원인이 세균이라는 학설이 확산되면서 여러 병원균들의 동정이 이루어졌다. 즉 1874년 나병균, 1880년 장티푸스균, 1882년 연쇄상구균, 1884년 디프테리아균과 파상풍균, 1885년 대장균, 1886년 폐렴균, 1894년 페스트균, 1898년 이질균 등이 속속 발견되었다(2). 이렇게 19세기 후반부에 미생물이 본격적으로 인간에게 모습을 드러내었고, 미생물의 정체를 파악할 수 있는 연구방법론이 확립되었다. 그러나 드러난 미생물은 인간과 밀접한 관계를 맺고 있는 것에 한정되었다.

이 두 사람의 위대한 업적으로 인간과 인간에 밀접한 동물의 질병이 병원균에 의해 발생한다는 사실이 규명되고, 그에 대한 백신과 치료제 등의 방어법이 고안되면서 인류의 건강 증진에 크게 기여하였다. 그러나 이런 과정을 통해 미생물의 부정적인 측면이 부각되고 극히 일부의 병원균이 전체 미생물의 대표로 인간의 뇌리에 고착되는 결과를 낳게 되었다. 미생물이 인간에게 어떤 존재인지는 그 당시부터 지금까지 면면히 이어진 인간 중심 관점에 의해 인간 바깥의 영역에 속한 것으로 주로 병원성 생명체로 분류되었다. 따라서 미생물은 간간이 인간과 타 생물 사이에 세워진 분리의 장벽을 넘어 인간의 영역으로 침입하여 고약한 질병을 일으키는 존재로서, 멀리하고 기피해야 할 대상으로 인식되었다.

이러한 병원균에 의한 전염병은 고대로부터 항생제 등 항균약물과 백신이 개발되기 전인 20세기 초기까지 인류의 주요한 사망원인이었고 공포의 대상으로 인간을 괴롭혀왔다. 서기 541년에서 750년 사이에 유럽에서 유행한 페스트균에 의한 흑사병은 무려 유럽 인구의 반을 희생시켰고, 14세기에도 다시 창궐하여 그 당시 유럽 인구의 절반 이상인 7,500만 명이 사망하였다. 그리고 16세기 스페인의 침략에 의한 천연두의 전파로 남미의 원주민 수백만 명이 사망하여 마야와 잉카 문명의 종말을 초래하기도 하였다.

이와 같이 인간의 긴 역사에서 1920년대에 이르기까지 미생물에 의한 전염병이 세계 모든 지역에서 제1의 사망원인이었다. 따라서 이들 전염병은 죽음의 공포와 더불어 인간의 뇌리에 깊이 새겨지게 되었다. 이러한 전염병의 실체가 바로 세균과 같은 미생물이라는 사실에 의해 세균은 병원균이라는 관념이 사람의 생각 속에 확고하게 자리 잡게 되었다.

또한 바이러스에 의한 전염병도 미생물은 병원성이라는 선입견을 더 견고하게 만들었다. 대표적으로 1918년에 대유행을 유발한 인플루엔자바이러스(H1N1아형)에 의한 독감으로 5,000만 명이 사망한 역사가 있다. 이 인플루엔자바이러스는 8개의 분절된 유전체를 가지고 있어 재조합에 의해 쉽게 새로운 아형의 신종 인플루엔자바이러스가 만들어질 수 있는 특성이 있다. 즉 1957년에 H2N2아형의 인플루엔자바이러스가 나타나고, 1968년에는 H3N2아형이, 1977년에 다시 H2아형이 출현하였다. 그리고 1997년에는 H5N1형의 조류 인플루엔자바이러스가 사람에게 감염이 되었고, 2009년에는 돼지 인플루엔자바이러스와의 재조합에 의해 신종 H1N1아형이 출현하여 새로운 독감이 유행되기도 하였다. 이런 인플루엔자바이러스 외에도 천연두바이러스, 광견병바이러스, 홍역바이러스, 간염바이러스, 일본뇌염바이러스, AIDS바이러스 그리고 최근에 널리 알려진 메르스바이러스, 사스바이러스, 코로나바이러스가 전부 다 인간에게 질병을 일으킨다. 따라서 병원균뿐만 아니라 바이러스도 그 부정적인 측면이 인간의 뇌리에 깊게 각인되어 있다. 특히 바이러스는 주로 질병과 관련된 것만 알려져서 인간이 멀리해야 하고 박멸해야 하는 존재로 간주되고 있다.

병원균과 항생제의 공진화

병원균의 발견과 더불어 이를 치료할 수 있는 방안들도 동시에 치열하게 모색되었다. 그 결과 병원균을 죽일 수 있는 설파닐아마이드sulfanilamide 같은 항균약물들이 1900년대 초기에 등장하였다. 그 후 현재까지 가장 널리 사용되는 대표적인 항균약물은 미생물에서 분리한 항생제다.

첫 번째 항생제는 1928년 영국의 알렉산더 플레밍Alexander Fleming이 진균인 *Penicillium notatum*에서 발견한 페니실린이다. 이 페니실린은 그 후 쉽게 분리하고 정제할 수 있는 기술의 개발 과정을 거쳐 1940년대부터 대량생산되어 기적의 의약품으로 널리 쓰이게 되었다. 이 페니실린의 발견은 그 후 다른 항균약물의 탐색을 촉발하여 여러 종의 항생제들이 개발되었다. 이 항생제들은 병원균들을 효과적으로 제압하여 인류의 건강과 수명연장에 그 어떤 약물보다 크게 공헌하여 1970년대에 이르러서는 세균에 의한 전염병이 더 이상 인간에게 위협이 될 수 없다는 인식이 생길 정도였다.

대부분의 항생제들은 여러 종의 미생물에서 분리된 것으로 페니실린과 더불어 가장 많이 사용되는 항생제인 세팔로스포린은 자낭균문의 진균인 세팔로스포리움 아크레모니움*Cephalosporium acremonium*에서 분리되었고, 그라미시딘gramicidin은 그람양성세균인 바실러스 브레비스*Bacillus brevis*, 스트렙토마이신은 토양방선균인 스트렙토마이세스 그리세우스*Streptomyces griseus*에서 발견되었다. 이렇게 미생물들은 인간에게 질병을 일으키는 병원성을 가지기도 하지만, 동시에 그 질병을 치료할 수 있는 약물을 제공하는 유익성도 같이 가지고 있다. 이것은 자연에 존재하는 미생물들이 서로 간에 위협이 될 경우, 그 위협을 방어하는 대사산물로서 미생물 스스로 항생제를 생산하는 현상을 인간이 발견하고 그 대사산물을 이용한 것이다.

이러한 미생물 사이의 공격과 방어의 상관관계는 고정된 것이 아니라 끊임없이 변화되는 동적인 상태다(2). 따라서 인간이 개발한 항생제의 공격에 대해서도 미생물들이 방어하고 회피할 수 있는 내성이 당연히 나타나게 되었다. 대표적인 항생제인 페니실린과 세팔로스포린이 포함된 베타락탐계 항생제인 경우 페니실린G에 내성을 가진 그람양성균이 출현하면서 이 균을 죽일 수 있는 메티실린methicillin과 암피실린ampicillin이 1959년과 1961년 각각 개발되었다. 암피실린은 그람양성균에 대해 폭넓은 항균작용을 나타내고, 그람음성균에 대해서도 어느 정도 활성을 가지고 있다. 그리고 메티실린은 내성균이 가진 베타락탐 분해효소의 공격 부위를 방어할 수 있는 구조를 가지고 있어서 내성균에 항균효과를 나타냈다.

그러나 병원균들은 이들 항생제에 다시 내성을 나타내는 녹농균과 메티실린 내성균methicillin-resistant *Staphylococcus aureus*, MRSA으로 진화하였다. 이 MRSA는 1961년 처음 발견된 후 가장 흔한 병원감염을 일으켜 매년 수백만 명이 감염되고 수만 명이 사망한다. 그리고 가장 많이 사용되는 세팔로스포린계 항생제들도 이 약물에 내성을 가진 병원균들이 나타나면서 1세대에서 5세대 세팔로스포린까지 복잡한 구조를 가진 항생제들이 개발되었다. 1세대 세팔로스포린은 세팔로틴cephalothin(1964년), 세파졸린cefazolin(1970년) 등이 있고, 2세대로는 세파클로르cefaclor(1979년), 세프록심cefuroxime(1983년)이 있으며, 3세대로는 세프타지딤ceftazidime(1985년)과 세프포독심 프록세틸cefpodoxime proxetil(1987년)이 있다. 그리고 4세대 세팔로스포린으로는 세프피롬cefpirome(1992년), 세페핌cefepime(1994년)이 있고, 5세대로는 세프타롤린ceftaroline(2010년) 등이 개발되었다(2). 이에 대응한 세균들은 다중약물 내성 녹농균multidrug-resistant *Pseudomonas aeruginosa*, MRPA과 다제내성결핵multidrug resistant tuberculosis, MDR-TB균으로 진화하였고, 더 나아가 2006년에 보고된 광범위 약제내성결핵extensively drug-resistant tuberculosis, XDR-TB균으로 계속 신종 내성균들이 출현하고 있다.

따라서 항생제와 내성균들은 서로 영향을 주고받으면서 공진화를 하고 있는 것이다(2). 이런 현상으로부터 세균을 비롯한 미생물들은 변화된 환경에 대응하여 새로운 생물체를 탄생시킨다는 사실을 다시 확인하는 계기가 되었고, 항생제에 대한 내성균의 출현도 마찬가지 범주에 속한다는 것을 알게 되었다.

이러한 사실로부터 항생제의 개발과 사용에 대한 새로운 접근법을 고심해야 할 것이다. 미생물은 상호간에 서로 돕기도 하지만 견제와 방어, 그리고 공격의 복잡한 상호작용을 한다. 한 미생물이 다른 미생물을 견제하기 위해 항생제를 생산하면 이에 대응한 항생제 내성유전자를 다른 미생물들이 생성하여 방어를 하게 된다. 여기에 인간이 다량의 항생제를 투여하게 되면 미생물 사이의 상호작용이 더 활발해지고 가속화되어 새로운 항생제 내성유전자를 창출할 수 있는 압박요인이 된다. 이러한 압박요인을 조성하지 않으면서 병원성 미생물을 제어하기 위해서는 이들 미생물 사이의 상호작용관계를 깊이 이해해야 하고, 이런 이해에 근거하여 항생제의 개발 방향과 사용량의 규제, 그리고 항생제 재순환의 방안 등을 모색해야 한다.

이런 치료제와 미생물 간의 공진화는 항생제와 내성균뿐만 아니라 바이러스에 의한 질병에서도 나타나고 있다. 대표적으로 인플루엔자바이러스에 의한 독감은 역사상 수차례에 걸친 대유행을 일으켜 많은 사람을 사망하게 한 기록이 있다. 이에 대한 백신이 개발되었지만 10~40년 주기로 인플루엔자바이러스는 바이러스 항원의 변이에 의해 변종이 생성되어 기존의 백신은 무력해지고 계속 새로운 백신을 개발해야 하므로 독감백신과 독감바이러스 사이의 공진화가 지속적으로 일어나고 있다. 독감바이러스뿐만 아니라 HIV에 의한 후천성면역결핍증AIDS, 에볼라바이러스에 의한 에볼라출혈열, 그리고 코로나바이러스에 의한 사스중증급성호흡기증후군, 메르스중동호흡기증후군, 최근에 나타난 코로나19 호흡기증후군도 바이러스에 의한 질병이다. 이들 바이러스에 대한 백신과 치료제가 개발되고 있지만 바이러스들은 벌써 변종을 출현시키고 있다.

바이러스들은 그 자체가 쉽게 유전정보를 바꿀 수 있는 능력을 가지고 있을 뿐만 아니라, 앞에서 살펴본 바와 같이 또 다른 바이러스나 미생물과 접속된 거대한 상호연결망을 구축하고 있다. 이 거대한 상호연결망은 그 규모와 깊이의 방대함을 상상하기 어렵지만 지구 전체의 생태계와 연결이 되어 모든 생명체를 다 포용할 것으로 보인다. 따라서 인간이 일으키는 변화도 그 거대한 상호연결망에 흡수되면서 새로운 연결망이 생기고 재편성될 것으로 추정된다. 이런 관점에서 인간이 개발한 치료제들이 인간의 고도로 발달한 지능과 과학기술의 산물이라고 하지만 미생물의 상상을 초월하는 능력과 상호연결망을 극복할 수 있을지 의문이다. 그러므로 세균과 바이러스 질병에 대해 항생제와 백신 등 시급한 치료제 개발을 추진하면서 다른 각도의 접근도 모색해야 한다. 다른 각도의 접근은 미생물은 병원성이라는 뇌리에 박힌 관점에서 벗어나서 미생물을 기반으로 하는 모든 생물체의 상호연결성이다. 이 상호연결성의 관점에서 인간의 과도한 개입이 상호연결망에 어떤 영향을 주고 있는지, 그 상호연결망에 급격한 변동을 주지 않으면서 어떻게 유지시킬 수 있는지를 연구해볼 수 있을 것이다. 이 상호연결성의 연구가 어떤 해답을 줄 수 있을지는 미지수지만 미생물에 대한 관점의 변화와 그에 따른 우리의 사고 범위의 확대에 크게 좌우되어 전혀 새로운 해결책이 열릴 수도 있을 것이다.

현대 과학기술의 본질

1. 분리와 독립

앞에서 설명한 바와 같이 기존의 미생물을 파악하고 연구하는 방법은 각각의 미생물을 분리하고 확인한 후 그 특성을 분석하여 그 특성의 차이에 따른 분류체계로 나누는 작업으로 시작된다. 그 분류체계는 문phylum, 강class, 목order, 과family, 속genus, 종species의 엄밀한 체계로서 자연계의 동식물을 이해하기 위해 인간이 확립한 분류 방법을 미생물에도 그대로 적용하였다. 이 분류체계에서는 기본적으로 같은 특징을 가진 것들을 한 테두리로 모아서 차이가 나는 것과 분리하고, 이렇게 분리된 한 테두리의 미생물에 특정 명칭을 부여하여 독자성을 갖게 하는 것이다. 이렇게 분리되고 독립된 관점의 연구를 통하여 많은 미생물이 각기 다른 특성과 차이점을 가진 것으로 나누어지고 정체가 파악되었다. 특히 어떤 미생물이 인간에게 직접적인 해를 끼치는 병원균이거나, 인간이 사육하는 가축, 또는 작물의 병원 미생물일 경우는 집중적으로 연구되어 그 미생물의 병원성을 파악하고 그에 대한 치료제나 예방법들이 개발되어왔다. 이는 19세기 중반 파스퇴르와 코흐에 의해 시작된 이래로 눈부시게 발전한 현대 과학기술의 성과다. 그러나 이 현대 과학기술은 분리와 독자성을 강조하였고 상호연결과 상호의존성은 대체로 무시되어왔다.

현대과학은 과학의 영문명 "Science"가 '잘라낸다, 쪼개다split'는 뜻을 가진 그리스어 schizein와 라틴어 scindere에서 유래된 것으로 기본적으로 자연 대상을 나누고 세분하여 탐구하는 접근법을 가지고 있다. 그 결과 물리학과 화학의 경우 연구대상인 물질의 본질을 극히 세분화해 그 본성을 규명하였다. 한때 양자물리학에서 모든 것이 독립적이지 않고 서로 영향을 미친다는 개념이 수립되었지만, 이 개념이 과학 전반으로 확산되지는 않았다. 생명과학 분야에서도 복잡한 생명체를 나누고 분리하여 핵심 기본단위인 세포에 집중하여 세포 내부의 유전자까지 극히 세분화해 그 전모를 파악한 후 이 유전자들을 인위적으로 조작할 수 있는 기술을 보유하게 되었다.

이렇게 현대과학은 대상을 분리하고 독립적인 실체로 파악하여 극히 미세한 부분의 물성까지 규명하여 이를 인공적으로 변형하고 합성할 수 있는 기술을 발전시켰다. 이 기술에 의해 수많은 인공합성 물질이 인간을 위해 개발되었고 그 대표적인 것이 플라스틱이다. 플라스틱은 인간의 일상사에 상용되는 다양한 물건의 재료가 되어 이제는 완전히 플라스틱 세상이 되었다. 그 사용량은 엄청나고 반영구적인 물성에 의해 지구 자연 생태계에 오염물질로 남게 되었다. 이런 플라스틱 외에도 수많은 화학합성 물질이 식품첨가제와 의류, 그리고 가정용품 등 다양한 일용품에 무수히 사용되고 있다. 따라서 이제는 지구 전체를 플라스틱을 비롯한 반영구적인 인공합성 화합물들이 가득 채워 엄청난 환경오염이 일어나고 있다. 그뿐 아니라 온난화 등의 기후변화와 미세먼지 같은 심각한 지구생태계의 문제들에도 이런 과학기술의 부정적인 측면이 깊숙이 관여되어 있다.

이와 같이 지난 수백 년 동안 과학계를 이끌어왔던 극단적인 세분화와 그 연구대상의 분리와 독자성을 강조한 관점에 의해 그 대상들이 서로 연결되고 서로 영향을 주고받는다는 측면은 전반적으로 무시되어왔다. 특히 인간을 그 나머지들과 분리시킨 이분법적 사고에 의해 인간도 다른 생명체들과 연결되어 있고, 상호의존적이라는 사실이 도외시되면서 현대 과학기술이 발전한 것이 크나큰 오류라 생각된다. 따라서 이러한 현대 과학기술의 오류를 더 늦기 전에 바로 잡아야 할 시점이다.

2. 현대 생명과학: 세포를 중심으로

1663년 로버트 훅이 세포를 발견한 후 미시세계를 탐구할 수 있는 현미경의 발전과 더불어 인간의 호기심도 주변의 동식물로 확산되어갔다. 1838년 독일의 슐라이덴M. J. Schleiden은 식물조직을 연구한 『식물의 기원』이라는 저술에서 모든 식물이 세포로 이루어져 있다고 주장하였다(1). 1839년 독일의 슈반T. Schwann도 동물의 조직도 식물과 놀랄 정도로 유사하게 세포로 구성되었다고 『동식물의 구조와 성장의 일치에 관한 현미경적 연구』라는 저서에서 제시하였다(1). 이렇게 대표적인 생명체인 식물과 동물이 모두 다 세포로 이루어진 세포집합체라는 사실에 의해 1839년 슐라이덴과 슈반이 주창한 학설이 '세포설Cell theory'이다. 이 세포설에 의해 전혀 다른 형태와 특성을 지닌 다양한 생물체들이 세포라는 기본단위로 수렴될 수 있었다. 세포라는 기본단위에는 현미경에 처음 모습을 드러낸 세균과 같은 미생물도 당연히 포함이 되었다. 따라서 세균을 포함하여 동식물 등 모든 생명체가 가진 복잡성의 장막이 걷어지고 세포라는 공동의 핵심 대상만 인간의 눈앞에 놓이게 되었다. 이 세포만 인간이 잘 파악하면 모든 생물과 대화가 가능하고 이 세포를 기반으로 하여 생명체의 본질도 해명할 수 있을 것으로 여겨졌다. 이와 같이 생물학의 연구대상이 명확해지고 그 목표가 뚜렷하게 부각되어 집중적으로 세포를 연구하게 되었다.

그 후 현대 생명과학은 연구 대상을 세포 속 깊숙이 가장 중요한 유전정보를 포함하고 있는 세포핵으로, 다시 세포핵에 내재된 염색체를 거쳐 염색체의 구성성분인 핵산으로 구성된 유전자로 점점 더 정밀하고 미세하게 세분화하였다. 이와 같이 현대 생명과학은 기본 연구 방향인 분리와 독립이라는 관점에서 세포를 생물체로부터 분리시켜 독립성을 부여한 다음, 세포 속에서도 유전자를 연구목표로 설정하였다. 이러한 연구목표를 달성하기 위하여 대표적인 단세포 생명체인 대장균*E. coli*과 효모*S. cerevisiae*를 주 연구 모델로 하여 유전자의 발현 과정과 그 기능을 정교하게 규명하였다. 즉 모든 생명체를 이루고 질병을 일으키는 핵심장소가 세포라는 개념에 의해 세포 속을 깊숙이 들여다보게 되었고, 그 결과 생명 현상을 관장하고, 정상 또는 비정상적인 생리 상태를 발현시킬 수 있는 유전자의 정체를 규명하게 되었다.

세포 내 유전자에 대한 연구가 폭발적으로 증가하던 1950~60년대에는 단세포미생물인 대장균을 분자 수준에서 정밀하게 규명하면 수백만 배 더 큰 코끼리를 비롯하여 인간까지도 다 파악할 수 있다고 자신만만한 열기가 넘쳐흘렀다. 대표적으로 1965년도 노벨생리의학상 수상자인 프랑스의 자크 모노Jacques L. Monod(1910~1976)는 1954년

"대장균에 사실인 것은 코끼리에도 사실이다(What is true for *E. coli* must also be true for elephants.)"라고 선언할 정도였다.

유전자에 관한 연구는 2001년 미국의 콜린스F. Collins와 벤터C. Venter가 주도한 인간 유전체 프로젝트Human Genome Project, HGP의 초안이 작성됨으로써 인간 전체 유전자로 더욱 확장되고 여러 질병의 해석과 그 치료법 개발에 활용되고 있다. 이 HGP에 의해 개발된 유전체 염기서열 분석기술이 미생물의 동정과 분류 연구에도 그대로 적용되어 2007년 인간 미생물 군집 프로젝트Human Microbiome Project, HMP가 추진되었다. 이 HMP는 미국국립보건원이 주관하여 인체의 미생물 군집의 유전체를 조사하고 그 특성을 파악한 후, 인체 미생물 군집과 인간의 건강 및 질병과의 관계를 규명하고자 하는 프로젝트다. 2007년부터 2016년까지 10년 동안 추진되었고, 구강, 피부, 장, 질, 그리고 비강/폐의 신체 부위에 서식하는 미생물들이 중점적으로 연구되었다(3). 이 HMP는 그 후 국제 인간 미생물 군집 컨소시엄International Human Microbiome Consortium으로 확대되어 세계 여러 나라가 참여하고 있다. 이 프로젝트에 의해 개발되고 사용된 연구방법론은 기존의 미생물 배양법이 아닌 메타유전체 산탄 염기서열결정법metagenome shotgun sequencing과 전체유전체 염기서열결정법extensive whole genome sequencing, 메타발현체학metatranscriptomics, 대사체학metabolomics과 면역단백질체학immunoproteomics 등의 새로운 기술이 사용되었다. 이런 기술에 의해 유전자와 단백질, 대사과정, 면역반응 등에 대한 대량의 정보를 획득할 수 있게 되었다. 이런 대량의 정보들은 생물정보학과 데이터과학data science의 분석도구와 방법론에 의해 해석되고 다시 유용한 정보로 통합되고 있다(4). 특히 HMP에 의해 확립된 미생물의 확인과 동정에 핵심적인 염기서열분석 기술이 메타유전체학metagenomics(또는 community genomics)이다. 이 메타유전체학은 특정 인체조직이나 토양, 해수에서 채취한 시료에서 분리한 전체 유전물질을 산탄 염기서열결정법에 의해 짧은 단편적인 염기서열을 얻고, 이 수많은 단편적인 염기서열들을 조합하여 연결된 전체 게놈의 염기서열을 결정하는 방법이다. 이 방법에 의해 배양이 되지 않는 많은 미생물의 존재가 확인되고 동정되었으며, 이렇게 얻어진 유전정보에 따라 새로운 미생물문phylum이 나타나고 미생물종 간의 유연관계와 분류체계가 대대적으로 수정되면서 확대되고 있다.

이러한 메타유전체 방법은 인간의 미생물 군집을 넘어서 돼지(5) 같은 가축의 미생물 군집 조사에도 적용되고 있으며, 더 멀리 곤충(6) 등 다양한 생물체의 미생물 군집으로 확대되고 있다. 이런 생물체뿐만 아니라 토양(7)과 해양으로 더욱 확장되어 지금까지 알려지지 않았던 새로운 미생물종의 발견이 가속되고 있다. 그리고 그 미생물의 대상도 세균에 한정되지 않고 고균(8), 진균(8,9), 바이러스(8,10), 바이로이드(8) 등으로 확대되어 기존의 생물 분류체계가 바뀔 정도로 미생물의 영역이 급속히 확장되고 있다(10,11). 이와 같이 실험실에서 특정 미생물을 분리한 다음 배양을 하고 그 특성과 유전학적 연구를 진행한 기존의 방법과는 달리 새로운 게놈 분석방법은 이런 장시간을 요하는 과정을 생략하고 한 생물체 또는 특정 생태 환경에 존재하는 전체 미생물 군집을 염기서열분석으로 추정할 수 있게 되어 배양이 안 되는 미생물을 새롭게 발굴하는 계기가 되고 있다. 인간 암 조직에서도 그 조직에 포함된 유전체 전체를 분석함으로써 인간 유전정보가 아닌 미생물 유래 유전정보를 발견하여 인간 암세포에 내재된 미생물의 존재와 암세포와 미생물 간의 상호작용을 예측할 수 있는 근거를 얻고 있다(11).

이렇게 1839년 세포설 이후 지난 180년 동안 현대 생명과학은 눈부신 발전을 거듭하며 모든 생명체의 유전자 전모를 파악할 수 있는 기술을 확보하게 되었다. 그러나 이런 미세하고 분석적인 기술들에 의해 오히려 현대 생명과학은 세포 속에 고착이 되고 함몰된 현상을 나타낸다. 왜냐하면 이렇게 얻어진 엄청난 양의 극히 세분화된 정보들은 너무나 복잡하여 다세포로 이루어진 시스템적 생명 현상과 생명체 간의 유기적인 상호관계를 해석하고 이해하기에는 도리어 걸림돌이 되고 있기 때문이다(12,13,14).

오래된 미생물과의 동행

분리와 독립을 강조한 현대과학의 전통과 테두리 안에서 발전한 미생물학도 체계적으로 분리하고 독립된 종으로 분류된 각각의 미생물에 대한 고유한 특성을 연구하여 구축한 것이다. 그 결과 전체 미생물에 비해 연구된 것들은 아직 극소수에 불과하지만 특정 미생물에 대해서는 많은 정보를 얻게 되었다. 앞으로 이런 개별 미생물에 대한 분석적인 연구가 계속 진행되어야겠지만 동시에 상호연결 관점에서의 접근도 신속히 추진되어야 한다. 왜냐하면 미생물과 동식물의 관계는 생존하기 위하여 많은 부분에서 서로 연결이 되어 영향을 주고받는 뗄 수 없는 관계이기 때문이다. 이런 관점의 접근은 새로운 연구 영역을 확장시킬 뿐만 아니라 인간과 생명의 본질에 좀 더 가까이 다가갈 수 있는 시도가 될 것이다.

미생물과의 상호관계는 수십억 년 전 우리 몸과 동식물을 이루는 진핵세포가 탄생될 때부터 시작되었다. 즉 현재 우리 몸을 구성하는 세포는 이미 미생물과의 원초적인 공생에 의한 합작품이다. 따라서 미생물과의 상호관계는 상상하기 힘든 오래전부터 이루어진 피할 수 없는 필연적인 관계로서 이런 오래된 공생관계가 인위적으로 손상이 되면 질병을 일으키기도 한다.

1. 미생물과 진핵세포의 원초적인 공생

인간을 비롯한 동식물을 이루는 진핵세포는 저명한 진화생물학자인 린 마굴리스Lynn Margulis(1938~2011)가 제안한 바와 같이 미생물과의 공생이 이미 오래전에 이루어진 관계다(15). 이 공생관계는 아마도 수십억 년을 거슬러 올라가 우리 몸을 이루는 원시진핵세포들이 처음 형성되었을 때부터 시작되었을 것이다. 우리 몸의 구성세포들은 세포 내에 핵, 미토콘드리아 등 소기관으로 이루어져 있고, 그중 미토콘드리아는 한 세포에 100개 정도가 함유되어 호흡을 담당하고 체내에너지 공급원으로, 진핵세포가 생존하는 데 절대적으로 필요한 존재다. 그런데 이 미토콘드리아에는 별도의 유전자가 있고, 그 유전자의 특징이 다른 세균들과 유사하여 원시진핵세포가 만들어질 때 식균작용에 의해 다른 세균이 세포 속으로 들어오게 된 것으로 추정하고 있다. 이 원시진핵세포 속으로 들어온 세균은 아마도 산소호흡기능을 가진 α-프로테오박테리아인 것으로 유전체 검사결과에 의해 추측하고 있다. 이렇게 생성된 미토콘드리아로부터 진핵세포들은 산소 호흡을 통한 에너지원을 공급받고 그 대신, 미토콘드리아로 된 원래의 α-프로테오박테리아는 진핵세포 속에서 생존을 보장받으면서 유전적인 퇴행이 일어나 유전자의 대부분을 상실하고 진핵세포에 의존하게 되었다(그림 1).

이런 현상은 식물세포에서는 더 크게 일어나서 미토콘드리아 외에 광합성을 담당하는 엽록체도 또 다른 세균인 광합성 기능을 가

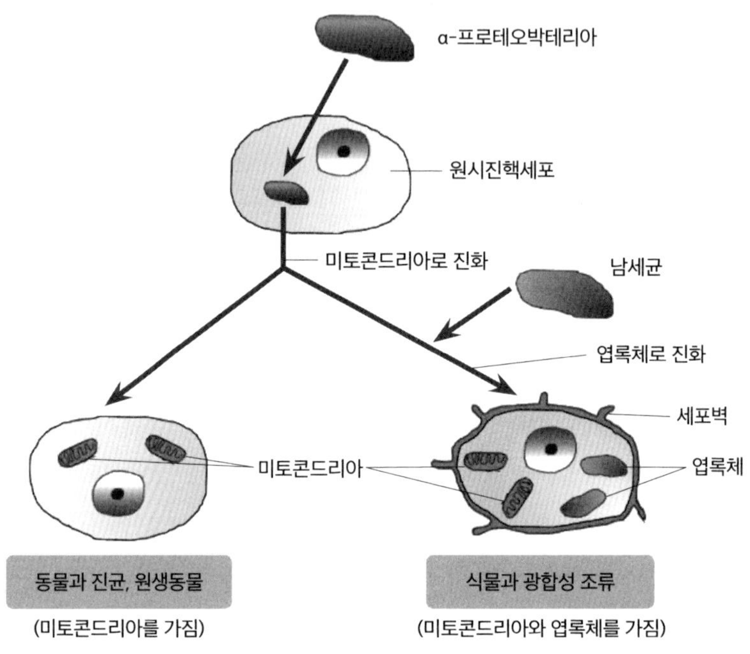

그림 1. 진핵세포의 기원에 대한 세균과의 내부공생가설

진 남세균이 원시식물세포에 공생한 것으로 알려지고 있다. 이때도 남세균의 유전적 퇴행이 일어나고 원시식물세포에도 세포벽과 액포의 출현을 야기시켜 원시식물세포의 구조가 크게 변혁을 일으켜 현재의 모습을 갖추게 되었다(그림 1). 이렇게 생성된 광합성의 녹조류나 홍조류는 또다시 다른 진핵세포 미생물에 포획되어 광합성이 가능한 여러 원생생물로 진화되었을 것으로 추정된다. 따라서 진핵세포는 그 자체가 과거의 역사 속에 파묻힌 비밀스러운 미생물과의 공생의 결과이고 그 결과는 분리하고 나눌 수 없는 일체가 된 공진화를 일으켰다는 놀라운 사실이다. 이와 같이 동식물 모두 다 미생물과 세포 수준에서 이미 공생이 일어난 세포공생생물로서 미생물과 원초적인 상호관계를 이루고 있어서 미생물과의 동행은 오랜 역사를 가지고 있다.

2. 오래된 공생관계의 손상: 새로운 질병의 출현

우리 몸과 미생물의 오래된 공생관계가 손상이 되면 어떤 일이 일어날까? 아마도 우리 몸에 틀림없이 어떤 이상을 초래할 것이라는 가정이 틀리지 않을 것이다.

항생제, 항균제, 소독제, 백신 등 인간이 개발한 여러 항미생물제는 많은 전염병과 질병을 퇴치하거나 컨트롤할 수 있게 하여 인간의 건강과 수명연장에 크게 기여하였다. 그러나 이런 항미생물제들에 의해 인간과 밀접한 상관관계를 맺고 있던 미생물들도 제거됨으로써 우리 몸에는 새로운 질병들이 나타나고 있다(16).

대표적으로 항생제의 과다사용에 의해 장내균총의 감소와 변화를 일으켜 천식, 아토피, 대사신드롬, 비만, 당뇨병, 우울증과 같은 여러 질환의 발생과 관련이 있다는 보고가 최근에 무수히 나오고 있다(16,17,18). 이런 연구 결과는 분석적이고 분리된 관점에서 연구하고 있는 현재의 생명과학자들에게 놀랍고도 충격적인 사실로서 세계적인 학술지에 연일 발표되고 있는 실정이다. 특히 장내 미생물이 정신질환과 관련 있다는 사실은 인체 내 장기의 독자성에 익숙한 현대 생명과학자들에게 처음에는 받아들이기 어려운 연구 결과였으나 이제는 정신질환 연구의 새로운 영역을 열어가고 있는 상황이다.

장내 미생물과 정신질환과의 관련성은 장-뇌 축the gut-brain axis이라 하여 관련 미생물과 미생물 대사산물이 뇌의 신경계에 미치는 영향이 광범위하게 연구되고 있다(3,16). 관련 미생물로는 *Lachnospiraceae*, *Prevotellaceae*, *Actinobacteria*, *Lentisphaerae*, *Verrucomicrobia* 등 다양한 미생물이 알려져 있고, 대사산물로는 아세트산, 프로피온산 등의 짧은사슬지방산과 감마아미노부티르산gamma aminobutyric acid, GABA, 세로토닌serotonin, 도파민dopamine, 아세틸콜린acetylcholine과 같은 신경전달물질들이 있으며, 비만과 대사질환에 관련된 디옥시콜산이나 리토콜산 같은 2차 담즙산secondary bile acid도 포함된다(19). 이런 미생물 유래 물질들을 통해 장내 박테리아들은 뇌와 상호작용을 하고 면역반응과 트립토판 대사과정의 조절 등에 의해서도 뇌에 영향을 미치게 된다. 따라서 장내 미생물 군집의 변화가 우울증depression, 쌍극성 정동장애bipolar affective disorder, 외상 후 스트레스장애posttraumatic stress disorder, PTSD, 그리고 자폐증autism 등의 정신질환과 관련이 있다고 알려졌다(3). 이런 연구 결과에 의해 *Lactobacillus*와 *Bifidobacterium*를 포함한 프로바이오틱스probiotics가 정신질환의 완화와 개선 용도로 개발되고 있다.

항생제에 의해 공생미생물이 제거된 후에 일어나는 현상에 대한 뜻밖의 또 다른 연구 결과도 다음과 같이 보고되어 있다. 즉 위 속에 있는 *Helicobacter pylori*와 인간 질병과의 관계다(16). 이 *H. pylori*균은 적어도 10만 년 전에 위에 정착한 위의 상주균으로서 염증유발작용이 있어 위궤양과 위암의 발생과 관련이 있다는 사실은 잘 알려져 있다. 따라서 이 균의 위해성이 강조되어 항생제에 의해 박멸해야 하는 대상으로 인식되었다. 이 균은 한때 거의 모든 미국 성인의 위에 존재했지만 지금은 치료가 되어 대부분 사라지고 미국 어린이도 10% 미만이 감염되어 있다. 그러나 *H. pylori*가 사라지면서 위식도

역류증gastroesophageal reflux disease, GERD의 발병이 증가되었고, 이 GERD에 의해 유발되는 천식 발병도 미국 어린이에서 함께 증가하였다. 그뿐만 아니라 *H. pylori*균은 체내 에너지대사에도 관련이 되어 이 균이 제거됨으로써 대사질환, 제2형 당뇨병, 비만 그리고 식도선암oesophageal adenocarcinoma이 증가했다는 사실이 보고되었다(16). 그러므로 *H. pylori*의 한 면만 보고 박멸의 대상으로만 간주한 것은 성급한 판단이었고 오랜 기간 동안 같이 살아온 공생관계라는 사실 속에 감추어진 내면을 신중히 고려해야 한다는 교훈을 주고 있다.

또 다른 예로는 가축에 항생제를 투여하면 살이 찌고 성장이 촉진되는 현상에 의해 생산율을 높이기 위해 축산업이나 양식업에 항생제가 다량 사용되고 있다. 현재 미국에서 생산된 항생제의 50% 이상이 이런 용도로 쓰이고 있다(16). 가축에서 나타나는 비만 현상은 인체에도 당연히 나타날 수 있고 항생제에 의한 인체 장내 박테리아 조성의 변화와 비만과의 관련성이 예상되므로 항생제 사용에 신중을 기해야 하는 증거가 될 수 있다.

그 외에도 어린 시절의 과도한 위생이나 백신 등에 의한 기생충 또는 병원균에 대한 노출의 감소가 나중에 알레르기와 자가면역질환의 발병에 상당히 관여한다는 가설도 있다(16). 왜냐하면 병원균에 대한 노출의 부족은 우리 몸의 면역체계에 편향이 일어나서 새로운 질환의 발생 원인이 될 수 있기 때문이다. 특히 우리 몸에 상주하는 정상 미생물의 존재는 우리 몸의 정상기능 유지와 외부 병원체에 대한 방어, 그리고 면역체계의 확립에 필수적이라는 사실과 긴밀히 연결되어 있다.

이런 관점에서 항생제와 같은 항미생물제제뿐만 아니라 인체 미생물 군집에 영향을 줄 수 있는 다른 사회적인 요인들도 건강과 직결된다. 제왕절개에 의한 분만과 모유 대신 분유에 의한 수유 등이 모체에서 신생아로의 미생물 군집의 전달이 차단됨으로써 결과적으로 정상 장내 미생물 군집의 변화가 일어나서 새로운 유형의 질병 발생과 관계가 있을 것으로 추정된다. 그러므로 미생물과의 오래된 상리공생과 상호관계를 좀 더 폭넓고 깊숙이 규명하여 미생물의 생태계에 영향을 줄 수 있는 약물이나 사회적인 요인들에 대해 현재보다 훨씬 신중하게 접근하여야 할 것이다.

3. 미생물 기반의 새로운 연구방법론

1) 미생물 관련 데이터베이스의 통합적 해석

미생물을 기본으로 한 상호연결성의 관점은 새로운 과학기술적 접근법이 될 수 있을 것이다. 기존의 분석적이고 분리된 관점의 과학기술방법론과 달리 상호연결, 상호의존적이고 통합적인 관점으로의 전환에 의해 새로운 과학기술적 해결책이 제시될 수 있을 것이다. 구체적인 방법으로 기존의 분석적 방법으로 얻어진 정보와 지식, 그리고 대량으로 축적된 다양한 데이터의 융합과 통합 해석에 의해 새로운 정보들이 창출될 수 있고, 새로운 통합 정보들은 새로운 범주의 지식으로 활용될 수 있을 것이다. 예를 들어 장내 미생물과 관련된 질병의 치료법과 예방법의 창안에 이런 상호연결의 통합적인 방법론이 적용 가능하다. 특히 병인이 다양하고 다수인 복합질환일 때 이런 통합적인 접근법이 더 유효할 것이다. 예를 들어 그림 2와 같이 위장관에 서식하는 미생물에 관련된 여러 데이터를 통합, 해석하여 장염증 등 다수의 질병을 예방하고 치료하는 방안을 모색할 수 있을

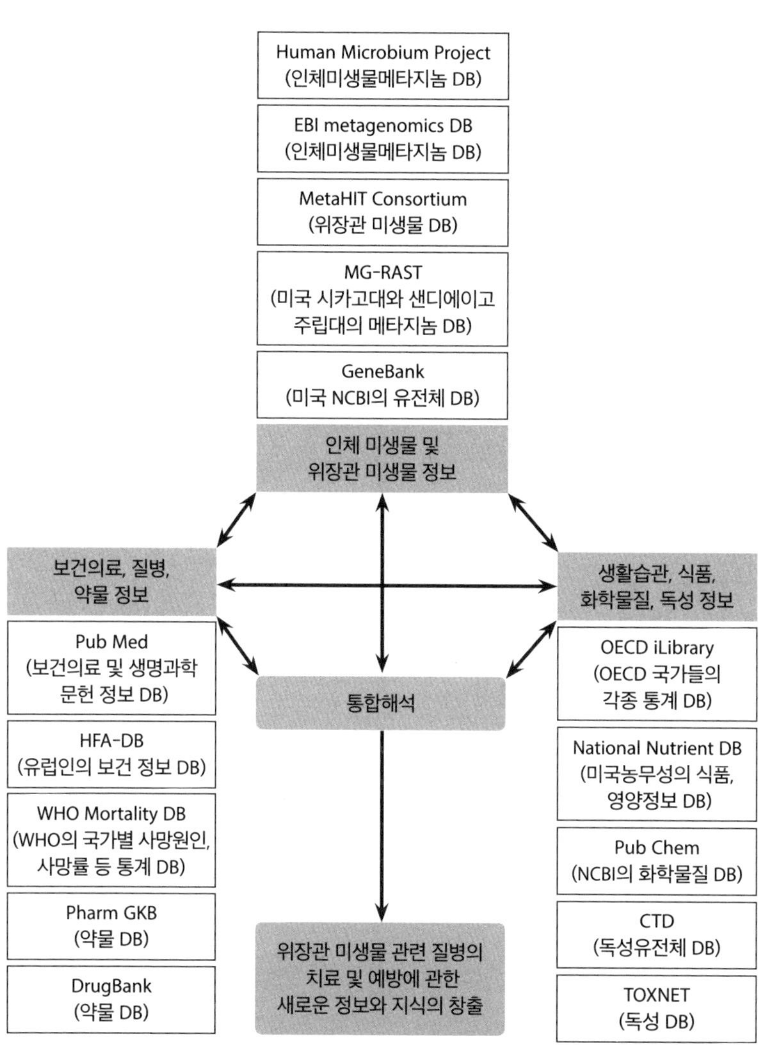

그림 2. 빅데이터의 연결 및 통합 해석을 통한 새로운 위장관 질병치료법과 예방법의 창출

것이다.

앞에서 설명한 바와 같이 인체 위장관은 여러 종의 미생물 군집에 안정된 거주지와 먹이를 제공하여 미생물과 인간 간에 상리공생이 일어나서 상호연결과 상호의존성의 생태계가 이루어진 장기다. 이런 장내 미생물 군집의 이상은 인간의 다양한 질병, 예를 들면 자가면역질환, 크론병과 궤양성 장질환, 비만과 대사질환, 아토피 등 피부질환, 그리고 우울증, 자폐증과 같은 정신질환과 밀접한 연관성이 있다고 최근 연구 결과에 의해 밝혀지고 있다. 이에 대한 연구 결과들은 데이터베이스database, DB 형태로 세계 각국에서 축적되고 있다. 이 DB들은 위장관 미생물의 메타지놈 DB를 포함하여 약물 DB, 독성과 보건의료 DB, 임상 DB 등이다.

이런 광범위한 DB로부터 위장관 미생물과 인간 질병, 생활습관, 약물, 화학물질, 독성 등의 정보를 추출하고 통합하여 빅데이터를 구축한 다음, 이 빅데이터를 생태학적 사고로 융합하고 연결하여 새로운 정보를 창출하여 장내 미생물과 관련된 여러 질병들의 예방법과 치료법의 도출이 가능할 것이다(그림 2). 즉 위장관미생물 군집의 정상화 방안, 새로운 약물의 개발, 독성물질과 식품 첨가물의 영향, 유익한 식품과 식생활 방안 등에 관한 새로운 정보를 얻을 수 있을 것이다.

2) 정상 미생물 군집의 유지와 회복에 관한 연구

그동안 인체 미생물 군집에 관한 연구는 주로 박테리아에 집중되었고, 인체 박테리아 중에서도 대장 박테리아가 주 대상이었다. 그 이유는 인체 미생물 집단 중 박테리아군이 가장 많이 알려졌고 대장 내에 가장 많이 존재하기 때문이다. 이런 박테리아의 조성과 종류를 연구하기 위해 초기에 개발된 방법이 차세대 염기서열분석next-generation sequencing 기술이다. 이 기술은 박테리아의 16S rRNA 유전자를 PCR로 증폭하여 그 염기서열을 분석하는 방법이다. 그러나 이 방법은 각기 다른 박테리아의 16S rRNA 유전자 전체를 얻지 못하고 일부 얻어진 서열에 의해 박테리아의 분류에 혼란을 야기시키고, 고균의 동정에는 적용하지 못하였다. 그 후 특정 미생물 공동체에 존재하는 모든 염기서열을 분석할 수 있는 메타유전체 산탄 염기서열 결정법이 개발되었다. 이 기술에 의해 특정 공동체에 있는 미생물 집단 전체를 파악할 수 있어서 박테리아뿐만 아니라 고균, 바이러스, 진핵생물들을 동정할 수 있게 되었다.

대장박테리아들의 조성은 개인별로 다르긴 하지만 안정적으로 유지되고 있다. 그리고 그 기능들은 개인의 나이, 성별, 생활 습관에 따라 차이를 나타내지만 생존에 필요한 대사과정과 면역활성 등 필요한 기능은 유사하게 발현을 한다. 따라서 여러 박테리아의 문phylum 중에서 몇 가지가 우점종으로 서식하고 있다. 그 우점종으로는 *Firmicutes*, *Bacteroidetes*가 가장 큰 집단이고, *Actinobacteria*와 *Verrucomicrobia*는 그보다 작은 집단을 이루고 있다. 좀 더 자세히 살펴보면 가장 흔한 박테리아과family는 *Bacteroidaceae*, *Clostridiaceae*, *Prevotellaceae*, *Eubacteriaceae*, *Ruminococcaceae*, *Bifidobacteriaceae*, *Lactobacillaceae*, *Rikenellaceae*, *Verrucomicrobiaceae*, 그리고 *Enterobacteriaceae* 등이 알려져 있다. 그리고 같은 대장이라고 하더라도 내강lumen과 점막mucosa 부위에 서식하는 박테리아 조성이 다르다. 이 내강 부위는 여기에 상주하는 세균들과 식품을 통해 들어온 방문객 세균들이 혼재되어 있으며 내강에 있는 점액 성분은 당류가 결합된 단백질로서 세균들 간의 선호도가 다르기 때문에 내강에 있는 세균과 점막층에 있는 세균들이 다르다. 점막의 바깥층은 점액을 분해할 수 있는 균종이 주로 서식하고 점액을 분해할 수 없는 균종은 그 아래층에 서식한다.

이런 차이 외에 산소농도도 내피세포 부위는 높고 그 아래쪽은 낮은 상태를 나타내므로 이런 조건에 적합한 균종들이 서식하게 된다. 장내 박테리아 군집 외에도 메타유전체 산탄 염기서열결정법에 의해 고균, 진균, 원생생물, 그리고 바이러스 군집도 파악되고 있다. 이런 미생물 군집이 염증성 장질환인 크론병과 궤양성 대장염에서 어떤 변화를 나타내는지 조사되고 있다. 이런 조성의 변화는 상반된 결과가 보고되어 있으므로 좀 더 많은 환자를 대상으로 하여 정밀하게 규명이 되어야 하지만, 지금까지의 결과를 종합해 보면 박테리아, 진균, 바이러스 등에서 의미 있는 변화를 표 1과 같이 정리할 수 있다(8,20,21). 염증성 장질환과 관련된 장내 미생물 구성의 변화에 대해서는 제2장 '인체 미생물에 의한 질병' 부분에서도 설명되어 있다.

이런 결과에 의해 염증성 장질환의 완화와 치료에 장내 미생물 정상군집의 회복이 대안이 될 수 있으므로 이에 대한 연구도 앞으로 필요할 것이다.

염증성 장질환 외에도 장내 미생물 군집의 변화는 다른 다양한 질병과도 연관된다고 보고되어 있으므로 이들 질환에서 나타나는 장내 미생물 군집의 조성이 어떻게 변화되는지를 환자를 대상으로 하여 정밀하게 연구할 필요가 있다. 이런 군집의 변화는 환자 개인별로 특이하게 다를 가능성이 높으므로 개인별로 장내 미생물 군집의 조성을 신속하게 파악할 수 있는 기술이 요구된다. 그리하여 각 개인이 어떤 장내 미생물 군집을 보유하고 있는지를 쉽게 알 수 있고, 나이나 호르몬의 변화, 식생활의 변화에 따라 그 조성이 어떻게 변하는지, 그리고 그에 따른 질병의 증세와 연관시켜볼 수 있는 진

표 1. 염증성 장질환에서 나타나는 장미생물 군집의 변화

장미생물의 종류	장미생물 군집의 변화	
	증가	감소
박테리아	***Firmicutes*문**	**Firmicutes문**
	- *Bacillaceae*과	- *Faecalibacterium prausnitzii*
	- *Staphylococcaceae*과	- *Roseburia hominis*
	- *Strepotococcaceae*과	- *Butyricicoccus*
	***Proteobacteria*문**	- *Lachnospiracea*과
	- *Enterobacteriaceae*과	- *Clostridia*속
	- *Salmonella*속	***Actinobacteria*문**
	- *Klebsiella*속	- *Coriobacteriaceae*과
	- *Pseudomonas*속	- *Bifidobacterium*
	- *Helicobacter pylori*	
	- *Bilophila wadsworthia*	
	***Fusobacteria*문**	
	- *Fusobacterium*	
진균	*Basidiomycota/Ascomycota*의 비율	진균의 다양성
	Candida albicans	*Malassezia sympodialis*
	Candida tropicalis	*Saccharomyces cerevisiae*
	Candida glabrata	
	Gibberella moniliformis	
	Alternaria brassicola	
	Aspregillus clavatus	
	*Cystofilobasidiaceae*과	
고균	*Methanosphaera stadtmanae*	*Methanobrevibacter smithii*
박테리오파지	*Alteronomoadales* 파지	파지의 다양성
	Clostridiales 파지	*Microviridae* 파지
	Caudovirales 파지	
바이러스	*Retroviridae*과	*Anelloviridae*과
	*Pneumoviridae*과	*Polydnaviridae*과
	*Herpesviridae*과	*Tymoviridae*과
	*Hepadnaviridae*과	*Virgaviridae*과

단 방법의 개발이 필요할 것이다. 또한 수술이나 항생제 투여 후의 장내 미생물 조성의 변화를 파악하고 이를 회복시킬 수 있는 방법의 개발도 앞으로 새로운 연구 분야가 될 수 있을 것이다. 이런 장내 미생물 군집의 유지와 회복 방법의 확립에 의해 인간 질병을 예방하고 완화하며 신속하게 치료할 수 있는 새로운 예방법과 치료법이 가능할 것이다. 그리고 그 타깃은 세포 내의 특정 분자물질이 아닌 장내 미생물들이 될 수 있을 것이다.

3) 각종 생명과학 연구에서 미생물 관련성의 접목

지금까지 연구 범위에 포함시키지 않았던 인체 미생물 군집을 여러 다양한 생명과학 연구에 접목시키는 시도가 새로운 해결책을 제시할 수 있을 것이다. 예를 들면 암의 해결되지 않은 영역인 전이에 대해서도 암세포가 전이과정 중에 조우하게 될 인체 미생물과의 상호작용(22)에 대한 연구도 포함될 수 있다.

최근 암유전체지도The Cancer Genome Atlas, TCGA에서 축적된 유전체 데이터의 재분석을 통해 소량의 미생물 서열정보가 각종 암조직에 존재하는 것이 보고되었다(23,24). 이러한 TCGA 및 GEOGene Expression Omnibus 등의 오믹스 데이터를 활용하여, 암세포 내부와 주변에 존재하는 미생물 군집 정보를 생물정보학적인 재분석 기법으로 조사할 수 있을 것이다. 이를 위하여 TCGA 및 GEO에서 암환자 조직 및 혈액의 전장유전체서열whole genome sequencing, WGS, 전사체서열RNA-Seq 등 오믹스 데이터의 원시 파일raw data을 추출하고 암환자들의 임상정보를 수집한다. 이렇게 축적된 빅데이터를 관계 정보 중심으로 연결하고 통합하여 미생물 군집 검색을 위한 2차 데이터베이스를 구축한다.

이 2차 데이터베이스에서 암 유전체 및 전사체의 원시 서열 데

이터 중 인체 유전체에 정렬되지 않은 미정렬 서열을 분리하고 박테리아와 고균 균종의 양과 분포를 환자별로 분석한다. 그런 다음 환자 집단별 미생물 군집 분석을 통해 비슷한 균총 분포를 가진 환자들을 재분류한다. 그리고 미생물 군집 유전체에 정렬된 서열들의 균총 대사체 분석을 진행하고, 그 결과를 미생물 군집의 구성 및 구조와 연계하여 미생물 군집의 활성 대사경로를 예측한다. 또한 생존분석 및 연관 분석을 통해 재분류된 암환자들의 예후와 미생물 군집의 구성, 분포 및 작용 대사경로 간의 상관성을 조사한다. 이러한 분석 결과를 종합하여 암세포와 미생물 군집 간의 상리공생관계를 규명할 수 있을 것이다. 또한 암환자의 분변에서 검출한 미생물 메타게놈 데이터에서 획득한 미생물 균총 정보와 예후의 연관성을 분석하여, 암환자의 예후와 미생물 균총과의 상관성을 조사할 수 있다. 그리고 장내 미생물에 의해 생성된 대사체metabolome 데이터를 연결고리로 하여, 암 조직에 존재하는 균총과 장내 미생물 균총 간의 상호작용을 예측하고 연관관계를 도출할 수 있을 것이다.

이러한 연구를 통해 암세포와 상리공생을 이루는 미생물의 종류를 규명하고, 암전이에 따른 예후와의 관련성을 조사할 수 있다. 또한 특이적인 균총이 이루는 암세포와의 상리공생은 정상조직의 상리공생과 어떤 차이가 있는지를 밝힐 수 있으며, 암세포와 미생물 간의 상리공생관계가 암의 악성화와 전이에 어떻게 관여하는지를 규명할 수 있는 새로운 시도가 될 것이다. 이 결과는 암의 악성화와 전이에 대한 초기 진단과 예방법, 그리고 치료법의 개발에 활용되어 전이에 의한 암환자 사망률을 향후 획기적으로 감소시킬 수 있을 것이다.

이렇게 기존의 분리된 방법론에서 벗어나 앞으로는 미생물 간의 상호작용, 미생물과 인체 장기들 간의 상호연결성, 그리고 이로부터 발생하는 인간 질병에 대해 미생물을 기반으로 한 새로운 지식과 정보가 창출될 수 있고, 이는 기존 과학기술의 한계를 뛰어넘는 새로운 과학기술이 될 수 있을 것이다(22).

미생물이 구축한 지구생태계

미생물은 다른 생물들과의 상호관계를 뛰어넘어 지구 전체의 자원 순환 사이클에도 주된 역할을 담당한다. 그렇게 하여 생명체와 무생물의 순환이 서로 촘촘하게 연결되어 지구 전체를 감싸는 거대한 순환 사이클이 이루어지게 되었다.

1. 미생물: 지구자원 순환의 주역

지구상의 생물은 지구의 화학적 자원을 이용하여 자신을 구성하는 유기화학분자들을 합성한다. 따라서 이런 화학적 자원은 어느 한 군데 모여 있고 순환이 되지 않으면 생물은 더 이상 번식하거나 생존할 수 없게 된다. 또한 생존에 적절한 기온, 강우량 등 지구의 기후상태도 이러한 자원순환과 밀접한 연결고리를 가지고 있다. 그러므로 지구상의 자원은 원활하게 순환되어야 하고 여기에 수많은 미생물이 관여하고 있다(25).

대표적으로 질소와 탄소는 생물체의 기본 유기화학 분자인 아미노산, 핵산, 다당류 등을 만드는 핵심 구성원소다. 질소는 기체상태의 무기질소$_{N_2}$가 가장 안정한 형태이므로 대기가 질소의 주요 저장소다. 이 기체상태의 무기질소를 생물체가 사용하기 위해서는 질소고정nitrogen fixation(N_2+8H → $2NH_3$+H_2)에 의해 암모니아$_{NH_3}$로 변환이 되어야 세포의 질소원으로 이용될 수 있다. 이 암모니아는 세포 속에서 아미노산, 퓨린, 피리미딘과 같은 유기질소로 전환이 되어 생물체의 일부가 된다. 이 질소고정은 고균과 일부 세균만이 가능하다. 여기에 속하는 균들은 콩과식물의 공생세균인 *Rhizobium*균, 자유생활을 하는 세균(*Azotobacter*, *Klebsiella*, *Bacillus*, *Clostridium* 등)과 고균*Methanococcus*, 그리고 *Nostoc*, *Trichodesmium* 종의 남세균과 관목에 공생하는 *Frankia* 속의 방선균류 등이 포함된다. 암모니아로 고정된 대기중의 질소는 다시 유기질소로 전환되었다가 암모늄이온$_{NH_4^+}$이 되면서 질소순환이 계속된다. 이 암모늄이온은 먼저 아질산염$_{NO_2^-}$으로 산화되는데 이 질화과정nitrification에 일부 호중온성 고균과 *Nitrosomonas*와 *Nitrosococcus* 속의 세균이 관여한다. 그리고 다시 질산염nitrate, NO_3^-으로 더 산화가 되고 이 과정은 *Nitrobacter*, *Nitrococcus*균이 수행을 한다. 이 질산염은 환원이 되어 유기질소로 되어 세포 구성물질이 되는데 여기에도 여러 미생물이 관여한다. 또한 질산염은 탈질과정denitrification에 의해 무산소 호흡의 최종 전자수용체로 이용되어 무기질소$_{N_2}$와 아산화질소$_{N_2O}$로 대기중으로 방출되기도 하는데 이 과정은 *Pseudomonas denitrificans*와 같은 종속영양세균이 담당한다. 이러한 질소고정(N_2 → NH_3)과 질화과정(NH_4^+ → NO_2^- → NO_3^-), 그리고 탈질과정(NO_3^-→N_2)에 관여하는 미생물 종을 열거하면 표 2와 같다.

그리고 세포 속의 아미노산이나 핵산과 같은 유기질소 화합물로 들어간 질소는 세포가 분해되면서 다시 암모니아로 방출되는데 이

표 2. 질소순환에 관련된 미생물의 종류

질소순환과정	미생물종
질소고정과정	① 질소고정 공생 미생물 • 뿌리혹박테리아: *Rhizobium, Bradyrhizobium, Burkholderia* • 방선균류: *Frankia* ② 세균: *Azotobacter, Clostridium, Klebsiella* ③ 남세균: *Trichodesmium, Anabaena, Nostoc* ④ 고균: *Methanobacterium*
질화과정	
① $NH_4^+ \rightarrow NO_2^-$	• 암모니아 산화 세균: *Nitrosomonas* (*Nitrosomonas europha*), *Nitrosococcus, Nitrosospira* • 암모니아 산화 고균: *Nitrosopumilus*
② $NO_2^- \rightarrow NO_3^-$	• 세균: *Nitrobacter, Nitrococcus*
탈질과정 $NO_3^- \rightarrow N_2$	• 세균: *Pseudomonas denitrificans, Bacillus, Paracoccus denitrificans*

과정을 암모니아화ammonification라 한다. 이 암모니아는 대기중으로 방출되거나 중성 pH에서 암모늄이온 상태가 되고 대부분의 암모늄이온은 신속하게 생물체의 아미노산으로 전환되어 재순환된다.

그리고 탄소는 인간을 비롯한 생물체의 핵심 구성요소이므로 이 탄소의 순환은 생명체의 유지와 번식에 매우 중요하다. 이 탄소의 순환은 이산화탄소와 메탄 형태로 주로 일어난다. 이산화탄소는 암석과 퇴적층, 대기, 해양과 같은 지구의 주요 탄소 저장소 사이를 순환한다. 이 탄소의 순환과정에서 탄소가 생물체의 구성성분이 되기 위해서는 기체상태의 이산화탄소가 유기물로 전환되는 과정, 즉 탄소고정이 일어나야 한다.

이 탄소고정은 대부분 광합성 반응[$CO_2+H_2O \rightarrow (CH_2O)+O_2$]에 의해 일어나지만 빛이 없는 환경에서 화학무기영양방식으로도 일어날 수 있다. 광합성은 육상식물도 관여하지만, 미생물이 절반 이상을 담당한다. 이 광합성은 산소발생형과 산소비발생형의 두 가지가 있고, 산소발생광합성에 의해 생성된 산소는 지구 대기중의 산소의 주공급원이 된다. 산소발생광합성 미생물군에는 진핵생물인 녹조류, 갈조류, 홍조류 같은 다세포성 원생생물과 규조류나 와편모조류 같은 단세포성 원생생물이 포함되며, 세균으로는 남세균이 있다. 그리고 산소비발생광합성 미생물로는 녹색황세균, 녹색비황세균, 자색황세균, 자색비황세균, 헬리오박테리아, 애시도박테리아*Acidobacteria* 문의 *Chloracidobacterium thermophilum* 등이 있고, 고균 중에는 극호염성 유리고균이 해당된다(광합성세균에 대해서는 제1장의 '세균'항을 참조할 것). 특히 해양광합성세균인 *Prochlorococcus*속과 *Synechococcus*속의 남세균과 원생생물인 녹조류와 규조류 같은 해양조류가 대표적이다. 이 중 *Prochlorococcus*균은 해양에 서식하는 남세균으로서 0.6μm 정도로 그 크기가 매우 작고, 해수 1ml당 10만 마리 이상으로 개체 수가 가장 많은 광합성 생물로서 광합성 반응에 의해 지구 대기 산소의 약 20%를 생산하는 중요한 역할을 담당하고 있다. 그리고 *Synechococcus*균은 0.8~1.5μm 크기의 단세포성 남세균으로서 역시 해양에 많은 수가 서식하고 있으며 광합성에 중요한 미생물이다. 규조류는 가장 흔한 식물성 플랑크톤으로 해양 또는 담수에서 서식하고, 10만 종 정도의 다양성을 가진다. 규조류 역시 광합성에 크게 관여하여 지구의 연간 산소 생성량의 20~50%를 담당하고 있다(녹조류에 대해서는 제1장 '원생생물의 원시색소체군'항을 참조할 것).

또한 미생물은 무산소환경이나 빛이 없는 깊은 해저에서도 화학무기 독립 영양방식으로 탄소를 고정시킬 수 있다. 고정된 탄소는 산소호흡 또는 발효를 통하여 다시 CO_2로 산화된다. 이 CO_2는 산소가 없는 상태에서 메탄CH_4으로 환원될 수 있는데($CO_2+4H_2 \rightarrow CH_4+2H_2O$)

여기에는 메탄생성고균methanogens과 프로테오박테리아가 관여한다. 이렇게 생성된 메탄은 대기중으로 방출되거나 고균 또는 프로테오박테리아인 *Methylococcus capsulatus* 같은 메탄영양체methanotroph에 의해 CO_2로 산화되어($CH_4+2O_2 \rightarrow CO_2+2H_2O$) 탄소순환 사이클이 지속된다.

이와 같이 생물의 핵심 구성원소인 질소와 탄소의 순환에 많은 미생물이 참여한다. 그뿐만 아니라 세포의 분열과 증식에 필요한 유기분자와 필수원소의 순환에도 미생물들이 직접적으로 지대한 영향을 미친다. 즉 핵산, 지방 및 다당류의 구성성분인 인phosphorus도 미생물에 의해 순환된다. 인의 순환은 인산을 함유한 바위의 풍화작용을 통해 얻어지는데 대부분의 환경에서 인은 그 농도가 낮고 지각이나 토양에 고정된 상태로 존재한다. 이러한 인은 암석의 풍화, 동식물의 분해, 비료에 의해 토양이나 물로 유입되고 다시 부생성 토양미생물과 수생미생물, 그리고 균근류에 의해 순환된다.

그 외에도 아미노산과 단백질의 생합성에 필요한 황sulfur의 순환에는 δ-프로테오박테리아, 고균, 남세균 등이 관여한다. 그리고 철iron 순환은 β, γ, δ-프로테오박테리아, 고균 등에 의해 일어난다.

생물의 생존에 필수적인 원소들의 순환은 각각 독립되고 분리되어 일어나는 것이 아니라, 지구생태계에서 서로 연계되고 동적으로 상호 영향을 미치고 있다. 이 원소순환의 상호연계에도 미생물들이 참여하여 자원순환 사이클을 연결시키는 중요한 역할을 담당한다. 특히 유기체의 주성분인 질소와 탄소는 그 순환과정이 밀접하게 상호연계되어 있다. 이 상호연계에는 질소고정미생물, 화학무기영양미생물, 독립영양미생물, 그리고 종속영양미생물이 관여한다. 즉 질소고정세균과 질소고정 고균에 의해 N_2가 암모니아로 전환되고 이 암모니아는 화학무기 영양미생물의 일종인 질화세균에 의해 아질산염

NO_2^-과 질산염NO_3^-으로 산화되고, 다시 독립영양성 미생물에 의해 유기질소로 고정이 되거나 무산소호흡과정에 의해 다시 N_2로 순환을 이룬다. 이 과정에서 생성된 아질산염은 화학무기영양 세균과 고균에 의해 CO_2를 고정하는 탄소고정에 전자공여체로 이용되어 유기탄소를 생성한다. 이 화학무기영양미생물에 의해 생성된 유기탄소들은 종속영양미생물에 의해 CO_2로 다시 전환된다. 따라서 화학무기영양미생물이 탄소와 질소의 순환 흐름을 매개하는 역할을 한다. 그리고 생체의 단백질과 핵산, 지질, 다당류 등 복잡한 중합체들의 합성에는 질소고정미생물의 질소고정량에 좌우되므로 대기중의 탄소고정도 그 흐름이 질소고정미생물의 활성에 영향을 받아 같이 조절된다. 그 반대로 유기탄소량이 증가하면 질소고정도 촉진된다. 이렇게 탄소와 질소의 순환에는 복잡하고도 정교한 균형이 유지되고 있으며 이 과정에 다양한 미생물이 관여한다. 이런 질소와 탄소순환의 상호연계는 인순환이나 황순환과 같은 다른 원소의 순환과도 연결이 되어 전 지구적인 순환 시스템을 구축하게 된다.

지구상의 자원순환에는 원소순환 외에도 동식물 및 미생물에서 방출되는 유기물도 분해되어 순환이 되어야 지구생태계가 건강한 상태를 유지할 수 있다. 이런 유기물의 생산과 분해, 그리고 소비 사이클에도 바이러스, 세균, 섬모충류, 화학유기영양성 원생생물, 플랑크톤, 남세균 등의 미생물들이 관여한다. 그리고 미생물이 번성하고 있는 해양에도 이런 유기물의 순환 사이클에 미생물들이 주된 역할자로 참여한다. 해양 미생물 군집에서 압도적으로 그 수가 많은 것이 바이러스다. 이 바이러스는 개체수에 있어서 세균보다 10배나 많은 농도로 존재하여 해양의 영양물질순환에 중요한 역할을 담당한다. 수생바이러스는 고균, 세균, 원생생물 등에 감염하는 단일 또는 이중가닥의 RNA와 DNA 바이러스로서 그 종류가 매우 다양한 반면, 연구는 거의 되어 있지 않다. 이 바이러스들이 미생물 생태계에 미치는 영향은 매우 커서 바이러스에 의해 남세균, 독립영양원생생물, 종속영양세균이 용해되면 용해성유기물과 불용성유기물이 생성되고 이 유기물들은 또 다른 미생물에 의해 소비된다.

또한 대부분의 강과 시냇물에는 부착성 미생물이 형성하는 생물막이 있는데 이는 무척추동물과 다른 저작성 생물에 의해 소비된다. 이 생물막에는 규조류와 광합성 원생생물이 서식하면서 생물막의 분해와 무기질화를 수행한다. 그리고 강과 시냇물에 있는 유기화학영양 미생물은 유용한 유기물을 대사하여 생태계로 영양물질을 재순환시키고, 무기영양미생물은 유기물에서 나온 무기물을 이용하여 생장한다.

한편 토양에는 다양한 미생물이 서식하여 토양 1g에 10^9~10^{10}마리의 미생물이 존재하는 것으로 추정된다. 토양 속의 유기물은 미생물 및 식물의 생장에 매우 중요하며 미생물이 식물체를 분해하여 얻는 것으로 페놀계 화합물과 다당류, 그리고 단백질로 구성되어 있다. 이 유기물의 생성에는 종속영양성 세균, 진균, 고균이 참여하여 탄수화물과 단백질을 분해하고, 난분해성의 리그닌은 담자균류와 방선균류에 의해 분해되어 재순환된다.

이와 같이 다양한 미생물이 서로 협동적으로 작용하여 지구상 원소와 자원순환의 복잡한 네트워크를 형성하고 있다. 그 결과 지구상에 화학물질의 원활한 순환이 이루어져서 그에 의존하는 생명체의 생태계가 형성되었다. 그러나 20세기가 되면서 인간에 의해 이산화탄소, 메탄, 산화질소가 과다하게 대기로 방출되면서 이러한 순환사이클을 담당하는 미생물이 급속하게 변화된 환경을 감당하지 못하면서 온실가스가 대기중에 축적되어 지구의 연평균 기온의 상승 등 심각한 기후변화가 가속화되고 있는 상황이다. 향후 이러한 지구상 환경변화에 미생물이 어떻게 대응하는가에 따라 또 다른 형태의 순환 사이클이 일어날 가능성이 있다. 그리고 이렇게 변화된 환경에 적합한 새로운 미생물이 출현하면서 지구생태계를 구성하는 생물종의 변화도 후속적으로 일어날 수 있을 것이다.

2. 다른 행성으로의 장기간 우주여행과 체류가 가능할까?

이렇게 살펴본 바와 같이 인간은 지구에 존재하는 미생물과의 상리공생과 상호작용을 떼어놓을 수 없다. 이 상호작용은 내 몸의 미생물에 한정되지 않는다. 이 미생물의 상호작용은 그 끝이 없는 거대한 상호연결망을 이루고 있다. 따라서 인간의 생존이 미생물의 도움으로 이루어지고 있어서 인간이 미생물의 바다에 살고 있다고 해도 과언이 아니다(26). 이는 다른 동식물도 마찬가지다. 그리고 그 거대한 상호연결망은 지구상의 자원순환과 에너지 순환과도 연결이 되어 미생물은 그런 변화를 스스로 일으키기도 하고 그 변화를 인지하여 자신의 유전정보도 변화시켜 공진화를 하고 있다. 그런 공진화의 여파가 인간에게도 직접적으로, 또는 인체 미생물을 통해 간접적으로 전달되고 있다. 그러므로 인간은 이런 미생물과 분리되어 독자적으로 생존할 수 있는 존재가 아니다. 이런 상황에서 인간이 지구에 구축된 미생물의 상호연결망을 벗어나 장기간의 우주여행이나 다른 행성에서의 생존이 가능할까?

미래에 수십 년 또는 그 이상의 시간이 요하는 우주 공간의 여행과 타 행성에서의 체류에서 우리 몸에 순환해야 하는 지구상의 미생물은 어떻게 해결할 것인가? 인간이 지구의 미생물과 단절하고 우주공간에서 살아갈 수 있는가. 가능하다면 어떤 형태가 될 것인가? 가능하지 않다면 어떻게 해야 하나. 현재까지 알려진 우주 개척의 과학기술은 주로 발사체나 전자 장비가 가득한 우주선에 관한 것이고 인체에 관련해서는 건강 문제, 대기권에서의 미생물 오염 문제 등으로 우주인들이 먹는 식품이나 식수, 공기 등이 주된 관심사였다. 문헌을 조사해보아도 인간이 미생물의 바다에 살고 있다는 관점에서 연구된 결과는 아직 검색되지 않았다. 과연 인간이 이 지구를 떠나서 다른 천체에서 살 수 있을까? 음식이나 공기, 식수가 충분하다고 하더라도 지구 전체에 걸쳐 촘촘한 상호연결망을 이룬 미생물을 떠나서 인간이 건강하게 생존할 수 있는지 의문이 들지 않을 수 없다.

음식만 생각하더라도 단순히 식재료만 먹는 것이 아니다. 지금의 다양한 식품은 식재료가 채취되는 지역에 서식하는 미생물과의 합작으로 이루어진 것이다. 특히 김치, 된장, 요구르트, 치즈, 빵, 맥주, 와인, 차와 같은 발효식품의 생산에 미생물이 절대적으로 필요하다. 이런 미생물은 김치나 된장같이 발효기간 동안 일시적으로 공생관계를 이루는 것도 있고, 발효용 종균과 같은 경우는 상리공생관계를 넘어 가축이나 애완동물처럼 아예 인간사회의 일원이 된 것도 있다. 그러므로 발효식품과 함께 우리 몸속으로 미생물의 공급과 순환이 제대로 이루어져야 우리의 건강이 유지될 수 있을 것이다.

최근에 발표된 우주 공간에서 비교적 장기간 체류한 우주비행사와 생쥐에 대한 연구 결과가 주목을 끈다(27,28). 특히 미국 NASA에서 시행한 쌍둥이 우주비행사를 대상으로 하여 한 명은 우주 공간인 국제우주기지International Space Station, ISS에서, 다른 한 명은 지상에서 340일간 체류하면서 여러 가지 생리 지표와 신체활동의 변화를 추적 조사하였다. 그 지표로는 골밀도의 저하 정도, 인지능력의 변화, 면역기능, 심혈관기능, 유전자 발현의 변동, 그리고 장내 박테리아 조성의 변화 등이 포함되었다. 이 중 몇 가지 지표와 더불어 장내 박테리아 군집의 조성도 국제우주기지 체류 중에 변화가 있었지만 지구로 복귀한 후 짧은 말단 소체$_{\text{telomere}}$의 길이, 몸무게, 유전자 발현 등 다른 지표들과 마찬가지로 회복되는 결과를 얻어서 전반적인 건강상태는 유지되었다고 보고되었다(27). 그러나 이 연구는 그 기간이 아직 짧다는 한계점을 가진다. 수년 또는 그 이상의 기간 동안 지구상의 미생물과 단절되는 것이 어떤 결과를 나타낼지는 아직도 미지수다.

장기간 단절에 좀 더 근접한 연구로는 사람보다 몸집이 훨씬 작은 생쥐로 수행한 실험 결과가 다음과 같이 보고되었다(28). 37일 동안 국제우주기지에 체류한 생쥐실험에서 장관내세균 중 *Firmicutes* 문이 증가하여 결과적으로 *Firmicutes/Bacteroides*의 비율이 증가하고, *Lachnospiraceae*과 *Tyzzerella* 속의 세균이 감소되는 현상이 확인되었다. 그에 따른 유전자 발현에서의 변화도 검출되었다. 특히 단백질 대사와 단백질 합성에 관련된 폴리아민의 일종인 putrescine 분해에 관련된 유전자들의 변화가 두드러지게 관찰되었다(28). 따라서 우주 체류에 의해 생쥐의 장내 미생물 군집의 변화가 일어나고 이런 변화는 체내 단백질 합성과 대사과정의 변화를 초래할 것으로 추정하였다.

이런 실험들에 의해 향후 수년 또는 그 이상이 요구되는 우주여행에서 장내 미생물 군집의 변화가 있을 것으로 예상되고 지금까지의 연구는 국제우주기지 체류 기간이 1년에 불과한 시작단계로서 좀 더 장기적인 연구의 필요성이 대두되고 있다. 왜냐하면 현재 계획

중인 화성으로의 우주 탐사만 하더라도 적어도 3년간의 우주 체류가 요구되기 때문이다(27,28,29). 그러나 그동안의 연구들은 우주 공간의 낮은 중력과 연관하여 인체 또는 실험용 동물의 장내 미생물 조성의 변화에 국한되어 이런 조성의 변화를 정상적인 상태로 유지시킬 수 있는 프로바이오틱스probiotics 또는 프리바이오틱스prebiotics 관점의 연구에 머무르고 있다. 아직 지구상의 미생물이 구축하고 있는 상호연결망까지 그 연구 범위가 확대되지 않고 있으므로 앞으로 이런 개념의 연구가 장기간 우주여행에 반드시 필요할 것으로 예상된다.

미생물이 주인인 상호연결성의 세계관

이 책의 서장에서 기술한 미생물의 비할 데 없이 뛰어난 특성으로 작은 크기에 의한 엄청난 개체수와 35억 년이라는 장구한 시간과 지구 곳곳에 펼쳐진 광대한 공간의 축적에서 얻어진 다양한 기능에 의해 미생물 자신뿐만 아니라 타 생물들과 이룬 상호작용의 네트워크가 있다. 이 네트워크들은 무수히 다양한 형태로 각종 생물체 사이에 형성되어 있다. 예를 들면 미생물 사이에 상리공생관계로 이루어진 지의류, 식물의 뿌리와 미생물 사이에 형성된 균근과 뿌리혹, 동물과 미생물 사이에 형성된 반추위와 대장 내의 상리공생관계, 그리고 해양에서 산호와 미생물이 협력하여 구축한 산호초 등 각 생물종의 특성과 서식지에 따라 독특한 생태적 네트워크가 이루어져 있다. 여기에 그치지 않고 더욱 경이로운 점은 이 네트워크들이 참여 생물 집단에 한정되거나 지엽적으로 분리되어 있지 않다는 사실이다. 네트워크들은 또 다시 미생물들에 의해 그 간격이 메꾸어지고 상호연결되어 전 지구적으로 확장되어 있다는 놀라운 현상을 보여준다. 이 경이로운 상호연결망은 생물체뿐만 아니라 무생물까지도 아우른다. 이렇게 하여 지구 전체적으로 탄소, 질소 등의 원소와 자원이 순환되는 거대한 네트워크를 이루어 이 지구가 살아있게 한다. 이런 전 지구적 생명의 순환 사이클을 형성하는 동력에 바로 미생물이 가진 탁월한 상호연결성이 절대적으로 기여하고 있다.

이렇게 지구상의 모든 생명체가 미생물을 매개로 하여 서로 연결되어 있는 현실을 직시하면 그동안 우리가 얼마나 근시안적인 인간 중심 사고에 사로잡혀 살아왔는지 절감하게 된다. 근시안 정도가 아니라 아예 장님과도 같이 미생물의 존재를 까맣게 망각하고 있는 실정이다. 그 결과 우리는 눈에 보이는 신체만을 인간으로 생각하여 다른 생명체와 분리시키고, 눈에 보이지 않는 미생물은 병원성을 가져 피해야 하고 차단해야 하는 유해한 존재로만 파악하고 있었다. 여기에 수많은 첨단의 과학기술들이 동원되고 장려되었다. 이 고도로 발전된 과학기술들은 오직 인간의 건강과 안위만을 염두에 두고 개발된 것으로 다른 생물체들은 철저히 무시되고 고려의 대상이 되지 않았다. 그러나 이제는 배척하고 도외시했던 미생물과 주변 생물체들을 염두에 두어야만 우리의 건강뿐만 아니라 생존도 유지하고 개선할 수 있음을 알게 되었다. 따라서 이런 사실에 부응하는 새로운 세계관이 우리에게 요구되는 시점이다.

그 새로운 세계관은 분리와 독립의 시각에서 벗어나 크기의 장막 아래 보이지 않는 미생물들과 손을 잡고 있다는 관점이다. 더 나아가 미생물을 매개로 하여 모든 생물체뿐만 아니라 지구의 구성 성분과도 상호연결되어 있다는 관점이다. 이는 지금까지의 직선적인 끝없는 발전과 개발의 추구에서 탈피하여 상호연결되고 상호의존함으로써 둥근 원과 같이 정점에 도달하면 옆으로 확산되는 관점으로의 전환이다. 따라서 이제는 끝없이 앞으로만 나아가지 않고 우리와 손잡고 있는 주위를 돌아봐야 하는 시점이다. 이런 상호연결성의 관점은 프랑스의 미생물 공생학자 마르크 앙드레 슬로스도 그의 저서 『혼자가 아니야』(26)에서 설득력 있게 역설하고 있다. 지구 생물 생태계에서 모든 생물체는 분리되어 독자적으로 생존하는 것이 아니라 여러 미생물과 상리공생관계라는 수많은 예를 생생하게 보여줌으로써 그의 주장에 깊이 공감하지 않을 수 없다.

미생물은 점과 같이 작은 존재들이다. 이에 비해 동식물은 공이나 원통같이 점보다 훨씬 크다. 그러나 작은 점은 모든 것을 표현할 수 있다. 수많은 점을 찍어 곡선을 비롯한 모든 것을 그릴 수 있고 또 그 모든 것을 연결시킬 수 있다. 그러나 크기가 훨씬 큰 공과 원통으로 그렇게 하기에는 많은 제약이 따른다. 그동안 크기의 장막 위에 솟아 있는 좀 더 몸집이 큰 동식물이 자율적이고 독자적인 존재로 여겨져왔으나 그 내막에는 무수한 미생물과 동행하고 있으며 미생물이 잡은 손을 놓고 사라지면 같이 소멸할 공동의 운명체임이 이제는 명백해졌다. 이런 관점에서 그동안 분리와 독자성을 강조하던 현대 과학기술의 접근법이 바뀔 때가 된 것이다(14). 무엇보다 인간과 다른 생물체 사이에 넘을 수 없는 장벽을 세운 것은 크나큰 오류로서 더 이상 유지해서는 안 될 것이다.

사실 동양적인 사고에서는 이미 오래 전에 모든 것이 상호연결되어 있고 상호의존적인 사상이 뿌리 깊게 내려오고 있다. 그러나 동양의 이런 사유체계는 자연계의 실체와 연결되지 못하고 관념 속에만 공허하게 맴돌고 있었다. 그러나 이제 이 세계가 미생물을 매개로 하여 서로 연결되고 상호의존적이라는 사실에 의해 동양의 오래된 사유체계도 현실세계에서 실증이 되고 꽃을 피울 수 있는 현실화의 날개를 얻은 것으로 보인다. 즉 그동안 서양 중심의 분리되고 독립적인 관점에서 동양적인 서로 연결되고 상호의존적인 관점으로 바뀔 과학적 토대가 제공된 셈이다. 그 과학적 토대는 연구 대상을 분리하여 독자성과 독립성을 부여하는 것이 아니라 대상 간의 상호연결과 상호의존성의 관점으로 전환하는 데 있다. 생명과학 연구에서도 특정 생물을 분리하고 그 특성을 파악하여 수직적인 분류 체계 속에 독자성을 가진 생물종으로 규명하는 데 머물지 않고 어떤 조직, 지역, 공간, 또는 어떤 상황에서 거기에 속하는 모든 생물체 간의 상호작용과 연결성의 관점에서 바라보고 탐구하는 것이다. 즉 관점을 서로 주고받는 상호작용 쪽으로 전환시키는 것이다. 이런 관점의 변화에 의해 한 단계 혁신이 일어나고 현재의 분리된 관점에서 야기된 환경오염과 기후변화 같은 모든 생물체의 생존에 위협이 되는 심각한 폐해를 과학기술이 바로 잡을 수 있는 계기가 되리라 생각한다. 그뿐만 아니라 인간 건강 문제에서도 그동안 해결하기 어려웠던 난치성 질환들에 대해 인체 미생물을 포함한 상호연결, 상호의존의 관점으로 생명과학 연구가 새로운 방향으로 전환이 되면 그 해결책이 획기적으로 등장할 가능성이 높을 것이다. 즉 인체 미생물과 인체 조직 세포들 사이에 이루어진 상호연결망을 연구 단위로 하면 연구의 초점이 세포 내 세분화된 분자단위에 국한되지 않고, 미생물과 조직세포들이 이룬 적어도 세포 이상의 단위로 확장이 될 것이다. 그렇게 하여 세포들이 이룩한 상호연결망의 본질을 이해함으로써 면역질환 같은 시스템적 질환과 난치성 질환의 예방과 치료에 전혀 새로운 방안이 제시될 수 있을 것이다(14).

이렇게 함으로써 우리가 누구인가라는 물음에 대한 근시안적인 시각에서 벗어나고, 지구생태계가 울리는 경고음에 귀를 열 수 있을 것이다. 이는 인간이 스스로에 대한 자기성찰이고 우리의 존재가 눈에 보이는 신체만이 아니라는 사실에 우리의 시각과 사고가 확장되는 과정이 될 것이다. 그동안 나라고 여겼던 눈에 보이는 몸이 실상은 보이지 않는 미생물과 한 덩어리를 이루어 분리될 수 없으며, 그 미생물을 통한 상호연결망의 네트워크가 내 몸 바깥으로 끝없이 확장되어 있다는 사실을 자각하지 않을 수 없다. 미생물은 마치 물과 같이, 공기가 그러하듯이 모든 곳에 스며들어 퍼져 있고 서로 손을 잡고 있어서 이것이 있으므로 저것이 있게 되고 여기서 일으키는 변화의 파도가 주변으로 물결처럼 퍼져나가는 연결망의 근저를 이루고 있는 것이다. 이 상호연결망의 네트워크는 주변의 동식물을 가로질러 우리의 사고 범위가 닿을 수 없는 곳까지 넓고도 깊게 아우르고 있다. 이 상호연결망의 네트워크 속에서 생물체들은 그 고유하고 독특한 생명 현상을 발현시키고, 이 네트워크를 벗어나 분리되어 독립적으로 존재할 수 없다는 것이 이제는 명백한 사실이다(14). 그리고 그 상호연결의 네트워크는 끊임없이 변화하면서 역동적으로 재구성되고 있을 것이다. 그리하여 생물체들은 변화와 공진화를 스스로 일으키기도 하고 그 흐름에 동행하기도 할 것이다. 따라서 생물은 분리되고 고정된 실체로서 존재하는 것이 아니라 서로 간의 상호작용에 의해 이루어진 변화의 그물망 속에서 발현되고 꽃피고 있는 것이다. 즉 인간을 포함한 생명체의 본질은 끊임없는 상호작용 속에 순간순간 드러나는 내밀하고도 눈부신 현상이다. 이렇게 인간과 생명체를 넓고 새로운 눈으로 바라봄으로써 새로운 세계를 열어가게 될 것이다.

미생물이 펼치는 상호연결망은 다중적이고 다층적으로 겹쳐 있어 일차원적이 아니라 복잡한 다차원의 네트워크다. 이 다차원의 네트워크는 알려진 미생물보다 미지세계의 미생물이 훨씬 많다는 사실에 의해 상상 밖의 세계를 이루고 있을 것이다. 이 거대한 연결망을 우리가 더 넓고 깊게 이해해야 하고, 이 연결망을 주관하는 미생물들과 더 자주 소통하고 더 많은 대화를 나누어야 한다. 진핵세포의 기원에 대해 세포 내 공생설을 주장한 린 마굴리스는 1995년 혜안을 담은 뛰어난 저술인 『생명이란 무엇인가』(30)에서 "생명은 세균이다"라고 단호하게 주장하였다. 이는 생명의 깊숙한 본질을 명쾌하게 드러낸 생명에 대한 신선하고도 새로운 정의다. 세균이 최초의 생명체이면서 이로부터 현재의 모든 생물이 진화되어 생명의 파노라마를 펼쳤을 뿐만 아니라, 지구상 모든 생명체를 상호연결망으로 품고 있음을 이렇게 단적으로 표현하였다.

세균은 동식물과 달리 열과 같은 외부의 개입이 없이는 죽지 않는다. 세균은 단세포이므로 본질적으로 노화와 죽음이란 것이 없이 세포분열에 의해 계속 살아갈 뿐이다. 35억 년 전 최초의 생명으로 탄생한 이후, 세균은 그 장구한 세월 동안 죽지 않고 지금까지 그 생명을 이어오면서 끝없이 펼치고 있다. 세균은 또 다른 세포 속에서 혁신적인 공생관계를 이루어 현재의 진핵세포를 탄생시키면서 동식물과 진균, 원생생물로의 진화를 이끈 주역이기도 하다. 즉 모든 생명체의 과거와 현재, 그리고 미래를 이끄는 힘은 바로 세균인 미생물이다. 그러므로 우리가 생존하는 데 물과 공기가 반드시 필요하듯이 눈에 보이지 않는 미생물과의 공존도 필히 우리의 머리와 가슴 속에 새겨야 한다.

참고문헌

1. 쑨이린, 『생물학의 역사』, 송은진 옮김, 더숲(2018).
2. 김규원 외 16명, 『약의 역사』, 범문에듀케이션(2017).
3. Butler, M.I., Cryan, J.E. and Dinan, T.G., Man and the microbiome: a new theory of everything? *Annu. Rev. Clin. Psychol*. 15, 371-398(2019).
4. Su, Z., Wang, X., Jing, G. et al., Application of Meta-Mesh on the analysis of microbial communities from human associated-habitats. *Quantitative Biology* 3, 4-18(2015).
5. Aluthge, N.D., van Sambeek, D.M.V., Carney-Hinkle, E.E. et al., BOARD INVITED REVIEW: the pig microbiota and the potential for harnessing the power of the microbiome to improve growth and health. *J. Anim. Sci*. 97, 3741-3757(2019).
6. Gurung, K., Wertheim, B. and Salles, J.F., The microbiome of pest insects: it is not just bacteria. *Entomologia Experimentalis et Applicata.* 16, 156-170(2019).
7. Xu, Z., Hansen, M.A., Hansen, L.H. et al., Bioinformatic approaches reveal metagenomic characterization of soil microbial community. *PLoS ONE* 9, e93445(2014).
8. Matijašić, M., Meštrović, T., Čipčić Paljetak, H. et al., Gut microbiota beyond bacteria-mycobiome, virome, archaeome, and eukaryotic parasites in IBD. *Int. J. Mol. Sci.* 21, 2668(2020).
9. Ghee Chuan Lai, G.C., Tan, T.G., and Pavelka, N., The mammalian mycobiome: a complex system in a dynamic relationship with the host. *Wiley Interdiscip Rev. Syst. Biol. Med.* 1, e1438(2019).
10. Leung, J.M., Graham, A.L. and Knowles, S.C.L., Parasite-microbiota interactions with the vertebrate gut: synthesis through an ecological lens. *Frontiers in Microbiology* 9, 843(2018).
11. Castelie, C.J. and Banfield, J.F., Major new microbial groups expand diversity and alter our understanding of the tree of life. *Cell* 172, 1181-1197(2018).
12. 김규원, 노재경, 위희준, 김찬, 『과학의 발전과 항암제의 역사』, 범문에듀케이션(2015).
13. Kim, K.-W., Roh, J.K., Wee, H.-J. and Kim, C., *Cancer drug discovery, science and history*, Springer (2016).
14. 김규원, 『미로속에서 암과 만나다』, 담앤북스(2020).
15. Margulis, L., *Origin of eukaryotic cells*, Yale University Press(1970).
16. Blaser, M.J., Who are we? Indigenous microbes and the ecology of human diseases.

EMBO Rep. 7, 956-960(2006).

17. 데이비드 펄머터, 『장내세균혁명』, 윤승일, 이문영 옮김, 지식너머(2016).
18. 김혜성, 『미생물과의 공존』, 파라사이언스(2017).
19. Krautkramer, K.A., Fan, J. and Bäckhed, F., Gut microbial metabolites as multi-kingdom intermediates. *Nat. Rev. Microbio.* 19, 77-94(2021).
20. Khan, I., Ullah, N., Zha, L. et al., Alteration of gut microbiota in inflammatory bowel disease (IBD): cause or consequence? IBD treatment targeting the gut microbiome. *Pathogens* 8(3): 216(2019).
21. Lynch, S.V. and Pedersen, O.M.D., The human intestinal microbiome in health and disease. *N. Engl. J. Med*. 375, 2369-2379(2016).
22. Xavier, J.B., Young, V.B., Skufca, J. et al., The cancer microbiome: distinguishing direct and indirect effects requires a systemic view. *Trans. in Cancer* 6, 192-204(2020).
23. Gregory, D. Poore, G.D., Kopylova, E., Zhu, Q. et al., Microbiome analyses of blood and tissues suggest cancer diagnostic approach. *Nature* 579, 567-574(2020).
24. Nejman, D., Livyatan, I., Fuks, G. et al., The human tumor microbiome is composed of tumor type-specific intracellular bacteria. *Science* 368, 973-980(2020).
25. Willey, J.M., Sherwood, L.M. and Woolverton, C.J., *Prescott's Microbiology*, 9th edition, McGraw-Hill Education Holdings(2013).
26. 마르크 앙드레 슬로스, 『혼자가 아니야』, 양영란 옮김, 갈라파고스(2019).
27. Garrett-Bakelman, F.E. et al., The NASA Twins Study: a multidimensional analysis of a year-long human spaceflight. *Science* 364, 6436(2019).
28. Jiang, P., Green, S.J., Chlipala, G.E. et al., Reproducible changes in the gut microbiome suggest a shift in microbial and host metabolism during spaceflight. *Microbiome* 7, 113(2019).
29. Cervantes, J.L. and Hong, B.Y., Dysbiosis and immune dysregulation in outer space. *Int. Rev. Immunol.* 35, 67-82(2016).
30. 린 마굴리스, 도리언 세이건, 『생명이란 무엇인가』, 김영 옮김, 리수(2016).

찾아보기

ㄱ

간섭 RNA 96
간세포암종 163, 164
간염 델타 바이러스 98
감염사 119
거대세포바이러스 90, 173
검은빵곰팡이 75
결실 219
경쟁관계 110
고균 26, 31, 286
고균바이러스 141
고초균 47, 155
곰팡이 70
공생 105
공생자 105
공장 148
공통 종분화 216
과민성 대장증후군 163
관벌레 131
광견병바이러스 94, 174
광대버섯 78
광범위 약제내성결핵균 260
광영양성 29
광우병 98
광합성 반응 287
광합성세균 44, 55, 288
구강 진균 146
국제 인간 미생물 군집 컨소시엄 267
국제우주기지 293
궤양성 대장염 280
규조각 67
규조류 66
균근 72, 116
균근균 116
균사 50
균사체 71, 72
그라미시딘 259
그람염색 30
극호염성 고균 36
근권 115, 116
근육위축증 222
급성 골수성백혈병 210
급성 세균성전립선염 167
급성 출혈성 맹장염 66
기생 109
기생체 109
깜부기병균 78

ㄴ

나균 110
나노고균문 35
나노튜브 190
나선형 캡시드 82
나이세리아 147
나팔벌레 65
난균류 67
난소암 169
남세균 55, 112, 140, 288
내부공생자 105
내생균근 78, 79, 117
내생균근균 116
내생균근균류 78
내생균근균문 78
내인성 레트로바이러스 141, 206
내재성 바이러스 인자 217
노로바이러스 238, 239
노루발풀 118
녹농균 259, 260
녹병균 78, 124
녹색황세균 55, 114, 288
녹색비황세균 55, 288
녹조류 63, 112, 198
누룩곰팡이 76, 141
뉴클레오캡시드 80
니스타틴 51

ㄷ

다균질 생물막 160
다제내성결핵균 260
다중부위서열분석법 41
단순포진바이러스 140, 152, 173
단일가닥 DNA바이러스 91
단일염기 다형성 41
담륜충 201
담배모자이크바이러스 93
담자균류 77
담자균문 77
담자기 78
담자지의류 78, 113
담자포자 78
담즙산 155
당뇨병성 족부 궤양 159
대장균 21, 266, 267
대장(또는 결장) 148
대장암 161
데이비드 볼티모어 89
독감바이러스 21
독립영양성 29
독소루비신 51
디옥시콜산 161

ㄹ

라크노스피라과 148
라파마이신 51

라팜피신 195
람다파지 91
레그헤모글로빈 120
레오바이러스 238
레이우엔훅 69, 251
레지오넬라증 110
레트로바이러스 81, 94
레트로트랜스포존 213
레트증후군 171
렙토스피라증 57
로버트 코흐 253
로버트 훅 251
로제부리아 156
로타바이러스 92, 239
루미노코과 148
루프스 229
류머티스 관절염 171
리노바이러스 92
리보타이핑 41
리사바이러스 174
리슈마니아 69
리슈마니아증 69
리스테리아증 49
리자리아군 68
리케넬레과 148
리케치아 43
리토콜산 161
리포다당류 237
린 마굴리스 271, 301

ㅁ

마르크 앙드레 슬로스 298
마이코플라스마 21, 57, 167
막소포 189
만성 상처 감염 159
만성세균성전립선염 167
말라세지아 141, 157
말라세지아 모낭염 170
망치머리형 리보자임 95
맥각균 76
맥각병 77
맥각중독증 77
메가바이러스 81
메타게놈 195
메타게놈염기서열분석법 31
메타유전체 산탄 염기서열결정법 267
메탄생성고균 35, 126, 172
메탄영양세균 43
메탄영양체 289
메티실린 259
메티실린 내성균 259
메티실린 내성 황색포도상구균 48
무기영양성 29
무세포 DNA 209
물곰팡이 67
미미바이러스 81
미생물 군집 106
미세담자포자진균 203
미토마이신-C 196
미토솜 79

미포자충문 79

ㅂ

바실러스 브레비스 259
바이러스 30, 80
바이로이드 30, 95
박테로이드 119
박테로이드과 148
박테리오신 152
박테리오파지 T4 86
박테리오파지 람다 86
반추동물 125
반추위 125
반코마이신 51, 194
방산충 68
방선균 140
방선균문 41, 47, 50
방선균증 52
버섯 70
벚나무깍지벌레 204
베일로넬라 147
베지아토아 107
변형체 점균류 61
병꼴균문 74
병꼴균증 74
병원성 난균류 205
병원성 플라스미드 23
복사 후 붙이기 223
복제효소 92
부등편모균 66
부등편모류 66, 205
부크네라 아피디콜라 133
분해성 플라스미드 23
불응성 부비동염 172
붉은색 빵곰팡이 77
블레오마이신 51
비랄 89
비리내 89
비리대 89
비리온 80
비세포성 미생물 25
비알코올성 지방간 163
비알코올성 지방간염 163
비타민 155
비피막 바이러스 80
빵효모 76
뿌리(근권) 미생물 115
뿌리혹박테리아 43
뿌리혹세균 119

ㅅ

사람면역결핍바이러스 81, 152, 173
사상위족 68
사스-코로나바이러스 173
사카로마이세스 140
산사나무 120
산호초 129
산호초 백화 현상 130

삽입인자 214
상리공생 105, 199
상조공생 106
상호연결 11, 296, 297
상호연결망 299
상호의존 297
상호작용 186
색시톡신 64
생물막 107, 112
생물속생설 254
샤가스병 69
서브돌리그래뉼럼 155
서코바이러스 91
설파메소자졸 195
섬모충류 64
세균 26, 39
세균성질염 168
세라티아 148
세라티아 마르세센스 159
세스바니아 121
세팔로스포리움 아크레모니움 259
세팔로스포린 194, 258, 260
세포사멸체 208, 209, 211, 212
세포설 251
세포성 미생물 25
세포성 점균류 61
세포소기관 210
셀리악병 162
소아마비바이러스 21
소해면 양뇌병증 98
송로버섯 77
수두대상포진바이러스 173
수지상균근 118
수지상체 79
수평적 유전자 전달 186, 187
수평적 트랜스포존 전달 222
숙주 105
슈도모나스 210
슈반 265
슐라이덴 265
스크래피 98
스트렙토마이세스 51
스트렙토마이세스 그리세우스 259
스트렙토마이신 259
스파이크 83
스피로카에테 146
스피로헤타균 57
시트로박터 156
시프로플로사신 193, 196
식물내생균 122
식변 128
신경질환 171
신시틴 217
실내곰팡이 76
쌍자균 158
쌍편모조류 64

ㅇ

아데노바이러스 82, 90
아메바균 60

아시네토박터 159, 210
아질산균 107
아퀴피케 56
아토피피부염 158
아플라톡신 77
알레르기성 기도 질환 170
알츠하이머병 165
알코올성 간질환 171
알터나리아 153
암유전체지도 282
암포테리신 51
암피실린 259
양성가닥 RNA바이러스 92
어루러기 170
어타인 개미 108, 136
에르고스테롤 71
에리스로마이신 195
에볼라바이러스 174
에스키노멘 121
엑소좀 210
엑스카바타균 69
엔테로박터 156
여성 생식기관 152
여성생식기암 168
여정편모충(트리코님프) 70
역전사 DNA바이러스 94
역전사 효소 94
역좌 219
연두벌레 69
연쇄상구균 49, 147, 158
염증성 장질환 149, 160, 280
엽권 122
예쁜꼬마선충 243
오레오바시디움 146
오르토믹소바이러스 81
오리나무 120
와편모조류 64, 129
왁스만 51
왕관혹병 124
외독소 149
외부공생자 105
외생균근 79, 117
용균성 사이클 86
용원균 87
용원성 사이클 86
원생동물 59, 60
원생생물 58
원소순환 289
위선암종 210
위성체 30, 98
위성체 바이러스 98
위식도역류증 274
유공충 68
유글레나 69
유글레나류 69
유글레나식물문 69
유기영양성 29
유리고균문 35
유박테리움 156
유전자 이입 189
유전자전달 매개체 189
유전적 부동 231

유전체 서명 215
유전체 지문법 40
유주포자 64, 74
유행성이하선염바이러스 173
윤형동물 199
음성가닥 RNA바이러스 93
의간균문(박테로이데테스) 54
이중가닥 DNA(ds DNA)바이러스 89
이중가닥 RNA(dsRNA)바이러스 92
이질 아메바 63
이형편모류 66
인간 고균군집 38
인간 미생물 군집 프로젝트 139, 267
인간 유전체 프로젝트 267
인체유두종바이러스 82, 168, 174
인플루엔자바이러스 81
임균 152, 167

ㅈ

자가면역질환 171
자궁경부암 168
자궁내막암 168
자기분식 128
자낭 76
자낭균문 76
자낭지의류 76, 113
자낭포자 76
자른 후 붙이기 223
자색비황세균 43, 55, 288
자색황세균 44, 55, 288
자연발생설 254
자크 모노 266
자폐 스펙트럼 장애 164
자포동물 129
자하리아 얀센 251
장구균 49, 167
장내 미생물 군집의 불균형 160
장내세균과 148
장-뇌 축 273
저메틸화 228
전립선염 167
전립선 장애 질환 167
전생명체 206
전이인자 16, 196, 213
전장발효 127
전좌 218
점균류 46, 61
점막 138
점액세균 46
접합 188
접합균문 75
접합포자 75
접합포자낭 75
정단복합체 66
정단복합체충류 64, 66
정단색소체 66
정액 153
정이십면체형 캡시드 82
정크 DNA 223
젓산 240

젖산구균 49
젖산균(젖산간균) 152, 153, 168
젖산균과 148
제1형 당뇨병 234
제한효소 절편길이 다형성법 41
조류 59
조직혈액형항원 238
종속영양성 29
종양괴사인자 242
줄기혹형성세균 121
중복 219
지루성 피부염 170
지의류 106, 112
지질 156
진균 70
진균군집 140
진핵바이러스 141
진핵생물 26
질산균 107
질산화세균 43
질소고정 286, 287
질소고정뿌리혹 119
질소고정효소 120
질염 168
질화과정 287
짚신벌레 65
짧은사슬지방산 154

ㅊ

척삭동물 242
천식 275
천연두바이러스 173
철-결합단백질 202
첨복포자충류 66
초고온성 크렌고균 90
초파리 243
치은열구액 146

ㅋ

카나마이신 51
카바페넴 193
칸디다 140
칸디다증 77
캡소미어 82
캡시드 80
코로나바이러스 93
코르고균문 35
코리네박테리움 159
코리네박테리움 디프테리아 87
코흐의 원칙 255
콜리플라워모자이크바이러스 95
쿠루 98
퀴놀론 193
크렌고균문 35
크로이츠펠트-야콥병 98
크론병 280

크립토코쿠스증 78
클라도스포리움 141, 146, 150, 153
클라미도모나스 64
클라미디아균 57
클라미디아 트라코마티스 152, 167
클래스 II TE 223, 224
클래스 I TE 223, 224
클렙시엘라 156
클로람페니콜 51
클로렐라 129
클로스트리듐 156
클로스트리듐 클러스터균 160
클로스트리디움 파지 87

ㅌ

타디그레이드 199
타움고균문 35
탄소고정 287
탈질과정 286, 287
털곰팡이속 75
테네리쿠테스문 58
테르모토게 56
테트라사이클린 51
토가바이러스 93
트랜스포존 213
트리메소프림 195
트리메틸아민 150
트리코모나드 70
트리파노소마 69
특수형질도입 233

ㅍ

파보바이러스 91
파스퇴르 253
파스퇴르법 253
파이토플라스마 124
파지베타 87
파킨슨병 166
판코니빈혈 228
페니실린 258
편리공생 107
편해공생 108
폐렴구균 49
포도상구균 48
포르피로모나스 147
포식작용 109
폭스바이러스 21
폴리오마바이러스 89
폴리오바이러스 92
폼페이벌레 131
표피포도상구균 145
푸사리움 141, 146
푸소박테리움 147, 162
퓨소박테리아 140
프로바이오틱스 274, 295
프로테오박테리아문 42
프로토테카증 64
프로파지 87

프로피오니박테리움 아크네스 158
프리바이오틱스 295
프리보텔라 147
프리보텔라과 148
프리온 30, 98
플라비바이러스 93
플라스미드 22
플루오로퀴놀론 196
피막 80
피막 바이러스 80
피브로박테르 126
피지선 144
피칼리박테리움 프로스니치 155
피하낭 64
피하낭균 64

ㅎ

한타바이러스 94, 174
항산균 167
항생제 내성 193
항생제 내성유전자 192
핵양체 22
허피스바이러스 90
헤파드나바이러스 95
헬리오박테리아 50
혈우병 222, 228
형질도입 189
형질전환 188
호열호산성 조류 205
호염성 고균 150
홍역바이러스 94, 173
홍조류 198
화농성 연쇄상구균 49
화학무기영양미생물 290
화학영양성 29
황산염-환원 극호열성 고균 35
황색포도상구균 48, 145
회장 148
회조류 198
효모 70
후벽균문 47
후장발효 127
흰곰팡이 237
히포바이러스 124

α-프로테오박테리아강 43
β-프로테오박테리아강 44
γ-프로테오박테리아강 44
δ-프로테오박테리아강 46
ε-프로테오박테리아강 46
ϕ6박테리오파지 92
ϕX174파지 91

A

Acid-Fast bacteria 167
Acidianus 90

Acinetobacter baumannii 192
Acinetobacter 159, 169, 194, 210
Actinobacteria 41, 47, 50, 140, 274
Actinobaculum 52
Actinobaculum schaalii 167
Actinomyces 52
Actinomycetales 50
actinomycetoma 52
Actinomycineae 52
acute bacterial prostatitis 167
acute myeloid leukemia(AML) 210
Acyrthosiphon pisum 204
Adeno-associated virus 217
Adenovirus 82, 90, 141, 243
adomavirus 242
Aeschynomene 121
aflatoxin 77
Agrobacterium 43
Agrobacterium rhizogenes 123
Agrobacterium tumefaciens 123
alcoholic liver disease(ALD) 171
A. Leeuwenhoek 69, 251
Alexandrium 64
algae 59
Alistipes 165
allergic airway disease 170
Alnus 120
Alternaria 144, 153
Alu 224, 227
alveolus 64
Alvinella pompejana 131
Alzheimer's disease(AD) 165
Amanita phalloides 78
amensalism 108
Amoeba proteus 62
Amoebozoa 60
ampicillin 259
A. muscaria 78
Anaerococcus 168
Anaerococcus lactolyticus 167
Anaerococcus obesiensis 167
Anaerostipes 169
Anaerotruncus 169
Anellovirus 141
antibiotic resistance genes(ARGs) 192
Antonie van Leeuwenhoek 251
Antonospora locustae 203
apical complex 66
Apicomplexa 64
apicoplast 66
apoptotic bodies(AB) 209
Aquificae 56
arbuscular mycorrhizae 118
arbuscule 79
archaea 31
Archaeoglobus 36
archeal virus 141
Arthrospira 169
ascolichen 76, 113
Ascomycota 76
ascospore 76
ascus 76
Aspergillus 141
Aspergillus clavatus 170

Aspergillus oryzae 76
Astrovirus 141
A. thaliana 236
Atopobium 168, 169
attine ants 108
Aureobasidium 146
autism spectrum disorder(ASD) 164
autoimmune disease 171
Avr-Pita 235
Avsunviroidae 95
Azorhizobium 119, 121
Azotobacter 285

B

Bacilli 47
Bacillus 47, 195, 286
Bacillus brevis 259
Bacillus subtilis 47, 155
bacteria 26, 39
bacterial vaginosis 168
bacteriocins 152
bacteroid 119
Bacteroidaceae 148, 279
Bacteroides 54, 160, 163
Bacteroides fragilis 162
Bacteroidetes 54
Balantidium coli 65
B. anthracis 48
basidiolichen 78, 113
basidiomycetes 77
Basidiomycota 77
basidiospore 78
basidium 78
Batrachochytrium dendrobatidis 74
B. cereus 48
Bdelloid rotifers 199
Bdellovibrio 46
Beggiatoa 45, 107
BEL/Pao 225
Bifidobacteriaceae 54, 279
Bifidobacteriales 50, 54
Bifidobacterium 54, 160
Bifidobacterium bifidus 54
bile acids 155
Bilophila 165
Bilophila wadsworthia 161
biofilm 112
Blastocystis 201
Blautia 164, 166
Bovine Spongiform Encephalopathy 98
Bradyrhizobium 121
Brucella 169
Buchnera aphidicola 133, 134, 204
Burkholderia 44, 119
Butyricicoccus 161

C

Caenorhabditis elegans 243
Camphylobacter 47

Camphylobacter faetus 47
Candida 140, 144
Candida albicans 148, 150, 159
Candida dubliniensis 150
Candida glabrata 150
Candida krusei 150
Candida neoformans 170
Candida parapsilosis 150, 172
Candida tropicalis 144
candidasis 77
Candidatus Carsonella ruddii 134
capsid 80
capsomere 82
carbapenem 193
Caudovirales 173
Cauliflower mosaic virus 95
C. difficile 49
C. diphtheriae 52
cecal coccidiosis 66
cecotrope 128
cecotrophy 128
celiac disease 162
Cell Theory 251
cellular organelles 210
cellular slime mold 61
Cephalosporium acremonium 259
cervical cancer 168
cfDNA 209
Chagas' disease 69
Chlamydia 169
Chlamydia trachomatis 57, 152, 167, 169, 240
Chlamydiae 197
Chlamydomonas 64
Chlorella 129
Chlorobiaceae 114
chlorophyta 112
chlorophytes 63
chordates 242
Chromatium 106, 109
chronic prostatitis/chronic pelvic pain syndrome(CP/CPPS) 167
chronic wound infections 159
Chytridiomycetes 126
chytridiomycosis 74
Chytridiomycota 74
Ciliophora 64
ciprofloxacin 193
Circovirus 91, 242
Citrobacter 156
C. jejuni 47
Cladosporium 141, 144, 146, 150, 153
Cladosporium herbarum 159
Claviceps purpurea 76
Clostridia 47, 165
Clostridiaceae 279
Clostridial cluster 160
Clostridium botulinum 49, 87, 149, 233
Clostridial phage 87
Clostridium cluster XIVa 163
Clostridium 156, 286
Clostridum difficile 151
Cnidaria 129
Col 플라스미드 24

colorectal cancer 161
commensalism 107
conjugation 188
Coprococcus 166
copy-and-paste 214, 223
coral bleaching 130
coral reef 129
Coriobacteriaceae 161
Coronavirus 93
C. orthopsilosis 144
Corynebacterineae 52
Corynebacterium 52, 143, 152, 159
Corynebacterium diphtheriae 87, 233
Corynebacterium glutamicum 52
Corynebacterium striatum 145
co-speciation 216
C. parapsilosis 144
Crataegus 120
Crenarchaeota 35
CRESS DNA(circular Rep-encoding ss DNA) virus 242
Creutzfeldt-Jakob disease 98
CRISPR(clustered regularly interspaced short palindromic repeats)-Cas (CRISPR-associated sequences) 241
crown gall disease 124
cryptococcosis 78
Cryptococcus neoformans 78
Crypton 223
Cryptosporidium 202
C. tetani 49
cut-and-paste 223
Cyanobacteria 55, 112, 140
Cyanophora paradoxa 198
Cytomegalovirus 90, 169, 173

D

David Baltimore 89
deletion 219
denitrification 286
deoxycholic acid 161
Dermacoccus 159
Desulfovibrio 46, 106, 165
diabetic foot ulcer 159
Dialister 165, 169
Diatoms 66
Dictyostelium discoideum 62, 202
Dinoflagellata 64
Dinoflagellates 129
Diphtheroid 148
Diplodinium 65
DNA-DNA hybridization(DDH) 40
DNA transposon 213
Dorea 165
Drosophila melanogaster 243
duplication 219
dysbiosis 160

E

E. coli 21, 39
Enterococcus faecalis 49
Ebola virus 174
ectomycorrhizae 79, 117
Eimeria tenella 66
Elusimicrobia 135
Encephalitozoon cuniculi 79
endogenous retrovirus(ERV) 141, 206, 217
endogenous viral elements(EVEs) 217
endometrial cancer 168
endomycorrhizae 79, 117
endophytes 122
Entamoeba histolytica 63
Entamoeba 63
Enterobacter 45, 156
Enterobacteriaceae 45, 148, 166, 279
Enterococcus faecalis 49, 148, 152, 196
Enterococcus faecium 196
Enterococcus 49, 167
Entodinium 65, 126
Entrococci 195
envelope 80
enveloped virus 80
Epichloe 200
Epstein Barr Virus(EBV) 209
Epulopiscium fishelsoni 21
ergosterol 71
ergot 77
ergotism 77
Erwinia carotovora 124
Erwinia chrysanthemi 124
Erwinia 45
erythromycin 195
Escherichia coli 21, 39
Escovopsis 108
Eubacteriaceae 279
Eubacterium 156
Euglena proxima 69
Euglenid 69
Euglenophyta 69
Euglenozoa 69
eukarya 26
eukaryotic virus 141
Euryarchaeota 35
Excavata 69
exosome 210
exotoxins 149
extended-spectrum β-lactamases(ESBLs) 193
extensively drug-resistant tuberculosis(XDR-TB) 260

F

Faecalibacterium prausnitzii 155
Faecalibacterium 166
Fanconi anemia 228
fd 파지 91
female reproductive tract(FRT) 152

Fibrobacter succinogenes 126
Fibrobacteres 126
filopodia 68
Firmicutes 47
Flavivirus 93
Flavobacterium columnare 232
fluoroquinolone 196
Foraminifera 68
Fragilariopsis cyclindrus 203
Frankia 53, 120, 285
Frankineae 53
frustule 67
fungi 70
Fusarium 141, 146, 236
Fusobacteria 140
Fusobacterium 147, 160, 162
Fusobacterium nucleatum 162
F-플라스미드 24

G

Galdieria sulphuraria 202
Gardnerella 168
Gardnerella vaginalis 240
gastroesophageal reflux disease(GERD) 274
Gemella 158, 168
gene transfer agent(GTA) 189
genetic drift 231
genomic fingerprinting 40
genomic signature 215
Giardia intestinalis 69
gingival crevicular fluid(GCF) 146
G. intestinalis 70
glaucophyte 198
Glomerales 78
glomeromycetes 78, 116
Glomeromycota 78, 118
Gonococci 167
Gonyaulax spinifera 65
Gram stain 30
gramicidin 259
green algae 63, 198
green sulfur bacteria 55, 114
gynaecological cancer 168

H

Haemophilus influenzae 145
Halobacteriales 141, 150
Halobacterium 36
Halocafeteria seosinensis 202
Halococcus 36
Halophilc archaea 150
hammer head ribozyme 95
Hantavirus 174
HDT(horizontal DNA transfer) 209
Helicobacter pylori 47, 147, 274
Helicobacter 47
Heliobacteria 50
Helitron 223
hemophilia 228

Hepadnavirus 95, 217
Hepatitis A virus 93
Hepatitis B virus(HBV) 95, 141, 173
Hepatitis C virus 141, 173
Hepatitis δ virus 98
hepatocellular carcinoma(HCC) 163, 164
Herpes simplex virus 140, 152, 173
Herpesvirus 141, 217
Heterodera glycines 202
Heterokonts 66
histo-blood group antigens(HBGA) 238
holobiont 206
horizontal gene transfer(HGT) 186, 187
horizontal transposon transfer 222
HTLV-1, Human T-Lymphotropic Virus-1 174
Human alpha-herpesvirus 2(HHV-2) 240
human archaeome 38
Human Genome Project(HGP) 267
Human immunodeficiency virus (HIV-1) 81, 173, 240
Human Microbiome Project(HMP) 139, 267
human papilloma virus(HPV) 82, 168
Human papillomavirus type 16(HPV-16) 240
hyphae 50
hypomethylation 228
Hypovirus 124

I

ice-binding proteins 203
ICEs(integrating conjugative elements) 194
ICTV 바이러스 분류체계 89
ileum 148
infection thread 119
inflammatory bowel disease(IBD) 149, 160
insert sequence(IS) 214
interfering RNA(RNAi) 96
International Human Microbiome Consortium 267
International Space Station(ISS) 292
introgression 189
inversion 219
iron-binding protein 202
irritable bowel syndrome(IBS) 163

J

junk DNA 223
jejunum 148

K

Klebsiella oxytoca 162
Klebsiella 45, 156, 167, 192, 286
Kluyvera 193
Korarchaeota 35
Kuru 98

L

Lactococcus lactis 49
Lachnospiraceae 148, 164, 274, 294
lactic acid 240
Lactobacillaceae 148, 279
Lactobacilli 153
Lactobacillus 48, 148, 152, 165
Lactobacillus crispatus 155
Lactobacillus jensenii 155
Lactococcus 49
leghemoglobin 120
Legionella pneumophila 110
legionellosis 110
Leishmania 69, 201
leishmaniasis 69
Lentisphaerae 274
Leptosphaeria maculans 235
Leptospira 57
leptospirosis 57
Leucocoprini 108
Leuconostoc 49
Leucothrix 45
lichen 106, 112
LINE-1 225, 226
lipids 156
lipopolysaccharide(LPS) 237
Listeria monocytogenes 49
listeriosis 49
lithocholic acid 161
long interspersed nuclear element (LINE) 208, 225
Long-Terminal Repeats(LTR) 225
Louis Pasteur 253
Lynn Margulis 271, 301
lysogen 87
lysogenic cycle 86
lytic cycle 86
L1 208, 225

M

Magnaporthe oryzae 77, 235
Malassezia 141, 157
malassezia folliculitis(MF) 170
Malassezia globosa 170
mammalian-wide interspersed repeats elements(MIRs) 226
Maverick/Polinton 223
ME(mobile element) 213
mealybug 204
Measles virus 173
Megasphaera 168
Megavirus chilensis 90

Megavirus 81
membrane vesicle(MV) 189
metagenome 195
metagenome shotgun sequencing 267
metagenomics sequencing(MGS) 31
Methanobacteriales 35, 141, 149
Methanobrevibacter oralis 172
Methanobrevibacter ruminantium 126
Methanobrevibacter smithii 149, 172
Methanococcales 35
methanogen 35
Methanomassiliicoccales 141, 149
Methanomassiliicoccus intestinalis 149
Methanomethylophilus alvus 149
Methanomicrobiales 35, 141
Methanosarcina barkeri 126
Methanosarcinales 35, 141
Methanosphaera stadtmanae 149
Methanospirillum 126
methanotroph 43, 288
methicillin 259
methicillin-resistant *Staphylococcus aureus*(MRSA) 48, 194, 259
microbiota 106
Micrococcineae 53
Micromonosporineae 53
Microsporidia 79
microsporidium 203
Microsporum 77
mildew 237
Mimivirus 81
mitomycin-c 196
mitosome 79
M. J. Schleiden 265
M. leprae 52
molds 70
Moranella endobia 204
Mouse Leukemia Virus(MLV) 94
M. tuberculosis 52
Mucor 75, 144
Mucor racemosus 75
mucous membrane 138
multidrug resistant tuberculosis(MDR-TB) 260
multidrug-resistant *Pseudomonas aeruginosa*(MRPA) 260
multilocus sequence analysis(MLSA) 41
Mumps virus 173
mushrooms 70
mutualism 105
mycelium 71
Mycobacterium 52
Mycobacterium bovis 52
Mycobacterium leprae 110
mycobiota 140
Mycoplasma 21, 57, 167, 169
Mycoplasma genitalium 134
mycorrhizae 72, 116
mycorrhizal fungi 116
Myoviridae 173
Myxobacteria 46
Myxogastria 61
M13 91

N

Naegleria gruberi 201
Nanoarchaeota 35
Nanoarchaeum equitans 33
nanotube 190
Nautilia profundicola 131
NCLDV(*Nucleo-Cytoplasmic Large DNA viruses*) 242
Neisseria gonorrhoeae 152, 195, 208
Neisseria meningitidis 145, 208
Neisseria 44, 147
Neocallimastix 74
Neotyphodium 122
neurological disorders 171
Neurospora crassa 77
Nitrobacter 43, 107
nitrogen fixation 285
nitrogenase 120
Nitrosococcus 285
Nitrosomonas 44, 286
Nitrosopumilales 37
Nitrosopumilus maritimus 33, 37
Nitrososphaeria 141
Nitrosospira 44
Nocardia 53
Nod 인자 119
non-alcoholic fatty liver disease (NAFLD) 163
non-alcoholic steatohepatitis(NASH) 163
nonenveloped virus 80
Norovirus(NoV) 238, 239
Nostoc 286
nucleocapsid 80
nucleoid 22

O

Oomycetes 66
Ophryoscolex 126
oral mycobiota 146
Orthilia secunda 118
Orthomyxovirus 81
Ostreococcus tauri 63
ovarian cancer 169

P

Papillomavirus 141, 243
Paracoccus denitrificans 287
Parabasalia 70
Paramecium caudatum 65
parasite 109
parasitism 109
Parkinson's disease(PD) 166
Parvimonas 168
Parvovirus 91
Pasteurellaceae 45, 160
pasteurization 253
pathogenic oomycetes 205
Pecovirus 173

Penicillium notatum 258
Peptoniphilus 169
Peptostreptococcus 168
P. gingivalis 55
Phaeocystis antartica 203
phage β 87
Phocaeicola plebeius 207
phyllosphere 122
Physcomitrella patens 198
Phytophthora infestans 67
Phytoplasma 124
Picobirnavirus 141
Picrophilus 37
Pita 면역수용체 235
pityriasis versicolor(PV) 170
Planococcus citri 204
plasmid 22
plasmodial slime mold 61
Plasmodium falciparum 66
Podoviridae 173
Polinton 216
Poliovirus 92
polymicrobial biofilms 160
Polyomavirus 89, 243
Porphyromonas 55, 147, 169
Pospiviroidae 95
P. ramorum 67
prebiotics 295
predation 109
Prevotella 126, 147, 168
Prevotellaceae 148, 166, 274, 279
prion 30, 98
probiotics 274, 295
Prochlorococcus 288
proopiomelanocortin(POMC) 214
prophage 87
Propionibacteriaceae 166
Propionibacterineae 53
Propionibacterium acnes 53, 143, 158
Propionimicrobium lymphophilum 167
prostate disorders 167
prostatitis 167
Proteobacteria 42
Proteus 45, 167
Protist 58
Prototheca wickerhamii 64
protothecosis 64
protozoa 59
Pseudomonas 167, 210
Pseudomonas aeruginosa 192
Pseudomonas denitrificans 286, 287
Pseudomonas syringae 237
Pseudonocardia 108
Pucciniomycotina 78
purple non-sulfur bacteria 43, 55
purple sulfur bacteria 44, 55
Pyramimonas gelidicola 203
Pyrococcus 90

Q

quinolone 193

R

Rabies lyssavirus 174
Radiolaria 68
Ralstonia solanacearum 123
Ralstonia 44, 166
red algae 198
refractory sinusitis 172
replicase 92
restriction fragment length polymorphism(RFLP) 41
retroduplication 219, 236
retrogene 220
retrotransposon 213
Retrovirus 81, 94
Rett syndrome 171
Reverse transcribing DNA viruses 94
rheumatoid arthritis(RA) 171
Rhinovirus 92
Rhizaria 68
rhizobia 119
Rhizobiales 43
Rhizobium 43, 119, 286
Rhizopus japonicus 75
Rhizopus stolonifer 75
Rhizopus 75
rhizosphere 116
Rhodobacterales 43
Rhodotorula 144
ribotyping 41
Rickettsia 43
Rikenellaceae 148, 279
RNA 중합효소 III 227
RNA의존 RNA중합효소 92
Robert Hooke 251
Robert Koch 253
Roseburia 156, 160, 166
Rotavirus 92, 141, 239
rRNA의 서열분석법 40
Ruminobacter amylophilus 126
Ruminococcaceae 148, 163, 164, 279
Ruminococcus 169
Ruminococcus albus 126
Ruminococcus gnavus 160
R-플라스미드 23

S

Saccharomyces cerevisiae 71
Saccharomyces 140
Salmonella enterica 233
Salmonella 45
Sapovirus 141
SARS-corona virus 173
satellite 30, 98
satellite DNA 215
satellite virus 98
saxitoxin 64
scrapie 98
sebaceous gland 144
seborrheic dermatitis 170
Selenomonas ruminantium 126
Selman Waksman 51

seminal fluid 153
S. epidermidis 145, 162
Serratia marcescens 159
Serratia 45, 148
Sesbania 121
Shewanella algae 193
Shigella 45
short-chain fatty acids(SCFAs) 154
Shuttleworthia 168
S. hygroscopicus 51
SINE(short interspersed nuclear elements) 225
single nucleotide polymorphism(SNP) 41
Siphoviridae 173
S. kanamyceticus 51
slime mold 46, 61
S. mutans 49
Sneathia 168
S. nodosus 51
S. noursei 51
specialized transduction 233
S. peucetius 51
spike 83
Spirochaetes 146
S. pneumoniae 49
S. rimosus 51
S. scabies 51
S. somaliensis 52
Stachybotrys 76
Staphylococcus 48
Staphylococcus aureus 48, 145, 233
Staphylococcus epidermidis 145, 162
Staphylococcus pasteuri 162
stem-nodulating rhizobia 121
Stentor coeruleus 65
stomach adenocarcinoma 210
Stramenopila 66
stramenopile 205
Streptococcus 40, 49, 158
Streptococcus anginosus 162, 167
Streptococcus mutans 146, 162
Streptococcus pneumoniae 144, 145, 195
Streptococcus pyogenes 49, 195, 233
Streptococcus salivarius 146
Streptomyces 40, 51
Streptomyces griseus 51, 259
Streptomycineae 51
Streptosporangineae 53
Subdoligranulum 155
sulfamethoxazole 195
Sulfolobus 37, 90
Sulfurovum riftiae 131
Sutterella 160
S. venezuelae 51
S. verticillus 51
Symbiodinium 64, 129
symbiont 105
symbiosis 105
syncytin 217
Synechococcus 288
synergism 106

T

Talaromyces 240
tardigrade 199
T. brucei 69
T-cell lymphoma 174
Tenericutes 58
Terminal Inverted Repeats(TIR) 223
Thaumarchaeota 35
The Cancer Genome Atlas(TCGA) 282
the gut-brain axis 273
thermoacidophilic algae 205
Thermoactinomyces 48
Thermoplasma 36
Thermoproteus 37
Thermotoga maritima 57
Thermotogae 56
Thiobacillus 44
Thiomargarita namibiensis 21, 45
Thiomargarita 45
Ti 플라스미드 124
Tobamovirus 236
Togavirus 93
Toxoplasma 201
transduction 189
transformation 188
Transib DNA트랜스포존 224
translocation 218
transposable element 196
transposon 213
Tremblaya princeps 204
Treponema pallidum 57
Trichodesmium 286
Trichomonads 70
Trichomonas vaginalis 70, 201
Trichonympha 70
trimethoprim 195
Trypanosoma 69, 201
trimethylamine(TMA) 150
Trypanosoma cruzi 69
T. Schwann 265
Tuber aestivum 77
Tubulinea 62
tumor necrosis factor 242
Ty1/copia(Pseudoviridae) 225
Ty3-gypsy-like(Metaviridae) 225
type II antifreeze protein(AFP) 198
Tyzzerella 294
T4파지 91

U

Ustilago 78

V

vaginitis 168
Vampirococcus 109
vancomycin 194
Vancomycin-resistant *Staphylococcus aureus*(VRSA) 48, 194

Varibaculum cambriense 167
Varicella zoster virus 173
Variola virus 173
Veillonella 147
Veillonellaceae 160
Verrucomicrobia 274
Verrucomicrobiaceae 279
Verticillium dahliae 235
Vibrio cholerae 45, 87, 233
Vibrionaceae 45, 193
virale 89
viridae 89
virinae 89
virion 80
viroid 30, 95
virus 80, 89
V. parahaemolyticus 45
V. vulnificus 45

W

water molds 67

Y

yeasts 70
Yersinia pestis 39

Z

Zacharias Jansen 251
zinc-finger protein(ZFP) 227
Zobellia galactanivorans 207
zoospore 64, 74
Zygomycota 75
zygosporangium 75
zygospore 75
Zymoseptoria tritici 235